上海市科技专著出版基金资助

Time-Dependency of Soft Clay and Application

软黏土流变理论及应用

尹振宇 著

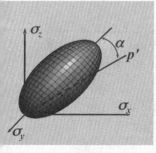

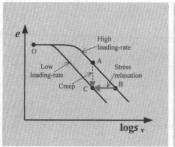

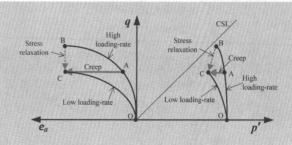

同济大学出版社
TONGJI UNIVERSITY PRESS

内 容 提 要

　　本书以大量的饱和软黏土的室内试验为基础,围绕流变特性,阐述了恒应力条件下的蠕变特性及其描述方法、应力应变的加载速率效应特性及其描述方法、恒应变条件下的应力松弛特性及其描述方法以及应力剪胀/剪缩关系的时间相关性;接着系统地总结了流变本构模拟方法、流变模型的数值算法及有限元二次开发;然后以 ANICREEP 模型为例详细介绍了如何开发天然软黏土的流变本构模型,详述了流变特性的统一性及流变参数确定方法;最后以大型岩土工程有限元计算软件 PLAXIS 为例,详述其结合流变模型的二次开发及应用。本书精选了简明易懂的试验成果和规律总结,以期学生能够在较短时间内具备运用试验方法分析问题和解决问题的能力。另外,本书提供了流变模型源程序以及 PLAXIS 二次开发源程序,供分析或练习之用。

　　本书可作为高等院校和科研院所的土木、水利、交通、铁道及工程地质等专业的研究生教材和高年级本科生的选修课教材,也可作为上述相关专业科研及工程技术人员的参考用书。

图书在版编目(CIP)数据

　　软黏土流变理论及应用/尹振宇著.--上海 ：同济大学出版社，2016.1
　　ISBN 978-7-5608-6185-2

　　Ⅰ.①软… Ⅱ.①尹… Ⅲ.①软黏土－土体流变学－研究　Ⅳ.①TU43

　　中国版本图书馆 CIP 数据核字(2016)第 007075 号

本书出版由上海科技专著出版资金资助

软黏土流变理论及应用

尹振宇　著

责任编辑　季　慧　　责任校对　徐春莲　　封面设计　陈益平

出版发行　同济大学出版社　　www.tongjipress.com.cn
　　　　　(地址:上海市四平路 1239 号　邮编:200092　电话:021-65985622)
经　　销　全国各地新华书店
印　　刷　常熟市大宏印刷有限公司
开　　本　787mm×1092mm　1/16
印　　张　12.75
字　　数　318000
版　　次　2016 年 1 月第 1 版　　2016 年 1 月第 1 次印刷
书　　号　ISBN 978-7-5608-6185-2

定　　价　49.80 元

序

　　软黏土在全球的沿江沿海地区广泛分布。这些区域通常又是各国经济相对发达地区，因而工程建设也相对密集。因此，软黏土的力学特性评价，尤其是其力学特性的时间相关性，对于工程的长期稳定性乃至可持续发展意义重大。

　　尹振宇博士一直潜心于土的本构模拟及应用方面的研究，勤奋刻苦，理论基础扎实，在土力学与岩土工程领域国际顶级期刊上发表了很多高水平学术论文，并且学术活动积极，在国内外均有一定的知名度，为国际岩土工程领域的后起之秀。最初与尹振宇博士认识是在2007年初我主办的土的本构关系国际会议上。三年后尹振宇博士作为上海市"东方学者"特聘教授回国工作，此后相聚机会增多，更增进了对他的了解。2012年夏天我邀请尹振宇博士来我校访学，开始与他开展实质性的合作，如共同发表了2篇国际期刊论文，共同组织并举办了2012年岩土材料流变特性国际研讨会，并成功策划了国际核心期刊 *International Journal of Geomechanics*（ASCE）的"岩土材料流变"特刊，等等。

　　尹振宇从博士阶段已开始软黏土流变方面的研究，非常重视试验研究及规律总结，尤其在结构性土的流变特性、数值计算及分析方面有较深的功力。尹振宇博士治学严谨，其试验数据和数值分析均较为可靠，这对土力学与岩土工程来说至关重要。此书从内容上讲，汇集了作者在软黏土室内试验及规律总结、本构方法及实际工程应用等方面的原创性成果，并且从非常直接、直观的试验现象出发到理论公式的提出，从一维到三维、从重塑土到原状土作循序渐进的阐述，让读者快速、准确地建立起软黏土流变力学特性的概念。

　　一本优秀的专著应该同时能体现本领域最新研究进展，因此需要作者每年仔细研究成百上千的文献，并且对它们进行归纳总结，以形成系统的知识体系，这也正是尹振宇博士在此书撰写中的努力方向。基于尹振宇博士在土力学的研究及教学方面的经验和技巧及其对软黏土流变特性的深入分析及深刻认识，我非常期待此书早日与读者见面。

殷建華

香港理工大学土木及环境工程系

殷建华　地力学讲席教授

2015年12月于香港

前 言

我从小生长在浙南山区的一个滨海小村,小时候的游戏和自制玩具都离不开泥巴,而且一定要有足够的水平才能制作各种玩具,直到上了大学才知道这种材料叫"饱和软黏土"。之后更是接触了大量的软黏土工程及难以解答的疑难杂症,直到有一天终于下定决心与"软黏土"为伴。现在想想真的很神奇,原来小时候的我就已经跟软黏土结缘,一直"玩"到现在。

第一个带我走上土木工程这条路的是我的一位建筑工程师舅舅,由于软黏土地基的沉降问题,即使在农村盖楼房都需要做地基处理设计,这直接造就了家乡庞大的基础工程设计市场,在那个就业导向性专业选择的年代,我毫无悬念地选择了浙江大学建筑工程专业。1997年夏天大学毕业后,我顺理成章地加入了建筑工程师的行列,每天奔波于施工现场和设计院之间,这段近 5 年忙碌且丰富的工程实践经历使我受用至今。

2002 年选择再次回到校园得幸于当时我仅存的一点对软土地基沉降机理的好奇。而选择去法国留学并不是因为法国的岩土行业有多先进,更多的是一种无奈和投机取巧。因为长期繁杂的工作已经让我把非专业课本知识,尤其是英语,几乎全部还给了老师,这几乎让我丧失了进入中国或英语国家攻读硕士的机会。而这时候正值法国留学开放,可以凭还算优异的大学记录、且不太需要语言门槛,我便成功申请了南特中央理工大学的硕士项目。这段充满未知数的留学计划因为与 Pierre-Yves HICHER 教授和同济大学黄宏伟教授的偶遇而变得异常顺利。当时正值黄宏伟教授访问南特中央理工大学,也是张冬梅师姐中法博士联合培养的最后阶段,研究课题刚好是软黏土地基中地铁长期沉降问题。于是我拼命学习,且积极与来自法国和法语国家的同学们交流讨论,最终以第二名的成绩拿到了当时仅有的两个法国国家博士奖学金名额之一。此后,以法国博士生的身份展开与同济大学联合培养,可以说 Pierre-Yves HICHER 教授、黄宏伟教授以及张冬梅师姐是我软黏土流变科研的领路人和启蒙人。我的留法经历也再次证明了法国也可以是一个不错的选择。

2006 年博士毕业,再次面临回归企业或是继续科研的选择。可能是科研的神秘面纱多于企业使我最终放弃了好几个法国的长期工作合同,而毅然选择了跟随当时尚在英国的 Minna Karstunen 教授做博士后。在接下来的几年,得益于欧盟玛丽居里项目资助以及 Minna Karstunen 教授给予我的充分学术自由,继续开展结构性软黏土的流变特性及模拟研究,直至 2010 年回国。

此书的酝酿始于 2010 年在上海交通大学任教,我有意把软黏土流变作为研究生选修课的部分内容,以期对学生们在今后的工作中有所帮助。因此,分别针对不同的内容,在河海大学朱俊高教授的指点下,与博士生朱启银做了一些综述工作,并分别发表在《岩土工程学报》《岩土力学》等期刊上。因此,在朱启银的博士论文中也能找到这些影子。

本书以大量的饱和软黏土的室内试验为基础,围绕流变特性,阐述了恒应力条件下的蠕变特性及其描述方法、应力应变的加载速率效应特性及其描述方法、恒应变条件下的应力松弛特性及其描述方法,以及应力剪胀/剪缩关系的时间相关性;接着系统地总结了流变本构模拟方法、流变模型的数值算法及有限元二次开发;然后以 ANICREEP 模型为例详细介绍了如何开发天然软黏土的流变本构模型,并详述了流变特性的统一性及流变参数确定方法;最后以大型岩土工程有限元计算软件 PLAXIS 为例,详述其结合流变模型的二次开发及应用。本书精选了简明易懂的试验成果并做了规律总结,以期学生能够在较短时间内具备运用试验方法分析问题和解决问题的能力。

此外,本书提供了流变模型源程序以及 PLAXIS 二次开发源程序。另外,本书对图表进行整理,形成一套试验数据库,可供读者分析或训练之用,以期对读者有所帮助。

本书的部分成果和出版得到了上海科技专著出版基金、国家自然科学基金(41372285、51579179)、欧盟玛丽居里行动计划(PIAPP-GA-2011-286397)等资助,在此表示衷心的感谢。

同时感谢香港理工大学殷建华教授在理论研究上给予我的指导,感谢上海交通大学与法国南特中央理工大学联合培养博士生朱启银和金银富、法国南特中央理工大学博士生吴则祥、赵朝发、刘江鑫、熊昊、金壮,博士后李舰在本书编排、整理和校阅过程中所付出的辛勤劳动。

鉴于专业水平有限,书中难免有纰漏之处,望读者和同行批评指正。

尹振宇 2015 年 9 月

符号定义

C_c	压缩指数 $C_c = \Delta e / \Delta \lg p'$（一维条件下 $C_c = \Delta e / \Delta \lg \sigma_v'$）
C_p	先期固结压力指数
C_s	回弹指数 $C_s = \Delta e / \Delta \lg p'$（一维条件下 $C_s = \Delta e / \Delta \lg \sigma_v'$）
C_α	次固结系数 $C_\alpha = \Delta e / \Delta \lg(t)$
$C_{\alpha e}$	次固结系数 $C_\alpha = \Delta e / \Delta \ln(t)$
$C_{\alpha ef}$	次固结系数参考值
CI	黏粒含量
D^e	弹性刚度矩阵
D^{ep}	弹塑性刚度矩阵
D^{evp}	弹黏塑性刚度矩阵
e, e_0	孔隙比，初始孔隙比
e_f	参考孔隙比
E	杨氏模量
g	塑性势函数
G	剪切模量
G_s	土粒比重
I_p	塑性指数
K	体积模量
K_0	静止土压力系数 $K_0 = \sigma_{h0}' / \sigma_{v0}'$
$\bar{K}$	输入能量与输出能量的增量比
k, k_v, k_h	渗透系数，竖向渗透系数，水平向渗透系数
M	临界状态线的斜率
M_c	压缩条件下临界状态线的斜率
M_e	伸长条件下临界状态线的斜率
m	$\lg\dot{e} - \lg t$ 图中曲线的斜率
n	材料常数
POP	超静止土压力 $POP = \sigma_{p0} - \sigma_{v0}'$
p_{mi}	固有屈服面大小
p_m^r	参考屈服面大小
p, p'	平均应力，平均有效应力
q	偏应力
R_α	应力松弛系数
S	应力松弛曲线斜率
s_{ij}	偏应力张量

s_u	不排水抗剪强度 $s_u = q_{peak}/2$
t_0	应力松弛初始等效时间
t_c	蠕变时间
t_{EOP}	主固结结束时间
Δt	时间增量
$u, \Delta u$	孔隙水压力, 超孔隙水压力
$du, \delta u$	孔隙水压力增量
w	含水量
w_L	液限
w_P	塑限
α	屈服面或塑性势面在 $p'-q$ 平面上的倾斜斜率
α_{ij}	屈服面各向异性结构张量
β	加载速率效应系数
χ, χ_0	结构比, 初始结构比
δ_{ra}	洞壁侧向位移与洞室初始半径的比值
$\varepsilon_a, \delta\varepsilon_a$	轴向应变, 轴向应变增量
$\varepsilon_r, \delta\varepsilon_r$	径向应变, 径向应变增量
$\varepsilon_v, \delta\varepsilon_v$	体积应变, 体积应变增量
$\varepsilon_v^{vp}, \delta\varepsilon_v^{vp}$	黏塑性体积应变, 黏塑性体积应变增量
ε_{vm}	对应当前平均有效应力 p' 的体积应变
ε_{vm}^r	对应当前 p' 的参考体积应变
ε_{vm1}^{vp}	临界蠕变应变 $\varepsilon_{vm1}^{vp} = \varepsilon_0/(1+e_0)$
$d\varepsilon_v^p, \delta\varepsilon_v^p$	塑性体应变增量
$d\varepsilon_d^p, \delta\varepsilon_d^p$	塑性偏应变增量
$d\varepsilon_v^e, \delta\varepsilon_v^e$	弹性体应变增量
$d\varepsilon_d^e, \delta\varepsilon_d^e$	弹性偏应变增量
$\dot\varepsilon$	应变速率
$\dot\varepsilon_v$	体积应变速率
$\dot\varepsilon_z$	竖向应变速率
$\dot\varepsilon^e$	弹性应变增量
$\dot\varepsilon^p$	塑性应变增量
$\dot\varepsilon^r$	参考先期固结压力 $\sigma_{p0}'^r$ 对应的参考应变速率
$\dot\varepsilon^{in}$	非弹性应变速率
$\dot\varepsilon^{vp}$	黏塑性应变速率
$\dot\varepsilon_z^e$	竖向弹性应变速率

$\dot{\varepsilon}_v^r$	参考体积应变速率
$\dot{\varepsilon}_z^r$	参考竖向应变速率
$\dot{\varepsilon}_v^{vp}$	蠕变体积应变速率
$\dot{\varepsilon}_z^{tp}$	黏性竖向应变速率
$\dot{\varepsilon}_z^{vp}$	黏塑性竖向应变速率
$\Delta\varepsilon$	应变增量
$\Delta\varepsilon^{vp}$	塑性体积应变增量
φ	摩擦角
γ	材料重度
γ_{xy}	工程剪应变
η	应力比 $\eta=q/p'$
η_{K_0}	一维固结条件下的应力比($K_0=1-\sin\phi_c$)
κ	回弹系数 $\kappa=\Delta e/\Delta\ln p'$
λ	压缩系数 $\lambda=\Delta e/\Delta\ln p'$
λ_i	重塑土压缩指数
μ	黏性系数
$\sigma_a,\delta\sigma_a$	轴向应力,轴向应力增量
$\sigma_r,\delta\sigma_r$	径向应力,径向应力增量
$\sigma_v',\delta\sigma_v'$	竖向应力,竖向应力增量
σ_v'	有效竖向应力
$\sigma_s',\delta\sigma_z'$	竖向有效应力,竖向有效应力增量
σ_{ra}	旁压洞室径向应力
σ_p,σ_{p0}	先期固结压力,初始先期固结压力
$\sigma_p'^r,\sigma_{p0}'^r$	参考先期固结压力,初始参考先期固结压力
$\Delta\sigma$	应力增量
ν	泊松比
$\Phi(f)$	超应力标度函数
$\langle\,\bullet\,\rangle$	MacCauley 函数

目 录

序

前言

符号定义

第1章　绪论 ··· (1)

1.1　流变是什么 ··· (1)

1.2　为什么要研究软黏土流变 ·· (1)

1.2.1　工程尺度下的软黏土流变现象 ··· (1)

1.2.2　试样尺度下的软黏土流变现象 ··· (2)

1.2.3　微观尺度下的软黏土流变现象 ··· (3)

1.3　软黏土流变的研究内容 ·· (5)

1.3.1　加载速率效应的试验研究 ··· (5)

1.3.2　蠕变特性的试验研究 ··· (5)

1.3.3　应力松弛特性的试验研究 ··· (6)

1.3.4　应力剪缩/剪胀关系的试验研究 ·· (6)

1.3.5　流变本构理论研究 ·· (6)

1.3.6　流变特性的统一性及关键参数研究 ··· (7)

1.3.7　流变本构理论的应用研究 ··· (7)

1.4　本书的特点及不足之处 ·· (8)

第2章　加载速率效应特性 ··· (9)

2.1　加载速率效应的定义 ··· (9)

2.2　一维条件下的先期固结压力加载速率效应 ··· (9)

2.2.1　先期固结压力的速率效应 ·· (10)

2.2.2　压缩曲线的速率归一化 ·· (11)

2.2.3　不同先期固结压力-速率方程的探讨 ······································· (12)

2.3　三轴条件下的不排水抗剪强度加载速率效应 ······································ (16)

2.3.1　不排水抗剪强度的速率效应 ·· (16)

2.3.2　应力-应变曲线的归一化 ··· (17)

2.3.3　不同抗剪强度-速率方程的探讨 ·· (17)

2.4　复杂应力条件下的强度加载速率效应 ··· (21)

2.5　加载速率效应的统一性探讨 ·· (22)

　　2.5.1　一维～三轴统一性探讨 ·· (22)

　　2.5.2　三轴压缩/伸长统一性探讨 ·· (24)

　　2.5.3　不同 OCR 统一性探讨 ·· (26)

第 3 章　蠕变特性 ··· (27)

3.1　蠕变的定义 ··· (27)

3.2　一维蠕变试验 ·· (27)

　　3.2.1　次固结及次固结系数 ·· (27)

　　3.2.2　次固结系数如何演化 ·· (28)

　　3.2.3　次固结系数的确定 ·· (28)

3.3　一维次固结特性的微观结构相关性 ····································· (30)

3.4　如何准确考虑非线性次固结特性 ······································· (32)

　　3.4.1　非线性蠕变的试验依据 ·· (32)

　　3.4.2　现有分析方法 ··· (33)

　　3.4.3　非线性蠕变方程的提出 ·· (33)

3.5　三轴蠕变试验 ·· (35)

　　3.5.1　排水蠕变速率的演化过程 ·· (35)

　　3.5.2　不排水蠕变及长期不排水抗剪强度 ································ (36)

3.6　复杂应力下的蠕变试验 ·· (37)

　　3.6.1　室内旁压试验 ··· (37)

　　3.6.2　现场试验 ··· (38)

第 4 章　应力松弛特性 ·· (41)

4.1　应力松弛的定义 ··· (41)

4.2　一维应力松弛试验 ··· (41)

　　4.2.1　孔压变化规律 ··· (41)

　　4.2.2　应力变化规律 ··· (42)

4.3　三轴应力松弛试验 ··· (43)

　　4.3.1　应力变化规律 ··· (43)

　　4.3.2　不排水条件下的孔压变化规律 ····································· (46)

　　4.3.3　排水条件下的体应变变化规律 ····································· (46)

4.4　非常规应力松弛试验 ·· (46)

　　4.4.1　室内旁压试验 ··· (47)

　　4.4.2　现场试验 ··· (47)

4.5　应力松弛系数 ·· (48)

4.6 蠕变与速率效应及应力松弛的相关性讨论 ⋯⋯⋯⋯⋯⋯⋯⋯⋯⋯⋯ (50)

    4.6.1 一维应力条件 ⋯⋯⋯⋯⋯⋯⋯⋯⋯⋯⋯⋯⋯⋯⋯⋯⋯⋯⋯⋯⋯⋯ (50)

    4.6.2 三轴应力条件 ⋯⋯⋯⋯⋯⋯⋯⋯⋯⋯⋯⋯⋯⋯⋯⋯⋯⋯⋯⋯⋯⋯ (50)

第 5 章　应力剪胀/剪缩特性的时间效应 ⋯⋯⋯⋯⋯⋯⋯⋯⋯⋯⋯⋯⋯⋯ (52)

5.1 几种典型的应力剪缩/剪胀方程 ⋯⋯⋯⋯⋯⋯⋯⋯⋯⋯⋯⋯⋯⋯⋯⋯ (52)

5.2 三轴试验中应力剪胀剪缩数据分析 ⋯⋯⋯⋯⋯⋯⋯⋯⋯⋯⋯⋯⋯⋯⋯ (53)

5.3 应力剪胀剪缩关系的应变速率效应 ⋯⋯⋯⋯⋯⋯⋯⋯⋯⋯⋯⋯⋯⋯⋯ (54)

5.4 蠕变过程中的应力剪胀剪缩关系 ⋯⋯⋯⋯⋯⋯⋯⋯⋯⋯⋯⋯⋯⋯⋯⋯ (57)

    5.4.1 三轴排水蠕变试验 ⋯⋯⋯⋯⋯⋯⋯⋯⋯⋯⋯⋯⋯⋯⋯⋯⋯⋯⋯ (57)

    5.4.2 三轴不排水蠕变试验 ⋯⋯⋯⋯⋯⋯⋯⋯⋯⋯⋯⋯⋯⋯⋯⋯⋯⋯ (58)

    5.4.3 应力剪缩/剪胀关系 ⋯⋯⋯⋯⋯⋯⋯⋯⋯⋯⋯⋯⋯⋯⋯⋯⋯⋯⋯ (60)

5.5 应力松弛过程中的应力剪胀剪缩关系 ⋯⋯⋯⋯⋯⋯⋯⋯⋯⋯⋯⋯⋯⋯ (61)

    5.5.1 三轴压缩条件下的剪缩/剪胀特性 ⋯⋯⋯⋯⋯⋯⋯⋯⋯⋯⋯⋯ (61)

    5.5.2 三轴伸长条件下的剪缩/剪胀特性 ⋯⋯⋯⋯⋯⋯⋯⋯⋯⋯⋯⋯ (62)

第 6 章　流变本构模拟方法 ⋯⋯⋯⋯⋯⋯⋯⋯⋯⋯⋯⋯⋯⋯⋯⋯⋯⋯⋯⋯ (65)

6.1 一维流变本构模型 ⋯⋯⋯⋯⋯⋯⋯⋯⋯⋯⋯⋯⋯⋯⋯⋯⋯⋯⋯⋯⋯⋯ (65)

    6.1.1 基于次固结现象的模型 ⋯⋯⋯⋯⋯⋯⋯⋯⋯⋯⋯⋯⋯⋯⋯⋯ (65)

    6.1.2 基于先期固结压力的速率效应的模型 ⋯⋯⋯⋯⋯⋯⋯⋯⋯ (67)

    6.1.3 元件组合流变模型 ⋯⋯⋯⋯⋯⋯⋯⋯⋯⋯⋯⋯⋯⋯⋯⋯⋯⋯ (69)

    6.1.4 基于三轴蠕变速率发展规律的一维模型 ⋯⋯⋯⋯⋯⋯⋯ (70)

6.2 三维流变本构模型 ⋯⋯⋯⋯⋯⋯⋯⋯⋯⋯⋯⋯⋯⋯⋯⋯⋯⋯⋯⋯⋯⋯ (71)

    6.2.1 基于非稳态流动面理论的模型 ⋯⋯⋯⋯⋯⋯⋯⋯⋯⋯⋯⋯ (71)

    6.2.2 基于超应力理论的模型 ⋯⋯⋯⋯⋯⋯⋯⋯⋯⋯⋯⋯⋯⋯⋯⋯ (72)

    6.2.3 基于扩展超应力理论的模型 ⋯⋯⋯⋯⋯⋯⋯⋯⋯⋯⋯⋯⋯ (73)

    6.2.4 基于边界面理论框架的模型 ⋯⋯⋯⋯⋯⋯⋯⋯⋯⋯⋯⋯⋯ (74)

6.3 流变模型在工程中的应用 ⋯⋯⋯⋯⋯⋯⋯⋯⋯⋯⋯⋯⋯⋯⋯⋯⋯⋯⋯ (76)

    6.3.1 路堤 ⋯⋯⋯⋯⋯⋯⋯⋯⋯⋯⋯⋯⋯⋯⋯⋯⋯⋯⋯⋯⋯⋯⋯⋯ (76)

    6.3.2 边坡 ⋯⋯⋯⋯⋯⋯⋯⋯⋯⋯⋯⋯⋯⋯⋯⋯⋯⋯⋯⋯⋯⋯⋯⋯ (77)

    6.3.3 其他工程 ⋯⋯⋯⋯⋯⋯⋯⋯⋯⋯⋯⋯⋯⋯⋯⋯⋯⋯⋯⋯⋯⋯ (77)

第 7 章　有限元二次开发及应力积分算法 ⋯⋯⋯⋯⋯⋯⋯⋯⋯⋯⋯⋯⋯ (78)

7.1 有限元二次开发概述 ⋯⋯⋯⋯⋯⋯⋯⋯⋯⋯⋯⋯⋯⋯⋯⋯⋯⋯⋯⋯⋯ (78)

    7.1.1 数值计算及有限元概述 ⋯⋯⋯⋯⋯⋯⋯⋯⋯⋯⋯⋯⋯⋯⋯⋯ (78)

    7.1.2 切线刚度法 ⋯⋯⋯⋯⋯⋯⋯⋯⋯⋯⋯⋯⋯⋯⋯⋯⋯⋯⋯⋯⋯ (79)

　　7.1.3　修正牛顿-拉弗森法 ……………………………………………… (80)

　　7.1.4　收敛标准 …………………………………………………………… (81)

　　7.1.5　高斯点应力积分方法 ……………………………………………… (81)

　7.2　耦合固结分析 …………………………………………………………… (82)

　　7.2.1　基本思想 …………………………………………………………… (82)

　　7.2.2　数值实现 …………………………………………………………… (82)

　7.3　流变模型应力积分算法 ………………………………………………… (83)

　　7.3.1　概述 ………………………………………………………………… (83)

　　7.3.2　牛顿-拉弗森算法 …………………………………………………… (84)

　　7.3.3　EVP-Desai 算法 …………………………………………………… (85)

　　7.3.4　EVP-Katona 算法 ………………………………………………… (86)

　　7.3.5　EVP-Stolle 算法 …………………………………………………… (87)

　　7.3.6　EVP-cuting plane 算法 …………………………………………… (88)

　　7.3.7　步长及回归方式的选择原则 ……………………………………… (89)

第 8 章　基于速率效应的流变本构模型开发 ………………………………… (91)

　8.1　一维非结构性软黏土模型 ……………………………………………… (91)

　　8.1.1　模型描述 …………………………………………………………… (91)

　　8.1.2　模型参数 …………………………………………………………… (93)

　　8.1.3　模型的固结耦合 …………………………………………………… (93)

　　8.1.4　模型验证 …………………………………………………………… (93)

　8.2　三维非结构性软黏土模型 ……………………………………………… (94)

　　8.2.1　模型描述 …………………………………………………………… (94)

　　8.2.2　模型参数 …………………………………………………………… (96)

　　8.2.3　模型验证 …………………………………………………………… (96)

　8.3　一维结构性软黏土模型 ………………………………………………… (97)

　　8.3.1　试验现象 …………………………………………………………… (97)

　　8.3.2　模型描述 …………………………………………………………… (99)

　　8.3.3　模型参数 …………………………………………………………… (99)

　　8.3.4　模型验证 …………………………………………………………… (100)

　8.4　三维结构性软黏土模型 ………………………………………………… (101)

　　8.4.1　模型描述 …………………………………………………………… (101)

　　8.4.2　模型参数 …………………………………………………………… (101)

　　8.4.3　模型验证 …………………………………………………………… (102)

第 9 章　流变三大特性统一性及参数确定 …………………………………… (103)

　9.1　三大流变特性的统一性 ………………………………………………… (103)

　9.1.1　应力松弛解析解 ·· (103)

　9.1.2　应力松弛特性预测 ·· (105)

　9.1.3　流变参数内在关系 ·· (105)

9.2　软黏土流变参数统一性验证 ··· (107)

　9.2.1　试验描述及参数确定 ·· (107)

　9.2.2　加载速率效应对比 ·· (109)

　9.2.3　蠕变特性对比 ··· (109)

　9.2.4　应力松弛特性对比 ·· (110)

9.3　流变参数确定方法 ··· (111)

　9.3.1　优化反演分析法概述 ·· (111)

　9.3.2　目标函数 ··· (111)

　9.3.3　搜索策略和优化算法 ·· (112)

第10章　基于流变模型的PLAXIS二次开发及验证 ······························· (114)

10.1　PLAXIS二次开发简介 ··· (114)

　10.1.1　PLAXIS简介 ·· (114)

　10.1.2　用户自定义模型简介 ··· (114)

10.2　用户自定义流变模型 ·· (116)

　10.2.1　材料输入参数界面自定义 ··· (117)

　10.2.2　状态变量初始化(IDTask＝1) ··· (119)

　10.2.3　流变本构模型计算(IDTask＝2) ··· (121)

　10.2.4　创建材料刚度矩阵(IDTask＝3&6) ·· (124)

　10.2.5　计算结构及调试 ·· (125)

10.3　常规试验模拟测试 ·· (126)

　10.3.1　一维固结试验模拟 ·· (126)

　10.3.2　三轴剪切试验模拟 ·· (128)

第11章　流变模型在软土工程中的应用 ··· (130)

11.1　路堤建造及长期沉降分析 ·· (130)

　11.1.1　路堤施工与监测点布置 ··· (130)

　11.1.2　土工试验资料 ·· (131)

　11.1.3　有限元模型及材料参数 ··· (132)

　11.1.4　计算结果及分析 ·· (132)

11.2　浅基础沉降分析 ·· (136)

　11.2.1　计算模型 ··· (137)

　11.2.2　计算步骤 ··· (138)

11.2.3　计算结果及分析 ……………………………………………………（138）

11.3　隧道施工及工后沉降分析 ……………………………………………（140）

11.3.1　计算模型 ……………………………………………………………（140）

11.3.2　材料设置及参数 ……………………………………………………（141）

11.3.3　计算步骤 ……………………………………………………………（141）

11.3.4　计算结果及分析 ……………………………………………………（142）

参考文献 ……………………………………………………………………………（144）

附录一：ANICREEP 模型源程序 ……………………………………………………（156）

附录二：ANICREEP 的 PLAXIS 用户自定义模型源程序 ……………………………（172）

第1章 绪 论

1.1 流变是什么

　　流变学研究的是在外力作用下,物体的变形和流动的学科,研究对象主要是流体,还有软固体或者在某些条件下固体可以流动而不是弹性形变,它适用于**具有复杂结构的物质**。流变学出现在20世纪20年代。学者们在研究橡胶、塑料、油漆、玻璃、混凝土,以及金属等工业材料;岩石、土、石油、矿物等地质材料;以及血液、肌肉骨骼等生物材料的性质的过程中,发现使用古典弹性理论、塑性理论和牛顿流体理论已不能说明这些材料的复杂特性,于是就产生了流变学的思想(吴其晔,巫静安,2002)。

　　英国物理学家麦克斯韦(Maxwell)在1869年发现,材料可以是弹性的,又可以是黏性的。对于黏性材料,在恒定载荷作用下会出现变形随时间而增大的现象,我们称之为"蠕变";而黏性材料在恒定应变下,应力随着时间的变化而减小至某个有限值,这一过程称为"应力松弛";同样地,黏性材料在不同的加载速度下会测出不同的强度屈服值,称为强度的加载速率效应。材料的这三大特性我们统称为材料的流变特性,也称为时间效应。可以说,一切材料都具有流变特性或时间效应,只不过应不同的材料有强弱而已。鉴于材料流变特性的重要性,1929年,美国在宾厄姆教授的倡议下,创建流变学会;1939年,荷兰皇家科学院成立了以伯格斯教授为首的流变学小组;1940年英国出现了流变学家学会。1948年国际流变学会议就是在荷兰举行的。法国、日本、瑞典、澳大利亚、奥地利、捷克斯洛伐克、意大利、比利时等国也先后成立了流变学会,而中国流变学学会相对来说成立较晚(1985年)。

　　在土木工程中,建筑物地基的变形可延续数百年之久,如意大利的比萨斜塔。地下隧道竣工数十年后,仍可出现结构蠕变断裂和下沉等蠕变灾害。因此,对于土流变性能和岩石流变性能的研究日益受到重视,尤其是在软黏土分布较广的地区工程流变灾害日益突出。在我国,软黏土主要分布在东南沿海地区、各大河流的中下游地区以及湖泊附近地区,这些地区基本上是人口稠密、经济活动活跃、各类工程建设大量展开的地区(图1-1)。

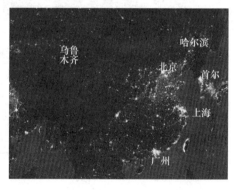

图1-1　中国夜景卫星图(NOAA提供)

1.2 为什么要研究软黏土流变

1.2.1 工程尺度下的软黏土流变现象

　　早在20世纪90年代末,孙钧院士就指出"软黏土受力作用后其变形位移随时间的增长变化以及他们的后期沉降与土体的长期强度等等都是人们迫切关注的热点"(孙钧,1999)。

　　近年来随着我国经济的迅猛发展和城市化进程的进一步深入,在软黏土地基环境中的建设项目日益增多,比如:道路桥梁工程、大型港口工程、机场建设、大型地下空间的开发利用、大型基坑工程及高层建筑深基础、沿海的海防工程及沿江的堤岸工程等。最近几年,由于土地的稀缺,在沿海软黏土地区更是涌现出很多大型围海造地及人工岛等类型的建设项目。由于软黏土作为构筑物的支承地基在不同应力状态作用下有长期变形难以收敛的流变特性,造成工程结构物的长期沉降变形速率难以控制,对工程稳定性带来很大的安全隐患,且对工程灾变的防控及维护带来巨大的经济负担。比如,沿海地区的结构性软黏土地基上修建的公路,在即桥(涵)台和路堤连接处由于公路路堤的长期沉降远大于桩基处理过的桥台而普遍出现"桥头跳车"现象;我国东部沿海的"千里海堤"大都建在结构性软黏土层上,堤坝的长期沉降很大,轻则导致其高度满足不了设计标高,重则导致地基滑移破坏。然而,工程建设的可持续发展需要既安全又经济的工程设计。因此,软黏土的长期变形难以收敛问题,给软土地基环境下的岩土工程的设计和建设提出一个新的挑战。

针对软土工程流变灾害报道较多的有:①软土地基上修建路堤。路堤作为一种填方路基,在其自重以及交通荷载作用下会产生压密沉降以及路堤基础的变形。而当路堤基础土为软黏土时,由于孔隙水压力消散较慢,其长期变形的特性就显得尤为明显。②边坡。边坡工程或黏土质自然边坡的稳定性是一个比较复杂的问题,也是关系民生的重要研究课题。对于软黏土边坡,由于土体的流变性、各向异性和结构性的存在,会导致其变形渐进产生;反过来,塑性变形又会降低其抗剪强度,最终造成破坏。因此,在边坡渐进性破坏分析中考虑土体流变特性很有必要。③基坑开挖和隧道建设。黏土蠕变是引起基坑周围土体时效变形的因素之一,深入研究土体蠕变特性对于分析基坑的时效变形有着重要作用。建设于软黏土地区的地铁隧道会有显著的长期沉降,在正常情况下隧道的长期沉降占总沉降量的 30%～90%(Shirlaw, 1995)。

1.2.2 试样尺度下的软黏土流变现象

试样尺度下的软黏土流变主要指在实验室土工试验中发现的应力应变关系的时间效应,主要包括:①抗剪强度的大小和先期固结压力的大小在很大程度上都取决于加载速率,即强度的加载速率效应;②在恒定应力下应变随时间发生的蠕变现象;③在恒定应变值下应力随时间减小的应力松弛现象。这三大现象我们统称为土的流变特性。

在软黏土的室内土工试验中,一维固结或压缩试验及三轴不排水剪切试验较为普遍。流变三大特性的相互关联性和统一性可由图 1-2 来描述:

在一维应力条件下,相同的土样在高加载速率 CRS(Constant Rate of Strain)试验中表现出先期固结压力大于低加载速率 CRS 试验。如图 1-2(a)所示,路径 OAB 和 OC 分别对应高加载速率和低加载速率情况,应力状态点 O 代表初始状态,A 点和 C 点具有相同的竖向应力,B 点和 C 点具有相同的孔隙比。从应力状态 O 点到 C 点可以通过三种不同的应力路径实现:①慢速加载,直接从 O 点到 C 点;②从 O 点到 A 点快速加载,然后从 A 点到 C 点通过蠕变实现;③从 O 点到 B 点快速加载,然后从 B 点到 C 点通过应力松弛实现。

在三轴应力条件下,三轴不排水试验可以得到与一维条件下相类似的土的流变特性。如图 1-2(b)所示,不同加载速率条件下在偏应力-轴向应变"q-ε_a"坐标和有效应力路径"p'-q"坐标下,图中 4 个应力状态点 O、A、B 和 C 具有相同的孔隙比,O 点是初始状态,A 点和 C 点具有相同的偏应力,B 点和 C 点具有相同的轴向应变。类似于上述一维情况,从应力状态 O 点到 C 点同样可以通过三种不同的应力路径来实现。

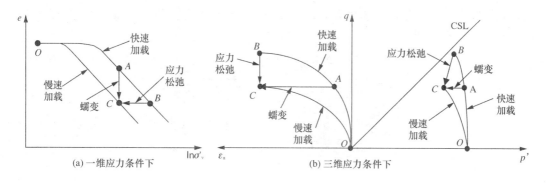

图 1-2　土体三大流变特性等效示意图

1.2.3　微观尺度下的软黏土流变现象

以往学者归纳的黏土流变的内在机理,主要表现为黏土颗粒体积压缩及微观颗粒间的错动。从孔隙尺寸上讲,黏土中孔隙可以分为纳米级孔隙、微米级孔隙、细观级孔隙(Hicher et al.,2000),其中微米级和细观级孔隙可从黏土扫描电镜(scanning electron microscopy)照片上清晰可辨(图 1-3),而纳米级孔隙则需要穿透式电镜(transmission electron microscope)才能观测到。

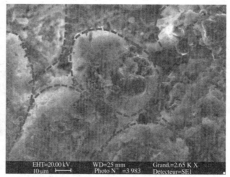

(a) 纯矿物黏土　　　　　　　　　　　　(b) 天然海相黏土

图 1-3　黏土扫描电镜照片

如图 1-4(a)所示,每个黏土颗粒都是由多个电子层叠加而成,在黏土颗粒内电子层的方向相对平行,黏土颗粒中电子层间距可视为纳米级孔隙(inter-layer void)。由于存在很强的电子力,多个黏土颗粒交错叠加在一起,形成有一定大小的黏土颗粒团,如图 1-4(b)所示。在黏土颗粒团内部,黏土颗粒之间的孔隙为微米级孔隙(intra-aggregatevoid),这种孔隙可以通过微观扫描电镜观察到。众多个黏土颗粒团聚集在一起,就形成了土体,如图 1-4(c)所示。由于颗粒团间的孔隙(inter-aggregatevoid)相对较大,可以通过一般的显微镜甚至肉眼观察到,可称之为细观孔隙。通常说的孔隙比中的孔隙是指颗粒团间孔隙和颗粒团内孔隙(或颗粒间空隙,黏土叶片间空隙不算在内)。理论上讲,黏土在受到体应力或者剪应力时土体发生变形(从图 1-4(c)变为图 1-4(d)),土体颗粒间发生重组或错动,土体微观结构发生改变,即三种类型孔隙中的一种或多种的大小和形态发生改变。同时,不同级别孔隙中的流体在不同孔隙压力下发生相互流动,加之不同级别孔隙有不同大小的渗透系数。因此,黏土要想达到宏观稳定状态就需要微观结构的状态平衡,而达到微观结构的平衡状态需要一定的时间,这便是土体变形时间效应的重要原因之一。笔者认为可以通过研究这三种级别的孔隙及其内部水压力的变化来解释流变发生的微观机理。

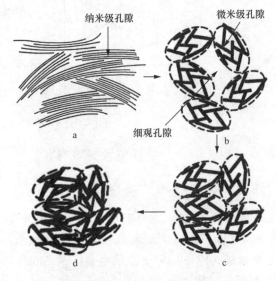

图 1-4　黏土微观结构示意图

通常纳米级孔隙较为稳定。但在高应力状态下,纳米级孔隙也会影响黏土流变特性。这是因为黏土矿物的结构都是由硅氧四面体层和铝氢氧八面体层两种基本单元按照不同的组合方式累积而成。一层铝氢氧八面体和一层或者两层硅氧四面体通过公共氧原子连接成 1 个晶胞,这种晶胞本身是相对稳定的结构,而晶胞之间连接处的稳定性较弱,比较容易受到环境因素的影响,比如晶胞间含水量、水溶液离子类型和浓度变化等都会引起晶胞间距的变化(Mitchell & Soga,2005),从而从纳米级孔隙上影响黏土流变特性。

另外,黏土颗粒外有薄膜水包围着,薄膜水受到电分子引力的作用,具有黏滞性。黏土的双电层理论合理地解释了孔隙水离子浓度、阳离子价数对黏性土微观颗粒吸引力的影响(图 1-5)。然而,组成双电层中的反离子层的离子类型和浓度会随着自由溶液中离子类型和浓度的改变而改变,产生离子交换现象,双电层的厚度、颗粒团的大小等也会随之改变(Mitchell & Soga,2005)。

此外,由于黏土颗粒具有胶体性质,具有吸引外界极性分子和离子的能力,这种吸附作用也会改变黏粒表面的电荷量。反离子层的离子交换以及黏土颗粒的吸附作用,黏土颗粒间、黏土颗粒与自由溶液间的作用力会相应发生改变(Mitchell & Soga,2005),从而影响各级孔隙的压缩特性。

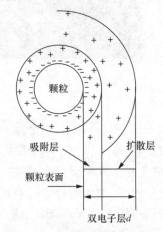

图 1-5　黏土颗粒双电子层示意图

如刘先锋(2010)分别用纯水、离子浓度 10% 的铅溶液和锌溶液制备了重塑高岭土,研究了铅和锌金属离子对黏土次固结特性的影响(图 1-6):竖向应力大于 100kPa 时(重塑试样固结应力为 50 kPa),金属溶液重塑高岭土的次固结系数大于纯水重塑高岭土的次固结系数,且铅金属溶液对次固结系数的影响大于锌金属溶液。

不同于砂性土,软黏土的一个重要特性在于黏土颗粒间具有黏聚力,且这种黏聚力与不同

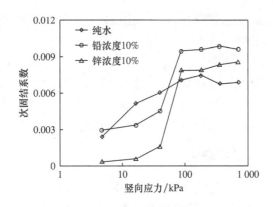

图 1-6 金属离子对高岭土次固结系数的影响

级别孔隙的大小相关。不论从土体物理上三种级别孔隙的演变角度,还是从孔隙化学溶液类型与浓度影响角度描述黏土的流变特性机理,都与黏聚力变化息息相关。受限于目前科学技术发展水平,目前对于软黏土流变微观机理研究尚处于起步阶段。

在上述黏土孔隙物理演变和孔隙液体化学的共同作用下,土体在宏观上表现出流变现象。

1.3 软黏土流变的研究内容

1.3.1 加载速率效应的试验研究

早在 20 世纪 30 年代,Buisman(1936)通过室内试验研究指出土体应力-应变-强度关系具有不可忽略的速率相关性。一般实际工程的应变速率($10^{-3} \sim 10^{-2}$ %/h)和试验室常规试验所采用的应变速率(0.5~5%/h)有很大差别(Kabbaj et al. , 1988)。因此,以实验室标准加载速度条件下取得的抗剪强度和先期固结压力作为工程设计依据而不考虑土的加载速率效应特征,将导致岩土工程结构物在施工阶段时失稳或工后长期沉降过大。基于此,黏土的应变率效应特性研究一直是土体基本性状探索的热点课题之一。

针对软黏土的加载速率效应特性,各国学者们对其进行了大量的试验研究:一维条件下的等应变速率(CRS)试验、三轴条件下的不排水应变速率试验以及复杂应力条件下的应变速率试验等。然而,这些试验一般主要针对某种特定黏土,研究其在特定条件下(应力历史、固结状态和试验类型等)的应变速率效应,而较少从统一性上研究软黏土加载速率效应特性,本书第二章将重点阐述以下几个问题:①软黏土一维加载速率效应和三轴加载速率效应是否相关、有何相关性;②应变速率效应在三轴压缩与伸长条件下的统一性和不同超固结比(OCR)下的统一性。

1.3.2 蠕变特性的试验研究

为了更好地了解软黏土的蠕变特性并指导工程设计,各国学者们对软土的基本蠕变性质进行了大量的蠕变试验。Augustesen 等(2004)总结了前人关于软黏土蠕变特性的试验研究,但仅限于一维与三轴条件,而且还有一些不合理之处,如结构性土与重塑土的混淆等。本书第三章将对软黏土从一维到三轴、再到复杂应力条件下的蠕变试验研究进行更为系统的总结,并对存在的一些问题进行深入探讨。

现有研究在软黏土次固结特性上侧重于次固结系数与压缩指数、固结压力、时间和液限孔隙比的关系。然而,天然黏土微观结构的研究表明,黏土颗粒接触组构存在各向异性,导致其在不同方向的力学特性差异很大。黏土次固结特性与黏土微观结构的相关性如何,在本书中将做阐述。

在流变模型的开发以及次固结计算中,参数 $C_{\alpha e}$ 通常以显式或隐式形式出现。由于 $C_{\alpha e}$ 的定义是基于半对数坐标,在蠕变过程中应变的发展随时间无限增大,从而导致孔隙比为负值,需要引入非线性蠕变以克服这个问题。本书将对如何精确描述非线性蠕变做深入阐述。

1.3.3 应力松弛特性的试验研究

应力松弛在工程上表现为土与结构物间相互作用力的衰减。近年来,随着我国经济社会的迅猛发展和城市化进程的加快,城市的基础设施建设逐步向地下转移,如地铁、隧道和地下广场等。长期条件下,建造于软黏土地基下的这些构筑物可能会因为其与土体间侧向压力过度松弛而造成结构物或土体失稳,继而引发安全问题。基于此,为能够给工程设计提供既安全又经济的指导,研究软黏土的应力松弛特性就显得很有必要。

现有文献总结了一些关于软黏土应力松弛特性的试验研究,但仅限于简单定性地评述土体应力松弛特性方面的一些共识,而本书第四章将在以下几个方面做深入、系统的阐述:①对软黏土从一维到三轴、到复杂应力路径条件下的应力松弛特性试验研究总结;②对应力降低速率、应力松弛真实开始时间与应力松弛前的加载速率和应力松弛开始时的应变值的相关性;③提出应力松弛系数的概念,并对软黏土的三大流变特性及其关键参数(应力松弛、蠕变、加载速率效应)之间的相关性作深入探讨。

1.3.4 应力剪缩/剪胀关系的试验研究

应力剪缩/剪胀关系,即应力比(偏应力与平均有效应力的比值)与应变比(塑性体应变除以塑性偏应变)之间的关系,是土体的一个重要力学特性,为土体本构关系的基础之一。比如,由于黏土的渗透系数非常小,在建筑物(如高填路堤、建筑)修建过程中必然生成超孔隙水压力,导致地基土在不排水条件下产生变形,即不排水蠕变。持续的不排水蠕变可能会导致黏土地基的失稳。在不排水蠕变过程中,超孔隙水压力的发展同时反映了有效应力的减小及应力比 q/p' 朝着临界状态线 M 值的方向增大,会导致应变进一步发展,因此,应力剪缩/剪胀关系的评价是精确描述软黏土不排水蠕变特性(如超孔隙水压力、应变等随时间的发展规律)的关键。

然而,到目前为止却很少有文献阐述黏土流变特性与应力剪缩/剪胀特性的相互关系。本书第五章将重点阐述:①加载速率对不同 OCR 条件下三轴压缩与伸长过程中应力剪缩/剪胀特性的影响;②蠕变过程中的应力剪胀/剪缩关系;③应力松弛前的加载速率和松弛处的应变值对三轴试验伸长和应力松弛阶段的应力剪缩/剪胀关系的影响。

1.3.5 流变本构理论研究

学者们基于试验现象和经典理论提出了多种类型的能够描述土体流变特性的本构模型。这些模型从空间角度可以分为一维流变模型和三维流变模型。本书第6章首先对现有流变本构模型做了详细综述和深入分析:①对软黏土从基于次固结现象、先期固结压力的速率效应、元件模型组合和三轴蠕变速率发展规律的一维流变本构模型进行了系统的总结;②从基于非稳态流动面、超应力、扩展超应力和边界面等理论框架的角度对三维流变本构模型进行了系统的总结。最后从流变模型在路堤、边坡、隧道、基础等工程中的应用上总结了发展和应用流变模型的实用性和必要性。

本书第 7 章对流变本构在有限元计算平台下的计算理论,即应力积分算法,进行了阐述和比较,并分析其在收敛速度及精确度上的优缺点,并且介绍了与软黏土流变分析密不可分的固结耦合分析理论及其实现方法,希望对用户自定义模型在商业软件中的应用有所帮助。

此外,本书第 8 章重点介绍了作者近年来的一些实践,即如何从一维到三维开发天然软黏土流变模型:①基于先期固结压力的加载速率效应提出了一维流变模型;②引入结构性土的颗粒胶结强度及其损伤规律,提出了结构性土一维流变模型;③通过试验揭示了三轴剪切强度速率效应与先期固结压力速率效应的一致性,进一步提出三维流变模型;④最终通过系统的试验提出了可同时考虑土的流变、各向异性和土结构破坏特征三维天然软黏土流变模型。

1.3.6　流变特性的统一性及关键参数研究

本构模型参数确定的难易程度是本构模型是否具有可应用性和能否在工程计算中得到应用的关键。对于不同于传统弹塑性模型的流变本构模型来说,其参数确定对于工程师来说更加困难。

黏土的加载速率效应和蠕变特性以及与其相关的流变参数曾被讨论,很少有研究涉及包括黏土应力松弛特性的各流变特性的统一性。本书第 9 章基于黏土速率效应的弹黏塑性模型,推导一维应力状态下的应力松弛解析解,并与应力松弛系数建立联系,进而结合次固结系数与加载速率系数的关系,从而确立了蠕变、加载速率效应和应力松弛参数的统一性。并基于此,扩展了流变关键参数的确定方法。

除此之外,本书也介绍了如何基于常规土工试验,采用优化方法反演流变关键参数。

1.3.7　流变本构理论的应用研究

流变变形作为岩土材料变形的重要组成部分,在实际岩土工程的设计和计算中需要考虑其影响。目前岩土力学分析用到的方法主要分为三类,分别为理论分析方法、实验方法和数值模拟分析方法,这三类方法相辅相成,互为补充。然而试验往往只能模拟一些较为简单的力学条件以及工况,并且需要严格控制试验条件,而数值计算能够模拟特殊试验过程,在求解复杂力学问题上往往更具有优势且更为经济。

在计算机技术日益发展的今天,数值分析得到越来越多的重视和认可,在过去的几十年中,有限元法发展为计算非线性问题最强有力的工具。大型商业软件计算所得结果也被用于学术研究及实际工程分析中,如 ABAQUS、PLAXIS 等有限元分析软件。目前大部分有限元软件只含有少量的较为常见的模型(如剑桥模型、摩尔库伦模型等)。由于实际工程中的土性质特殊,特别是黏土(具有加载率效应、蠕变、应力松弛等流变特性),难以用现有商业软件中本身包含的模型对其进行全面地模拟。随着土力学理论的不断发展,出现了大量能描述土体特性的本构模型,其中有线弹性模型,弹塑性以及弹黏塑性等非线性模型。若要将特定的本构模型应用到有限元中,需要用户自行开发软件或者对商业软件进行二次开发,而独立编制有限元软件相比于对现有软件进行二次开发来说难度和工作量较大,因此大部分研究集中于后者。而对商业软件进行二次开发的难点主要集中于本构模型及积分算法上。

在将本构模型导入商业软件对实际问题进行计算的过程中,需使用高效且稳定的数值积分解法,且针对不同的模型采用不同的数值解法,以便快速得到收敛计算结果。本书第 10 章以 ANICREEP 模型和大型岩土工程有限元计算软件 PLAXIS 为例,详细介绍了如何进行自定义本构模型在有限元软件中的二次开发,第 11 章详述了二次开发的工程应用。

1.4　本书的特点及不足之处

软黏土流变理论及应用在最近几年取得了突破性进展。本书系统介绍了近年来国际上在软黏土流变理论和实践方面的研究成果,汇集了作者最近十年科研成果的综合及分析,在土体试验、本构关系研究方面汇集了很多原创性成果,具有一定的学术价值。并且从非常直接、直观的试验现象出发,让读者快速、准确地建立起软黏土流变特性的概念。并且,本书采用理论分析与案例讨论相结合的方法,以方便读者的理解和应用。

本书介绍的软黏土流变理论及应用可以为实际工程的实施提供理论依据,本书介绍的工程实例也可以为类似软土工程提供参考,因此本书也具有重要的应用价值。

本书集中于软黏土的流变特性,对黏土其他特性的探讨及结合深入得不够。

第 2 章　加载速率效应特性

本章提要：大量的室内和现场试验都表明软黏土的强度与加载速率相关。以实验室标准加载速度条件下取得的抗剪强度和先期固结压力作为工程设计依据而不考虑土的加载速率效应特征，将导致岩土工程结构物在施工阶段时失稳或工后长期沉降过大。本章较为系统地总结了国内外学者在软黏土加载速率效应特性试验方面取得的研究成果，深入探讨了软黏土的加载速率效应特性。首先分析了一维应力条件下先期固结压力和三轴应力条件下不排水抗剪强度的加载速率效应及应力应变关系的归一化，探讨了一维和三轴条件下的不同速率方程在拟合黏土先期固结压力和不排水抗剪强度加载速率效应上的适用性；并且分析了复杂应力下的黏土加载速率效应特性等；最后讨论了黏土加载速率效应特性在一维和三轴、压缩与伸长、不同 OCR 条件下的统一性与否。

2.1　加载速率效应的定义

所谓的加载速率效应就是土体的应力及强度随着加载速率的增大而增大。图 2-1 为典型的土体常应变速率（CRS）试验曲线的示意图：在相同的应变条件下，当加载速率 $c_3 > c_2 > c_1$（图 2-1(a)）时，与加载速率对应的应力 $\sigma_3 > \sigma_2 > \sigma_1$（图 2-1(b)）。在本节中，笔者对黏土在不同应力条件下的加载速率效应特性进行了系统的总结，这其中包括：一维压缩、三轴压缩与伸长以及非常规的复杂应力等条件。

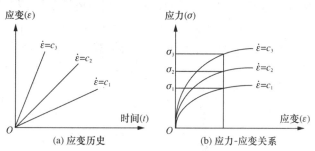

图 2-1　常应变速率试验

2.2　一维条件下的先期固结压力加载速率效应

传统的一维 CRS 试验就是在一维固结仪中对试样通过竖向恒定位移速度控制施加荷载，在试验过程中直接测量竖向应力和竖向变形，进而得到两者之间的关系，以研究不同应变速率下土体固结特性。由于一维 CRS 试验是最简单的、也是最基本的研究土体应变速率效应特性的试验，是研究土体流变本构特性的基础之一。笔者基于前人所做的一维 CRS 试验结果，主要针对以下几个问题进行讨论：①先期固结压力的速率效应；②压缩曲线的速率归一化；③不同先期固结压力—速率方程的探讨。

2.2.1 先期固结压力的速率效应

众多一维 CRS 试验都表明:加载速率越大,相应的先期固结压力 σ_p' 也越大(图 2-2(a))。其中,Leroueil 等(1985)通过分析多地区黏土的一维 CRS 试验结果,系统地总结了黏土的一维应变率效应,并指出可以用"等速率线(Suklje,1957)"体系描述一维情况下先期固结压力与加载速率一一对应关系,即可以用式(2-1)来表达

$$\sigma_p' = f(\dot{\varepsilon}) \tag{2-1}$$

式中,$\dot{\varepsilon}$ 是轴向加载速率,σ_p' 是与加载速率 $\dot{\varepsilon}$ 对应的先期固结压力。"等速率线"体系如图 2-2(b)所示,图中 A 点和 B 点是弹性线与等加载速率线 $\dot{\varepsilon}^{\tau}$ 及 $\dot{\varepsilon}$ 的交点,与它们对应的先期固结压力分别为 σ_p' 和 σ_p。

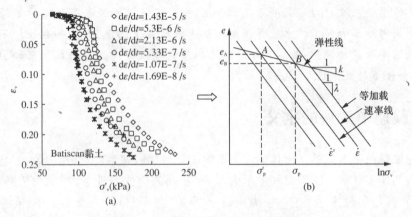

图 2-2　一维 CRS 试验应力-应变-应变速率关系图

为能够定量化地描述先期固结压力与加载速率的相关性,笔者总结了 17 种黏土 CRS 试验结果,并把先期固结压力与加载速率的关系绘于图 2-3。可以看出,图中所有土样的应变速率在 $0.002\sim27\%/h$ 之间,在此应变速率范围内 σ_p' 与加载速率成正比关系。如图 2-3 的箭头

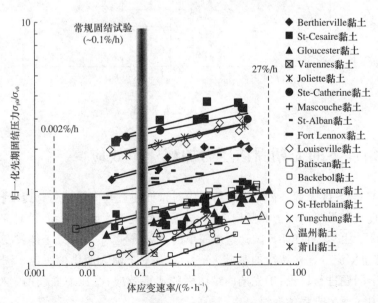

图 2-3　先期固结压力与应变速率的关系

显示,天然软黏土的先期固结压力也可能小于超静竖向压力。

然而需要说明的是,到目前为止,还没有可用的低应变速率($<0.01\%$/h)和高应变速率($>100\%$/h)下的试验结果,因此在低和高应变速率范围内σ'_p与加载速率之间的关系如何(比如σ'_p是否存在极值),一直没有定论。究其原因,影响低加载速率下的 CRS 试验结果可能因素有:①用时过长,如应变速率为 0.001%/h,达到体应变 10% 时,所需要的时间是 417 天;②试验仪器位移控制台的加载速率精度控制问题(比如,机械原因);③试验时间过长,会造成土体自身产生温度/化学胶结。而且影响高加载速率下 CRS 试验结果可能因素有:①快速加载会引起孔压急剧产生,从而会导致试样中有效应力极不均匀;②快速加载过程中产生的声、热等能量消散问题,尚无法反应在有效应力理论中;③机械和设备原因,如传感器无法高速记录孔压变化等。这些因素都制约着低应变速率和高应变速率下黏土力学特性的研究。

2.2.2 压缩曲线的速率归一化

为探寻压缩曲线的速率归一化特性,Leroueil 等(1985)基于 Batiscan 黏土的 14 个 CRS 试验结果,把各 CRS 试验得到的压缩曲线(σ'_v-ε_v 关系)用各自的先期固结压力σ'_p归一化,得到归一化后的各压缩曲线基本重合(图 2-4(a))。此外,笔者(2011)基于 Vanttila 黏土的 3 个固结试验(每级荷载历时分别为 1 天,10 天,100 天)和 7 个 CRS 试验(加载速率范围 1.11×10^{-6} $\sim 1.11\times10^{-5}\,s^{-1}$)试验结果,同样得到归一化后的各压缩曲线基本重合(图 2-4(b))。此外,这种压缩曲线可以归一化的规律同样也得到了大量的其他 CRS 试验的支持(Leroueil et al.,1983,1985,1988;Graham et al.,1983;Nash et al.,1992;Cheng & Yin,2005),因此,可以得出结论:黏土的一维压缩曲线的速率相关性可由其先期固结压力σ'_p的应变率效应来表征,即可以用式(2-2)来表示

$$\frac{\sigma'_v}{\sigma'_p}=g(\varepsilon) \tag{2-2}$$

式(2-2)也表明先期固结压力σ'_p归一化的压缩曲线与加载速率无关。

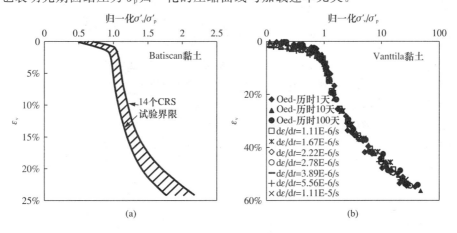

图 2-4 黏土一维 CRS 试验归一化的应力应变关系

但是,需要说明的是,因为采用等时间线体系来描述土体的一维应变速率效应时(图 2-4(b)),不同应变率试验的应力从初始值增加到σ'_p过程中产生的弹性应变有差异,从而使得土体屈服时的应变不同,所以不同加载速率 CRS 试验归一化的压缩曲线不会绝对重合。然而,式(2-2)并没有考虑应变率对屈服应变的这种影响。

2.2.3 不同先期固结压力-速率方程的探讨

如上所述,在一维 CRS 试验中,土的先期固结压力 σ_p' 与加载速率有一一对应关系。然而,对不同类型的土体而言,加载速率对 σ_p' 的影响又不尽相同,具体表现为图中曲线斜率的不同。在土的速率效应特性研究中,一般使用速率参数值的大小来定量化描述此影响的强弱。为计算此速率参数值,学者们基于各自或极有限的试验结果总结出了多个不同形式的速率方程。为探寻这些速率方程间的适用性和相关性,本书把这些速率方程根据选用坐标系的不同分为两类进行讨论:指数形式的速率方程和对数形式的速率方程。

1. 指数形式的速率方程

根据先期固结压力与加载速率对数间的线性关系计算速率参数的速率方程可以统称为指数形式的速率方程。这些速率方程一般是在 Graham 等(1983)所提方程基础上扩张而来,Graham 等(1983)最先用速率参数 $\eta_{0.1}$ 表达加载速率对先期固结压力的影响。$\eta_{0.1}$ 表示以加载速率为 $0.1\%/h$ 的 CRS 试验对应的先期固结压力 $\sigma_{p,0.1}'$ 为基准值,当加载速率增大 10 倍时,先期固结压力的变化值 $\Delta\sigma_p'$ 与 $\sigma_{p,0.1}'$ 的比值,表示为

$$\eta_{0.1} = \frac{\Delta\sigma_p'}{\sigma_{p,0.1}'} \tag{2-3}$$

基于此思想,更为通用的速率方程可表示为

$$\eta_{N1} = \frac{\left(\dfrac{\sigma_p'}{\sigma_p'^r} - 1\right)}{\lg\left(\dfrac{\dot{\varepsilon}}{\dot{\varepsilon}_r}\right)} \tag{2-4}$$

式中,先期固结压力 σ_p' 对应于加载速度 $\dot{\varepsilon}$;参考先期固结压力 $\sigma_p'^r$ 对应于参考加载速度 $\dot{\varepsilon}^r$;η_{N1} 为速率参数。

根据 Fodil 等(1997)的建议,另外一个速率方程可以表达为

$$\eta_{N2} = \frac{\left(\dfrac{\sigma_p'}{\sigma_p'^r} - 1\right)}{\lg\left(\dfrac{\dot{\varepsilon}}{\dot{\varepsilon}_r} + 1\right)} \tag{2-5}$$

式中参数意义与式(2-4)相同,与式(2-4)的差别在于分母的速率比值加 1;η_{N2} 为速率参数。当 $\dot{\varepsilon}/\dot{\varepsilon}^r = 10$ 时,可以推出两个速率参数 η_{N1}、η_{N2} 之间的关系为

$$\eta_{N1} = \lg 11 \cdot \eta_{N2} \tag{2-6}$$

2. 对数形式的速率方程

根据先期固结压力与加载速率双对数间的线性关系,学者们(Shahrour & Meimon, 1995; Rowe & Hinchberger, 1998; Hinchberger & Rowe, 2005)提出了 3 种对数形式的速率方程,并得到了广泛应用。

$$\eta_{L1} = \frac{\lg\left(\dfrac{\sigma_p'}{\sigma_p'^r}\right)}{\lg\left(\dfrac{\dot{\varepsilon}}{\dot{\varepsilon}^r}\right)} \quad \text{或} \quad \frac{\sigma_p'}{\sigma_p'^r} = \left(\dfrac{\dot{\varepsilon}}{\dot{\varepsilon}^r}\right)^{\eta_{L1}} \tag{2-7}$$

$$\eta_{L2} = \frac{\lg\left(\dfrac{\sigma_p'}{\sigma_p'^r}\right)}{\lg\left(\dfrac{\dot{\varepsilon}}{\dot{\varepsilon}_r} + 1\right)} \quad \text{或} \quad \frac{\sigma_p'}{\sigma_p'^r} = \left(\dfrac{\dot{\varepsilon}}{\dot{\varepsilon}} + 1\right)^{\eta_{L2}} \tag{2-8}$$

$$\eta_{L3}=\dfrac{\lg\left(\dfrac{\sigma_p'}{\sigma_p'^r}-1\right)}{\lg\left(\dfrac{\dot{\varepsilon}}{\dot{\varepsilon}_r}\right)}\quad\text{或}\quad\dfrac{\sigma_p'}{\sigma_p'^r}-1=\left(\dfrac{\dot{\varepsilon}}{\dot{\varepsilon}_r}\right)^{\eta_{L2}} \tag{2-9}$$

式中，η_{L1}、η_{L2}、η_{L3} 为对数形式速率方程的速率参数，其他参数的意义与式(2-4)相同。

当 $\dot{\varepsilon}/\dot{\varepsilon}^r=10$ 时，可以推出 3 个速率参数 η_{L1}、η_{L2}、η_{L3} 之间的关系为

$$\eta_{L2}=\frac{\eta_{L2}}{\lg 11} \tag{2-10}$$

$$\eta_{L3}=\lg(10^{\eta_{L1}}-1) \tag{2-11}$$

3. 各速率方程间的对比

为探讨上述速率方程(式(2-4)—式(2-5)和式(2-7)—式(2-9))的适用性，以 Bastican 黏土为例，图 2-5(a)为先期固结压力 σ_p' 和加载速率关系，选用参照点处 $\dot{\varepsilon}^r$ 和 $\sigma_p'^r$ 为速率方程的参照值，5 个速率方程的拟合结果分别见图 2-5(b)—图 2-5(f)。结果表明，用指数形式的速率方程式(2-4)和对数形式的速率方程式(2-7)拟合的结果回归系数 R^2 最大，拟合结果最为理想。此外，式(2-5)和式(2-8)需要在 $\dot{\varepsilon}/\dot{\varepsilon}_r$ 的基础上加 1，使用不直接；而当 σ_p' 小于 $\sigma_p'^r$ 时，$\sigma_p'/\sigma_p'^r-1<0$，式(2-9)不再成立，因此式(2-9)有其特定的使用范围。所以，无论是从适用性还是拟

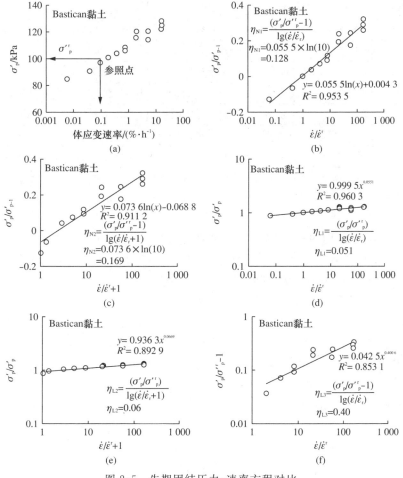

图 2-5　先期固结压力-速率方程对比

合效果上来说,式(2-4)和式(2-7)最有应用价值。

同样地,应用速率方程拟合了图中所有黏土的先期固结压力加载速率效应,拟合出来的速率参数值、回归系数及土体物理特性见表 2-1。由所有土样的回归系数可知,式(2-4)和式(2-7)最有应用价值。基于此,在下文中使用与式(2-4)和式(2-7)对应的速率参数 η_{N1} 和 η_{L1} 来探讨软黏土的先期固结压力加载速率效应特性。

表 2-1 所选黏土物理特性及速率参数

土样名称	w_L	w_P	I_P	η_{N1}	R^2	η_{N2}	R^2	η_{L1}	R^2	η_{L2}	R^2	η_{L3}	R^2
Berthierville 黏土[1]	59%	25%	34%	0.176	0.8592	0.190	0.8237	0.062	0.8491	0.066	0.8078	0.187	0.6681
St-Cesaire 黏土[1]	70%	27%	43%	0.168	0.8527	0.192	0.8774	0.058	0.8728	0.066	0.8913	0.260	0.8765
Gloucester 黏土[1]	53%	24%	29%	0.168	0.8779	0.179	0.8800	0.058	0.8957	0.062	0.8925	0.319	0.8561
Varennes 黏土[1]	65%	26%	39%	0.166	0.7595	0.184	0.7361	0.059	0.7803	0.066	0.7507	0.173	0.4914
Joliette 黏土[1]	41%	22%	19%	0.144	0.9861	0.160	0.9701	0.053	0.9794	0.059	0.9576	0.268	0.9781
Ste-Catherine 黏土[1]	60%	25%	35%	0.113	0.8748	0.126	0.8698	0.043	0.8937	0.048	0.8862	0.382	0.9030
Mascouche 黏土[1]	55%	25%	30%	0.087	0.5587	0.098	0.5443	0.034	0.5764	0.038	0.5581	0.116	0.0774
St-Alban 黏土[1]	40%	22%	18%	0.147	0.8161	0.169	0.8422	0.057	0.8234	0.065	0.8473	0.847	0.7854
Fort Lennox 黏土[1]	45%	23%	22%	0.114	0.4363	0.149	0.4245	0.041	0.4573	0.043	0.4397	0.128	0.1538
Louiseville 黏土[1]	70%	43%	27%	0.132	0.7441	0.149	0.7738	0.050	0.7722	0.056	0.8000	0.588	0.8452
Batiscan 黏土[1]	43%	22%	21%	0.128	0.9535	0.169	0.9112	0.051	0.9603	0.067	0.8929	0.401	0.8531
温州黏土[2]	63.4%	27.6%	35.8%	0.088	0.9688	0.102	0.9773	0.035	0.9722	0.041	0.9774	0.169	0.8870
Tungchung 黏土[3]	57%	26%	31%	0.500	0.0640	0.574	0.9345	0.146	0.9206	0.166	0.8858	0.265	0.9191
Backebol 黏土[4]	99%	34%	65%	0.234	0.8980	0.256	0.9091	0.077	0.9085	0.084	0.9117	0.335	0.7807
Bothkennar 黏土[5]	85%	37%	48%	0.116	0.8580	0.176	0.8522	0.058	0.8366	0.062	0.8267	0.174	0.7799
St-Herblain 黏土[6]	96%	54%	42%	0.22	1.0000	0.322	1.0000	0.089	1.0000	0.130	1.0000	-	-
萧山黏土[7]	53%	26.5%	26.5%	0.047	0.9611	0.028	0.9831	0.020	0.9619	0.027	0.9836	1.38	1.0000

注 (1) St-Herblain 黏土只有两种加载速率下的试验结果,所以无法拟合 η_{L3},且拟合 η_{N1},η_{N2},η_{L1} 和 η_{L2} 时的 R^2 等于 1。

(2) 表中文献出处为[1]-Leroueil et al. (1983);[2]-但汉波(2008);[3]-Cheng & Yin (2005);[4]-Leroueil et al. (1985);[5]-Nash et al. (1992);[6]-Yin et al. (2010);[7]-齐添(2008)。

按照 Casagrande 塑性图分类(图 2-6),所调查的黏土包括低塑性无机黏土(CL)、高塑性无机黏土(CH)、高塑性粉质黏土和砂质黏土(OH)。为探寻速率参数值与土体黏塑性之间的关系,根据黏土在塑性图中的所处位置,统计出每个区域内所有黏土的速率参数 η_{N1} 和 η_{L1} 的最大、最小及平均值(见图 2-6,去除了差异性太大的 Tungchung 黏土)。可以看出,塑性图中 OH 区的速率参数平均值最大,CH 区次之,CL 区最小。此外,绘制了速率参数 η_{N1} 和 η_{L1} 分别与液限(图 2-7(a))和塑性指数(图 2-7(b))关系图,并给出了线性拟合公式以及回归系数 R^2,结果表明,速率参数值与土的液限和塑性指数均有一定的线性规律,且从拟合效果上看,用液限拟合速率参数要优于塑性指数。

此外,Mesri & Choi(1979)根据一维 CRS 试验与一维固结试验关系,提出先期固结压力和加载速率的关系与土样的次固结系数 $C_\alpha (=\Delta e/\Delta \lg t)$ 及压缩指数 $C_c (=\Delta e/\Delta \lg \sigma_v)$ 相关

$$\frac{\sigma_p'}{\sigma_p'^r} = \left(\frac{\dot{\varepsilon}}{\dot{\varepsilon}^r}\right)^{\frac{C_\alpha}{C_c}} \tag{2-12}$$

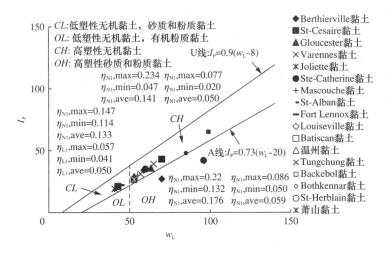

图 2-6 所选黏土在塑性图上的分布

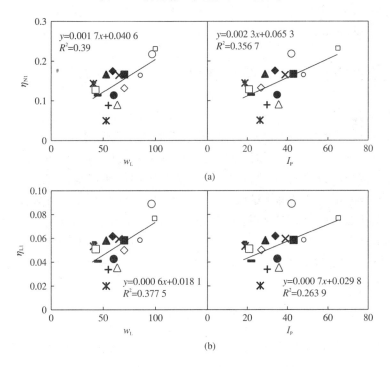

图 2-7 速率参数和分别 η_{N1}，η_{L1} 与 w_L 和 I_P 的关系

对比式（2-7）和式（2-12），不难发现

$$\eta_{L1} = \frac{C_\alpha}{C_c} \qquad\qquad (2\text{-}13)$$

而 Kutter & Sathialingam（1992），Leoni 等（2008），Yin 等（2010）认为式（2-14）更符合试验现象

$$\eta_{L1} = C_\alpha / (C_c - C_s) \qquad\qquad (2\text{-}14)$$

由于压缩指数 C_c 通常是回弹指数 C_s 的 10 倍左右，上述两个公式结果较为接近。由于文

献中同时提供速率参数值和C_α/C_c值的结果较少,基于广泛黏土试验的速率参数值与次固结系数的相关性还有待于深入调查。

上述两种坐标系下的速率参数具有一定关联,联立式(2-4)和式(2-7),速率参数η_{N1}和η_{L1}的关系为

$$\frac{\eta_{N1}}{\eta_{L1}} = \frac{\left(\dfrac{\sigma_p'}{\sigma_r'} - 1\right)}{\lg\left(\dfrac{\sigma_p'}{\sigma_r'}\right)} \qquad (2\text{-}15)$$

当$\dot{\varepsilon}/\dot{\varepsilon}^r = 10$时,由式(2-4)可得$\sigma_p'/\sigma_p'^r - 1 = \eta_{N1}$,由式(2-7),可得$\sigma_p'/\sigma_p'^r = 10^{\eta_{L1}}$,继而

$$\eta_{N1} = 10^{\eta_{L1}} - 1 \qquad (2\text{-}16)$$

对于软黏土而言,比值C_α/C_c的范围一般为$0.03\sim0.09$(Mesri & Godlewski,1977),因此η_{L1}的变化范围为$3\%\sim9\%$,从而通过式(2-16)计算出η_{N1}的变化范围为$7.2\% \sim 23\%$,这与表2-1所归纳黏土的速率参数η_{N1}和η_{L1}的变化范围基本吻合($\eta_{L1}:2\%\sim8.9\%$,$\eta_{N1}:4.7\%\sim23.4\%$,去除了Tungchung黏土)。

2.3　三轴条件下的不排水抗剪强度加载速率效应

三轴CRS试验就是在保持三轴围压室压力恒定的条件下,对试样通过竖向恒定位移速度控制施加荷载,在试验过程中直接测量竖向应力、孔隙水压力和竖向变形,进而得到三者之间的关系,以研究不同应变速率下土体抗剪特性。相对于一维CRS试验,土体三轴CRS试验可以通过控制试样侧向应力的大小,执行多种应力路径下的剪切试验,因此研究三轴CRS试验特性也非常有必要。由于三轴排水试验要求低速率加载(低于0.18%/h以保证加载过程中土样内部不产生超孔隙水压力),因此不宜应用于速率效应的研究。因此,三轴CRS试验通常是在不排水条件下进行。类似于一维CRS试验,笔者基于现有三轴CRS试验结果,主要针对以下几个问题进行讨论:①不排水抗剪强度的速率效应;②应力-应变曲线的归一化;③不同抗剪强度-速率方程的探讨

2.3.1　不排水抗剪强度的速率效应

由于不排水抗剪强度是评价黏土力学特性的一项重要指标,与工程设计与施工安全息息相关。Bjerrum(1967)首次提出三轴不排水抗剪强度与加载速率相关的观点。然后,学者们通过大量的三轴CRS试验研究得出加载速率越大,土体的不排水抗剪强度越高,且应变率增加10倍时,土体不排水抗剪强度增长幅度大致在$5\%\sim20\%$之间的结论。研究也同时表明,此增长幅度与土体固结状态(K_0或等向固结)、固结应力及试验类型(伸长或压缩)均无关,而是与土体的物理力学性质相关。因此,土体物理力学性质的差异会导致不排水强度增长幅度不同。

为更形象地描述不排水抗剪强度S_u与应变速率的相关性,作者总结了强度归一化的17种黏土的CRS试验结果,如图2-8所示,图中所有土样的应变速率在$0.003\sim800\%$/h之间,在此应变速率范围内S_u与加载速率呈正比关系。需要说明的是,因为在低应变速率($<0.01\%$/h)和高应变速率($>100\%$/h)下三轴CRS试验同样存在一维CRS试验可能存在的问题,因此不排水抗剪强度S_u与在两个极端应变速率范围内的规律如何,尚无法定论。

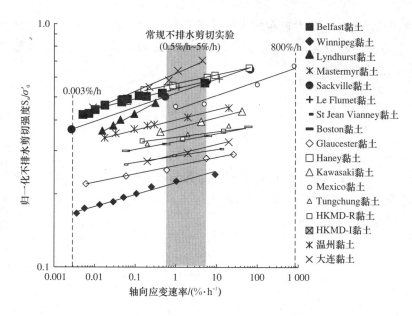

图 2-8　不排水抗剪强度与应变速率关系

2.3.2　应力-应变曲线的归一化

同一维 CRS 试验压缩曲线归一化特性类似,三轴 CRS 试验同样具有应力-应变曲线的归一化特性。不同的是,因为现有研究表明三轴不排水抗剪强度峰值对应的应变与加载速率无关,所以,理论上讲,三轴 CRS 试验归一化特性要优于一维 CRS 试验。以香港黏土在 3 种加载速率下的压缩与伸长试验为例,三轴压缩和伸长强度随加载速率增加逐渐增大(图 2-9(a)),且用与加载速率对应的最大压缩或伸长强度值归一化后的应力应变曲线几乎重合(图 2-9(b))。因此可以得出,不同加载速率下的三轴 CRS 试验应力-应变曲线具有较好的归一化特性。

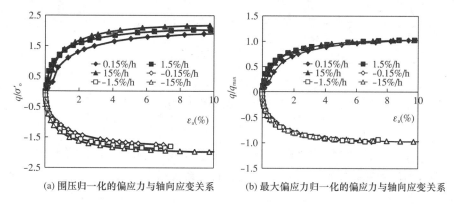

(a) 围压归一化的偏应力与轴向应变关系

(b) 最大偏应力归一化的偏应力与轴向应变关系

图 2-9　三轴 CRS 压缩与伸长试验应力应变曲线归一化

2.3.3　不同抗剪强度-速率方程的探讨

综上所述,鉴于不排水抗剪强度在土力学研究中的重要性,因此研究其加载速率效应特性也很有意义。与一维 CRS 试验研究方法类似,在三轴 CRS 试验中同样采用速率参数值来表征加载速率对不排水抗剪强度的影响,且三轴 CRS 试验不排水抗剪强度的速率方程与一维

CRS 试验先期固结压力的速率方程在表达形式上完全相同。采用类似的探讨方法,根据表达式形式的不同把速率方程分为两类:指数形式的速率方程和对数形式的速率方程。

指数形式的速率方程:

$$\rho_{N1} = \frac{\left(\dfrac{q_{peak}}{q_{peak}^r} - 1\right)}{\lg\left(\dfrac{\dot{\varepsilon}}{\dot{\varepsilon}_r}\right)} \tag{2-17}$$

式中,q_{peak} 为与偏应变率 $\dot{\varepsilon}$ 对应的峰值剪应力;q_{peak}^r 为与参考偏应变率 $\dot{\varepsilon}^r$ 对应的峰值剪应力;先期固结压力 ρ_{N1} 为速率参数;不排水抗剪强度 $S_u = q_{peak}/2$。

第二个指数形式的速率方程为

$$\rho_{N2} = \frac{\left(\dfrac{q_{peak}}{q_{peak}^r} - 1\right)}{\lg\left(\dfrac{\dot{\varepsilon}}{\dot{\varepsilon}_r} + 1\right)} \tag{2-18}$$

式中,参数意义与式(2-17)相同,与式(2-17)的差别在于分母在速率比值的基础上加 1;ρ_{N2} 为速率参数。当 $\dot{\varepsilon}/\dot{\varepsilon}^r = 10$ 时,两个速率参数 ρ_{N1},ρ_{N2} 之间的关系为

$$\rho_{N1} = \lg 11 \cdot \rho_{N2} \tag{2-19}$$

对数形式的速率方程:

$$\rho_{L1} = \frac{\lg\left(\dfrac{q_{peak}}{q_{peak}^r}\right)}{\lg\left(\dfrac{\dot{\varepsilon}}{\dot{\varepsilon}^r}\right)} \quad \text{或} \quad \frac{q_{peak}}{q_{peak}^r} = \left(\dfrac{\dot{\varepsilon}}{\dot{\varepsilon}^r}\right)^{\rho_{L1}} \tag{2-20}$$

$$\rho_{L2} = \frac{\lg\left(\dfrac{q_{peak}}{q_{peak}^r}\right)}{\lg\left(\dfrac{\dot{\varepsilon}}{\dot{\varepsilon}_r} + 1\right)} \quad \text{或} \quad \frac{q_{peak}}{q_{peak}^r} = \left(\dfrac{\dot{\varepsilon}}{\dot{\varepsilon}^r} + 1\right)^{\rho_{L1}} \tag{2-21}$$

$$\rho_{L3} = \frac{\lg\left(\dfrac{q_{peak}}{q_{peak}^r} - 1\right)}{\lg\left(\dfrac{\dot{\varepsilon}}{\dot{\varepsilon}_r}\right)} \quad \text{或} \quad \frac{q_{peak}}{q_{peak}^r} - 1 = \left(\dfrac{\dot{\varepsilon}}{\dot{\varepsilon}^r}\right)^{\rho_{L3}} \tag{2-22}$$

式中,ρ_{L1}、ρ_{L2}、ρ_{L3} 为 3 个对数形式速率方程对于速率参数,其他参数的意义与式(2-17)相同。且当 $\dot{\varepsilon}/\dot{\varepsilon}^r = 10$ 时,3 个速率参数 ρ_{L1}、ρ_{L2}、ρ_{L3} 之间的关系为

$$\rho_{L2} = \frac{\rho_{L1}}{\lg 11} \tag{2-23}$$

$$\rho_{L3} = \lg(10^{\rho_{L1}} - 1) \tag{2-24}$$

为探讨上述不排水抗剪强度速率方程(式(2-17)—式(2-18)和式(2-20)—式(2-22))的适用性,以 Winnipeg 黏土(Graham et al.,1983)为例,图 2-10(a)为不排水偏应力 q_{peak} 与加载速率关系,选用参照点处 $\dot{\varepsilon}^{和}$ q_{peak}^r 为速率方程的参照值,5 个速率方程的拟合结果分别见图

2-10(b)—图 2-10(f)。结果表明,用指数形式的速率方程式(2-17)、式(2-18)和对数形式的速率方程式(2-20)、式(2-21)拟合的结果回归系数 R^2 最大,拟合结果最为理想。此外,上文已述,式(2-18)和式(2-21)需要在 $\dot{\varepsilon}/\dot{\varepsilon}_r$ 的基础上加 1,使用起来也不直接,以及式(2-9)有其特定的使用范围($\dot{\varepsilon}>\dot{\varepsilon}_r$)。综上述,无论从适用性还是拟合效果上来说,式(2-17)和式(2-20)最有使用价值。

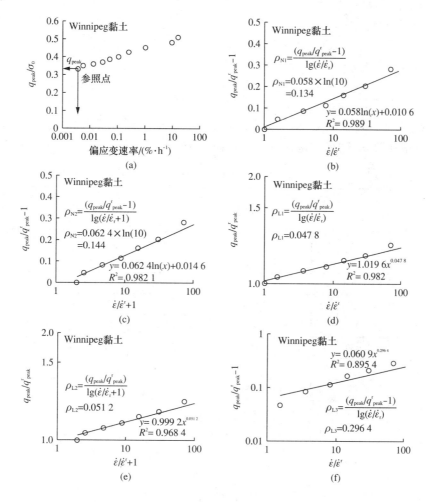

图 2-10　三轴 CRS 试验不排水强度速率方程对比

　　同样地,应用速率方程拟合了图中所有黏土的不排水抗剪强度加载速率效应,拟合出来的速率参数值、回归系数及土体物理特性见表 2-2。由所有土样的回归系数可知,式(2-17)和式(2-20)最有应用价值。基于此,在下文中使用与式(2-17)和式(2-20)对应的速率参数 ρ_{N1} 和 ρ_{L1} 来探讨软黏土的不排水抗剪强度加载速率效应特性。

　　按照 Casagrande 塑性图分类(图 2-11),所调查的黏土同样包括低塑性无机黏土(CL)、高塑性无机黏土(CH)、高塑性粉质黏土和砂质黏土(OH)。根据黏土在塑性图中所处区域,统计区域内所有黏土速率参数值 ρ_{N1} 和 ρ_{L1}(表 2-2),得到了每个区域内速率参数最大、最小及平均值,可以看出,塑性图中 CH 区的速率参数平均值最大,OH 区次之,CL 区最小。此外,绘制了土的不排水抗剪强度速率参数值与土的液限和塑性指数关系(图 2-12),并给出了线性拟合公式以及回归系数 R^2。结果表明,土的不排水抗剪强度速率参数值与土的液限和塑性指数存在一定的线性规律。从拟合效果上看,速率参数 ρ_{N1} 与液塑限的相关性优于 ρ_{L1};且用塑性指数拟合速率参数值所对应的回归系数大于用液限的情况。

此外,根据式(2-17)和式(2-20)可以推出 ρ_{N1} 和 ρ_{L1} 的关系是

$$\frac{\rho_{N1}}{\rho_{L1}} = \frac{\left(\dfrac{q_{peak}}{q_{peak}^{r}} - 1\right)}{\lg\left(\dfrac{q_{peak}}{q_{peak}^{r}}\right)} \tag{2-25}$$

以及 $\dot{\varepsilon}_a / \dot{\varepsilon}_a^r = 10$ 时,

$$\rho_{L1} = \lg(\rho_{N1} + 1) \tag{2-26}$$

前文所述,对于一般性软黏土,有学者总结 ρ_{N1} 的范围为 $5\% \sim 20\%$,这与本书表 2-2 所归纳黏土的速率参数 ρ_{N1} 的变化范围基本一致:$\rho_{N1} = 5.5\% \sim 23\%$,$\rho_{L1} = 2.3\% \sim 8.7\%$。

表 2-2　　　　　　　　　　　　所选黏土物理特性及速率参数

土样名称	w_L /%	w_P /%	I_P /%	ρ_{N1}	R^2	ρ_{N2}	R^2	ρ_{L1}	R^2	ρ_{L2}	R^2	ρ_{L3}	R^2
Winnipeg 黏土[1]	77	32	45[†]	0.134	0.9801	0.144	0.9821	0.048	0.9820	0.051	0.9684	0.296	0.8954
Belfast 黏土[1]	92[†]	32	60[†]	0.116	0.9752	0.126	0.9518	0.043	0.9615	0.047	0.9303	0.418	0.6321
Lyndhurst 黏土[1]	36	23	13	0.230	0.9957	0.286	0.9914	0.087	0.9954	0.108	0.9841	0.688	0.9087
HKMD 原状土[‡][2]	57	25	32	0.085	0.993	0.099	0.992	0.034	0.994	0.040	0.990	0.330	1.000[*]
Mastermyr 黏土[1]	26	17	9[†]	0.108	0.9894	0.136	0.9689	0.044	0.9855	0.055	0.9621	0.519	0.9763
Sackville 黏土[3]	50.1	20	30.1	0.177	0.9963	0.191	0.9987	0.058	0.9971	0.062	0.9933	0.155	0.9720
Le Flumet 黏土[4]	38	24	14	0.091	0.9988	0.102	0.9942	0.036	0.9979	0.040	0.9903	0.421	0.9581
St Jean Vianney 黏土[5]	36	20	16	0.069	0.9954	0.078	0.9814	0.028	0.9921	0.031	0.9754	0.213	1.000[*]
Boston 黏土[‡][6]	45.4	21.7	23.7	0.059	0.954	0.064	0.959	0.023	0.957	0.025	0.959	0.348	0.951
Gloucester 黏土[3]	48	24	24	0.093	0.9833	0.100	0.9894	0.035	0.9791	0.037	0.9913	0.249	0.9815
Heney 黏土[7]	44	26	18	0.095	0.9855	0.106	0.9959	0.037	0.9880	0.042	0.9950	0.486	0.9022
Kawasaki 黏土[8]	55.3	25.9	29.4	0.107	0.9985	0.125	0.9987	0.042	0.9999	0.049	0.9959	0.332	1.000[*]
HKMD 重塑土[‡][9]	60	32	28	0.055	0.956	0.065	0.967	0.023	0.959	0.027	0.968	0.442	1.000[*]
Mexico 黏土[‡][10]	211	63.9	147.1	0.222	0.873	0.242	0.862	0.072	0.863	0.078	0.849	0.521	0.924
St-Herblain 黏土[‡][11]	96	54	42	0.093	1.0000	0.109	0.9950	0.037	0.9996	0.043	0.9910	0.305	1.000[*]
温州黏土[‡][12]	63.4	27.6	35.8	0.077	0.991	0.090	0.999	0.031	0.987	0.036	0.999	0.378	1.000[*]
大连黏土[13]	36	18	18	0.210	0.9606	0.236	0.9790	0.073	0.9788	0.082	0.9900	0.438	0.9535
Tungchung 原状土[14]	57	26	31	0.093	1.000	0.109	0.994	0.037	0.999	0.043	0.990	0.301	1.000[*]

注:1. [‡]标记的黏土的速率参数值为多个围压或者多个 OCR 条件下的平均值;[†]标记的液塑限值为平均值;[*] 号标记 R^2 等于 1 的黏土只有两个数据点可用来拟合 ρ_{L3}。

　　2. 表中文献出处为[1]-Graham et al. (1983);[2]-Yin & Cheng (2006);[3]-Hinchberger & Rowe (2005);[4]-Fodil et al. (1997);[5]-Vaid et al. (1979);[6]-Sheahan et al. (1996);[7]-Vaid & Campanella (1977);[8]-Nakase & Kamei (1986);[9]-Zhu et al. (1999);[10]-Diaz-Rodriquez et al. (2009);[11]-Yin et al. (2010);[12]-但汉波(2008);[13]-齐剑锋等(2008);[14]-Cheng & Yin (2005)。

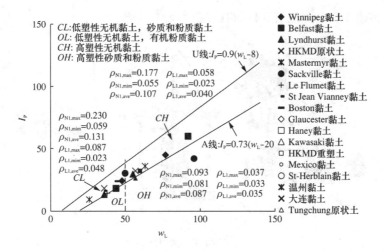

图 2-11 所选黏土在塑性图上的分布

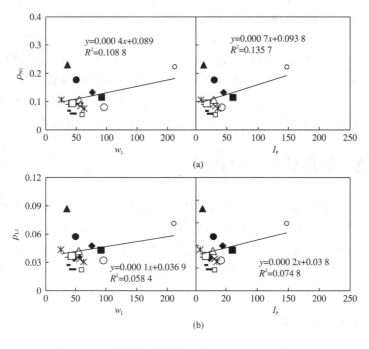

图 2-12 速率参数分别和 ρ_{N1}，ρ_{L1} 与 w_L 和 I_P 的关系

2.4 复杂应力条件下的强度加载速率效应

实际工程中软黏土所受的应力状态远复杂于一维和三轴应力等理想土单元体状态。因此，进行一些实际土体在复杂应力下的加载速率效应试验，如非常规室内试验等，也很有必要。

十字板剪切试验作为一种快速测定饱和软黏土快剪强度的一种简易的原位测试方法，在我国沿海软土地区被广泛使用。Rangeard 等（2003）利用图 2-13(a)所示室内十字板剪切仪研究了剪切速率下的 Saint Herblain 黏土抗剪强度的影响。试验在多级不同十字板旋转速度下进行，旋转速度依次为 $0.2°/s$，$0.06°/s$，$0.2°/s$，$1.2°/s$，最大抗剪强度值出现在累计旋转角度 $20°\sim30°$ 之间，归一化剪切强度值与十字板旋转速度、累计旋转角度关系。很明显地，增大或减小十字板旋转速度会显著地引起抗剪强度值增加或降低。

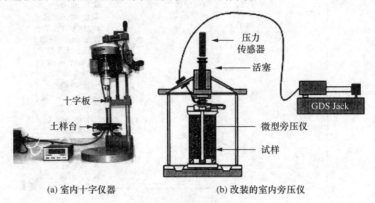

(a) 室内十字仪器　　　　(b) 改装的室内旁压仪

图 2-13　非常规室内试验仪

　　另外,旁压仪也是一种能够方便测量土体应变速率效应的仪器。为了更有效地控制边界条件和土样均匀性,南特中央理工大学 Hicher 团队(Rangeard et al.,2003;Yin,2006;Yin & Hicher,2008)开发了室内旁压测试仪(图 2-13(b))。Yin & Hicher(2008)根据三个不同加载速率的旁压试验,利用反分析方法推演了黏土黏性参数,结合 MCC 模型优化了试验参数,并用实测值对该方法进行了验证,结果表明利用旁压试验获得的参数值与三轴和固结试验值吻合。此外,Prevost(1976)、Prapaharan 等(1989)和 Silvestri(2006)通过分析轴对称荷载作用下的小孔扩张理论,应用旁压试验推导了应变速率对土体不排水强度影响的解析解。

2.5　加载速率效应的统一性探讨

　　现有文献大多叙述软黏土加载速率效应的试验现象和一般性的研究方法,而没有具体描述黏土的速率参数特点以及讨论各 CRS 试验之间关系。从而,本节尝试从以下三个方面进行加载速率效应的统一性探讨:①不排水抗剪强度速率效应与先期固结压力速率效应的统一性;②不排水抗剪强度的速率效应在三轴压缩与伸长条件下的统一性;③超固结度对不排水抗剪强度速率效应的影响。

2.5.1　一维～三轴统一性探讨

　　为探究一维和三轴加载速率效应之间的关系,作者选用温州原状土(但汉波,王立忠,2008)作为研究对象,首先研究了一维先期固结压力(图 2-14(a))和三轴不排水抗剪强度与轴向应变速率关系(图 2-14(b)),并以式(2-4)、式(2-7)、式(2-17)和式(2-20)为例计算出加载速率参数 $\eta_{N1}=8.8\%$、$\eta_{L1}=3.5\%$、$\rho_{N1}=7.7\%$、$\rho_{L1}=3.4\%$(ρ_{N1} 和 ρ_{L1} 为三个围压下的平均值)。然后,把一维先期固结压力和三轴不排水抗剪强度分别用加载速率为 0.2%/h 试验对应的强度值归一化,并绘于同一幅图中(图 2-14(c))。结果表明,温州黏土一维与三轴条件下的归一化强度值与轴向应变速率的对数近似呈直线关系。因此,可以说温州黏土在一维与三轴条件下的速率效应具有较好的统一性。

　　然而,对于 St-Herblain 黏土(Yin et al.,2010)和香港 TungChung 原状土(Cheng & Yin,2005),其一维和三轴条件下的归一化强度差异性较大(图 2-15),速率效应不具有统一性。但是需要注意的是,St-Herblain 黏土的一维 CRS 试验只有两个加载速率下试验结果,由于原状土试验结果具有一定的离散型,因此一维 CRS 试验条件下的速率参数值不具有统计意义;Tungchung 黏土的 $\eta_{N1}=50\%$,远高于本书所总结 η_{N1} 的一般变化范围(4.7% ～23.4%),文献中缺乏原状土样不均匀性或其他原因的说明及探讨。

值得指出的是,对于同种黏土,同时做过一维 CRS 试验和三轴 CRS 试验的研究较少。因此,黏土的一维和三轴速率效应的统一性还需要更多的试验论证。

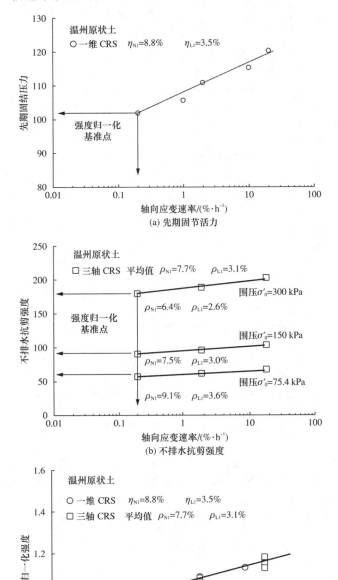

图 2-14　温州黏土一维和三轴应变速率效应

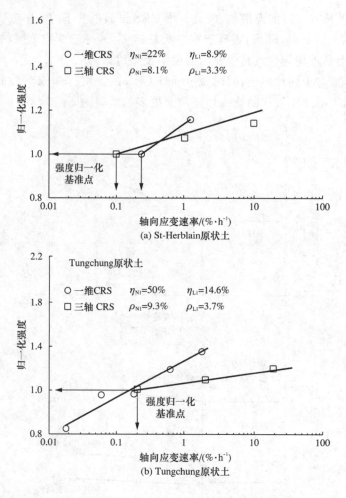

图 2-15　St-Herblain 和 Tungchung 黏土一维和三轴应变速率效应

2.5.2　三轴压缩/伸长统一性探讨

实际工程中,有时土体会在压缩和伸长应力状态转换,如堆载、开挖等,且施工速率会对黏土的压缩和伸长应力状态产生影响。因此,为了探究加载速率对三轴压缩和伸长特性影响的异同点,笔者分析了温州原状土(但汉波,王立忠,2008)、Mastemyr 原状土(Graham et al.,1983)、香港重塑土(Zhu & Yin,2000)、香港原状土(Yin & Cheng,2006)和 Kawasaki 重塑土(Nakase & Kamei,1986)在不同加载速率下的三轴压缩和伸长试验。

采用与上文相同的强度归一化方法,总结出各黏土三轴压缩和伸长条件下的归一化强度与轴向应变速率绝对值(伸长试验应变速率为负值)的对数关系(图 2-16)。结果显示,温州黏土、Mastemyr 黏土和香港原状土的三轴压缩和伸长特性速率效应有较好的统一性;香港重塑土的三轴压缩和伸长特性速率效应有较大的差异性,这可能与香港重塑土压缩试验 $\rho_{N1}=4.9\%$ 较低相关(本书总结 ρ_{N1} 的一般变化范围 $5.5\%\sim22.9\%$);而由于 Kawasaki 重塑土伸长速率为 $42\%/h$ 的伸长强度值离散太大,造成 $\rho_{N1}=21.2\%$,从而使得其三轴压缩与伸长特性速率效应的统一性较差。

综上,黏土三轴压缩与伸长特性的应变速率效应在总体上具有较好的统一性,但仍需更多的试验论证。

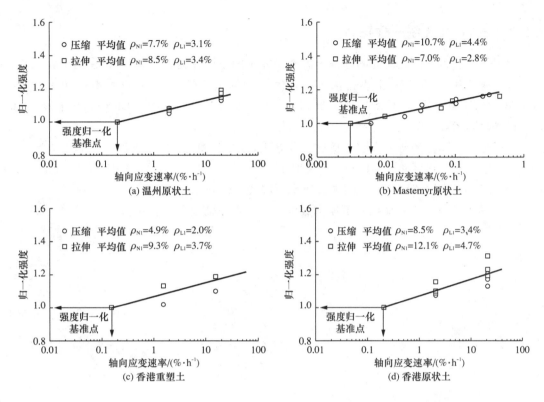

图 2-16　归一化压缩与伸长强度值与轴向应变速率关系

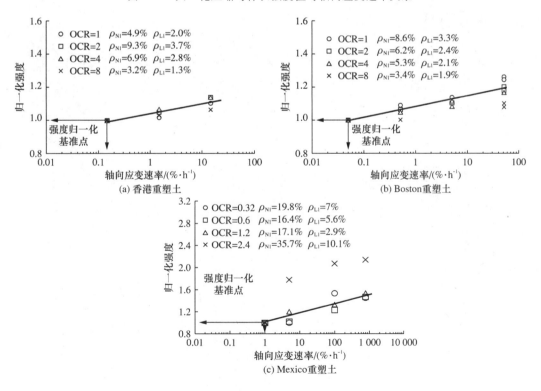

图 2-17　不同 OCR 条件下归一化压缩强度值与应变速率关系

2.5.3 不同 OCR 统一性探讨

超固结土的力学特性研究同样是土力学研究中的重要课题。然而,在以往的试验中,同时考虑加载速率和 OCR 对黏土不排水抗剪强度影响的试验较少,主要有香港重塑土(Zhu & Yin,2000)、Boston 重塑土(Sheahan et al.,1996)及 Mexico 原状土(Diaz-Rodriquez et al.,2009)等试验研究。

采用与上文同样的研究方法分析这三种黏土,首先计算各 OCR 条件下的速率参数 ρ_{N1} 和 ρ_{L1},然后绘制归一化强度与轴向应变速率的关系图(图 2-17)。结果显示,Boston 黏土和 Mexico 黏土在不同 OCR 条件下的加载速率效应统一性较差,而香港重塑土稍好。

因此,黏土的不同 OCR 条件下速率效应的统一性也需要更多的试验论证。

第 3 章　蠕变特性

本章提要：大量的室内和现场试验表明软黏土存在长期变形难以收敛的问题。为了更深入地认识软黏土的蠕变特性，首先，深入分析一维应力条件下次固结系数的演变规律、确定方法、三轴排水、不排水蠕变特性及黏土的长期抗剪强度、室内旁压试验和现场试验等复杂应力下的黏土蠕变特性等；然后，讨论黏土蠕变特性与应变速率和应变松弛特性在一维和三轴条件下的关联性；最后，从黏土次固结特性与微观结构的相关性以及如何准确描述次固结系数的非线性等方面更深入地探讨软黏土蠕变特性。

3.1　蠕变的定义

在应力保持恒定时，应变随时间持续发展的现象叫蠕变，软土蠕变特性的研究在土力学中占有重要地位，主要在于建筑物沉降、边坡和隧道等问题中的长期力学行为与蠕变性质密切相关。图 3-1 为典型的土体蠕变曲线的示意图。从点 $A \sim B$ 为应力加载路径，土样变形至 A 点时，开始蠕变试验（图 3-1（a）），保持应力不变（图 3-1（b）），随着时间的推移，土样应变逐渐增加（图 3-1（c））。本章中，总结了黏土在不同应力条件下的蠕变特性：一维压缩，三轴剪切，非常规的复杂应力，以及基于现场试验的大尺寸复杂应力。

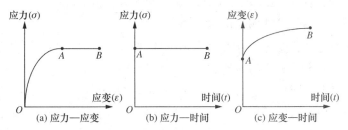

图 3-1　蠕变试验规律示意图

3.2　一维蠕变试验

一维蠕变试验保持竖向有效压力恒定，直接测量竖向变形随时间的发展关系。一维蠕变特性是最简单、也是最基本的蠕变特性，主要回答以下几个问题：①什么是次固结及次固结系数；②次固结系数如何演化；③次固结系数如何确定。

3.2.1　次固结及次固结系数

图 3-2 为一维蠕变试验中孔隙比与对数时间的关系曲线。由图可见，曲线呈反 S 形，分为主固结阶段和次固结阶段两部分。转折处的时刻 t 为主固结完成

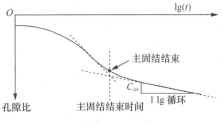

图 3-2　次固结系数定义

的近似时间,在此以后的变形为次固结变形,即恒定竖向有效应力下的蠕变。在次固结阶段,孔隙比 e 与对数时间的曲线斜率定义为次固结系数 $C_{\alpha e}$:

$$C_\alpha = \frac{\Delta e}{\Delta \lg t} \quad \text{或} \quad C_{\alpha e} = \frac{\Delta e}{\Delta \ln t} \tag{3-1}$$

在常规一维固结试验中每一级加载,土体变形是由于主固结阶段的压缩蠕变、孔隙水压力消散以及次固结压缩。在排水状态下软黏土的蠕变体积应变机制可总结为:①初始阶段,在竖向荷载作用下压缩变形引起体积减小,同时引起孔隙水压力上升,孔压消散造成的土体体积变形远小于压缩引起变形;②第二阶段,孔隙水压力消散至初始值,土体体积变形主要是孔隙水压力消散造成;③第三阶段,孔压消散结束后的土体变形即纯粹的蠕变阶段。基于大量的试验,笔者认为软黏土的蠕变速率可以越来越小,但其稳定状态很难达到。

3.2.2　次固结系数如何演化

基于 Batiscan 黏土在不同竖向应力水平下的一维蠕变试验结果(Leroueil et al.,1985),一维蠕变应变与时间的关系被归纳为 3 种类型(图 3-3)。类型 1:对应于超固结土,竖向固结压力小于先期固结压力,主固结与次固结没有明显的交叉点;类型 2:对应于正常固结土,竖向固结压力与先期固结压力较为接近,次固结线斜率明显大于类型 1;类型 3:对应于正常固结土,竖向固结压力远大于先期固结压力,土样竖向变形与对数时间曲线斜率逐渐降低,呈现明显的反 S 形。

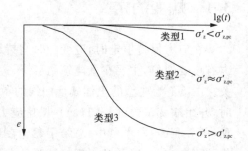

图 3-3　Batiscan 黏土一维蠕变试验

然而,作者认为这种分类方法存在不合理之处,即没有把结构性土的原状土和重塑土分开讨论,通常只有结构性土的蠕变与时间关系可以分为这 3 种情况,且第 2 种类型的变形曲线对应土结构的破坏,与先期固结压力无关(Yin et al.,2011;Yin & Wang,2012)。而对于正常固结重塑土,蠕变变形应始终与第 3 种变形类型类似。

Leroueil et al.(1985)还指出,次固结系数值与竖向应力值相关(图 3-3)。Fodil 等(1997)同样总结了次固结系数与竖向荷载的关系,也符合 Murayama & Shibata(1961)的结论。同时,Mesri & Godlewski(1977)通过对比重塑土和不同 OCR(超固结比)的天然土的一维固结试验,指出次固结系数与土体材料的应力历史相关。通常对天然原状土而言,随着竖向压力的增大,次固结系数逐渐增长,达到一个峰值后再逐渐降低;而重塑土的次固结系数变化较小,可以看做与竖向应力没有关系。

笔者认为,对于天然软黏土,次固结系数的演化分析应综合土体的超固结度、密实度或孔隙比、尤其是土结构及其破坏特性等状态因素,而与竖向应力的关系仅仅是表观现象。

3.2.3　次固结系数的确定

如上所述,由于天然软黏土的次固结系数与很多因素相关,很难取到一个固定值,因此,一个确定的次固结系数应该对应于一个特定的条件。基于此,作者认为大部分的文献所提供的次固结系数是不完整的(表 3-1)。因此,现有的"次固结系数-液塑限"、"次固结系数-初始孔隙率"、"次固结系数-天然含水率"等等相关性公式均有待于重新修正。

表 3-1　　　　　　　　　　典型软黏土在正常固结状态下次固结系数统计

黏土名称	C_{ae}	C_{ae}对应的应力/kPa	结构性	S_t	e_0	G_s	w_L	w_P	I_P
上海[1]	0.0066~0.0056	200~800	原状土		1.03	2.73	39.5%	23.3%	16.2%
南京[2]	0.0048~0.0031	25~1 600	重塑土			2.70	44.0%	23.0%	21.0%
香港[3]	0.0052	100	重塑土		1.50	2.66	60.0%	28.0%	32.0%
温州[2]	0.009~0.0058	25~1 600	重塑土			2.70	60.0%	28.0%	32.0%
连云港[2]	0.017~0.01	25~800	重塑土			2.74	86.0%	31.0%	55.0%
汕头[4]	0.0192~0.0039	100~1 600	原状土		2.65	2.67			33.0%
天津[5]	0.0047~0.0011	200~400	原状土		1.29	2.75	44.0%	24.0%	20.0%
广州南沙[6]	0.0039~0.0033	50~100	重塑土		1.20	2.70	47.5%	23.5%	24.0%
Pusan[7]	0.055~0.0048	320~1 280	原状土		0.53~2.10		50.0%~68.0%	·	28.0%~45.0%
London[8]	0.036		原状土				60.0%	20.0%	40.0%
Bothkennar[9]	0.0197~0.0092	100~1 600	原状土			2.65	85.0%	37.0%	48.0%
Bethierville[10]	0.050~0.01	51~135	原状土		1.73		46.0%	22.0%	24.0%
Batiscan[11]	0.044~0.004	90~151	原状土	125	1.92		43.0%	22.0%	21.0%
Ottawa[12]	0.037~0.004	200~2 700	原状土	10			58.0%	25.0%	33.0%
Leda[13]	0.025~0.006	30~685	原状土			2.74	57.0%~60.0%	22.0%~27.0%	
Leda[13]	0.0064~0.0058	20~350	重塑土			2.74	57.0%~60.0%	22.0%~27.0%	
Mexico[13]	0.137~0.036	80~685	原状土			2.35	500.0%	150.0%	350.0%
Mexico[13]	0.0566~0.0435	80~330	重塑土			2.35	500.0%	150.0%	350.0%
New Haven[13]	0.0493~0.0298	25~380	原状土			2.68	79.0~97.0%	39.0%~50.0%	
Haarajoki[14]	0.0218~0.0047	40~640	重塑土		2.97		88.0%	26.0%	62.0%
Suurpelto[14]	0.0254~0.0051	40~640	重塑土		2.66		80.0%	23.0%	57.0%
Vanttila[15]	0.0224~0.0092	40~640	重塑土		3.35		90.0%	30.0%	60.0%
Murro[16]	0.0163~0.008	10~600	重塑土		1.94		88.0%	34.0%	54.0%
St-Herblain[17]	0.084~0.056	132~515	原状土	2	2.29		96.0%	54.0%	42.0%

注：表中文献出处为[1]-徐珊等(2008)；[2]-曾玲玲等(2012)；[3]-Yin et al.(2002)；[4]-余湘娟等(2007)；[5]-雷华阳,肖树芳(2002)；[6]-陈晓平等(2008)；[7]-Suneel et al.(2008)；[8]-Lo(1961)；[9]-Nash et al.(1992)；[10]-Leroueil et al.(1988)；[11]-Leroueil et al.(1985)；[12]-Graham et al.(1983)；[13]-Mesri & Godlewski(1977)；[14]-Stapelfeldt et al.(2007)?；[15]-Yin et al.(2011)；[16]-Karstunen & Yin(2010)；[17]-Yin et al.(2010)。

另一种次固结系数的确定方法隐含在 Mesri 和 Goldleeski(1977)的 C_{α}/C_{e}（次固结系数/压缩指数）的确定之中

$$\frac{C_{\alpha}}{C_{e}}=\frac{\dfrac{\Delta e}{\lg t}}{\dfrac{\Delta e}{\lg \sigma'_{v}}}=\frac{\lg \sigma'_{v}}{\lg t}=\text{const} \tag{3-2}$$

式中，σ'_v 为竖向应力。

这个比值的一个优点在于隐性地统一了超固结度、土结构及其破坏等对次固结系数的影响。对不同类型土，C_{α} 和 C_{e} 的比值一般都在 0.025~0.100 之间，其中泥煤的比值最高，其次是有机土，然后是黏土，淤泥最小。Mesri & Castro(1987)指出，大多数无机软黏土的值等于 0.04±0.01，而有机塑性黏土的 C_{α}/C_{e} 等于 0.05±0.01。这些数据分析给工程设计提供了很大的便利。

值得指出的是压缩指数包括弹性部分 C_s 和非弹性部分（C_c-C_s），而次固结系数 C_{α} 只包括不可恢复的非弹性变形蠕变，与 C_{α}/C_c 比较，作者认为比值 $C_{\alpha}/(C_c-C_s)$ 的物理力学意义应更加明确。

3.3 一维次固结特性的微观结构相关性

本节所阐述的土样取自于三个不同的地方:①浙江省舟山地区浙江浙能六横电厂新建工程处,取土深度为11m左右,土体参数为 $w=42\%$, $w_P=26.7\%$, $w_L=40.7\%$, $e_0=1.12$;②上海市闵行区莲花南路,取土深度 $11\sim12$ m,土样为典型的上海第四层土,土体参数为 $w=40.5\%$, $w_P=22.5\%$, $w_L=42.5\%$, $e_0=1.08$;③温州蒲州220kV变电站工程处,取土深度为9m左右,土体参数为 $w=76.7\%$, $w_P=28\%$, $w_L=63\%$, $e_0=1.98$ 。

为了对试样颗粒排列进行定量分析,选取三种黏土竖直平面内放大 $2\,000\sim5\,000$ 倍的SEM图片,运用图像分析软件 Image J 分析了三种原状黏土颗粒排列规律。图3-4中颗粒的定向方向角度定义为土颗粒长轴与图像坐标系X轴的夹角。图中颗粒方向在各角度上的分布百分比是基于黏土颗粒的表面积。结果表明,大量的颗粒不均匀地分布于 $30°\sim150°$ 的象限内。

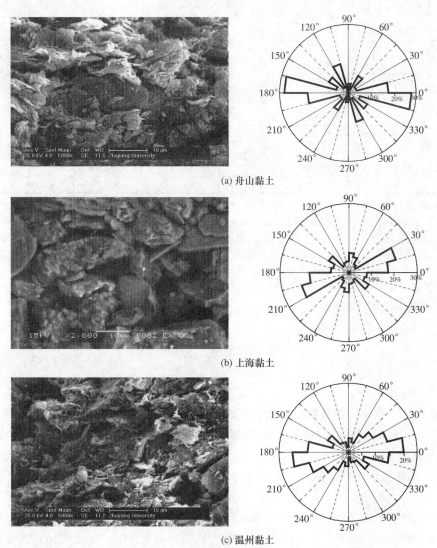

(a) 舟山黏土

(b) 上海黏土

(c) 温州黏土

图 3-4 天然黏土 SEM 图像和颗粒方向在竖直平面内分布

为研究黏土次固结特性与微观结构关系,切取了 4 种与水平面不同角度的试样,进行了一维固结试验,所选角度分别为 0°,30°,60°和 90°(见图 3-5,角度为 0°试样平行于土体沉积面,角度为 90°试样垂直于土体沉积面)。固结试验采用常规固结仪,分级加载,荷载范围为 12.5~1600kPa,加荷比为 1,每级荷载持续 24h。由次固结系数确定方法计算出每级荷载作用下的次固结系数。

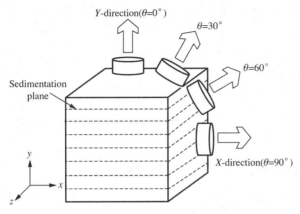

图 3-5　土块体及试样相对天然沉积面的切割角度

图 3-6 为三个地区黏土不同切割角度试样在各荷载作用下的次固结系数演变规律。对所有试样,次固结系数 C_{ae} 首先随着固结压力的增长而增大,当竖向应力达到约等于 2 倍先期固结压力时达到最大值,然后逐渐减小。这与 Mesri 和 Godlewski(1977)和 Suneel 等(2008)在竖直方向上对次固结系数的演变规律研究结果相同。从图中也可以看出次固结系数随着竖向应力的这一演化规律与土样的切割角度关系不大。

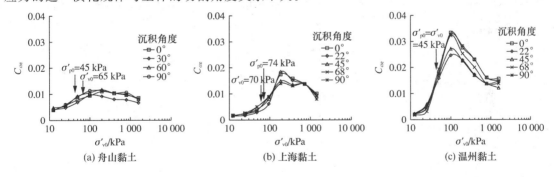

图 3-6　不同试样下角度次固结系数与竖向应力关系

图 3-7 表明,次固结系数 C_{ae} 随沉积角度变化的差别在应力水平刚超过先期固结压力时最大,随着应力水平的增加,土样继续压缩,不同沉积角度土样的初始微观组构逐渐趋于一致,导致次固结系数 C_{ae} 随沉积角度的差别变得很小。由此可见,次固结系数的差异与土体微观结构的排列和不同角度荷载下的稳定性相关。本章仅展示了次固结特性受微观结构影响,对于定性分析尚需进行大量试验。

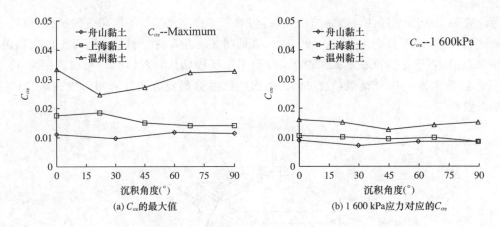

图 3-7　次固结系数与沉积面夹角关系

3.4　如何准确考虑非线性次固结特性

3.4.1　非线性蠕变的试验依据

　　此研究仅选取了两种芬兰黏土的常规固结试验(Karstunen & Yin,2010；Yin et al.,2011)。为了消除土体结构性的影响,所有试验均是在重塑土样上进行,所选择 Murro 黏土 $\gamma=15.3$ kN/m³,$\kappa=0.028$,$\lambda=0.216$；Vanttila黏土 $\gamma=13.6$ kN/m³,$\kappa=0.06$,$\lambda=0.288$。两种选取土样的常规固结试验结果如图 3-8 所示。图中,λ 为压缩指数,κ 为回弹指数。

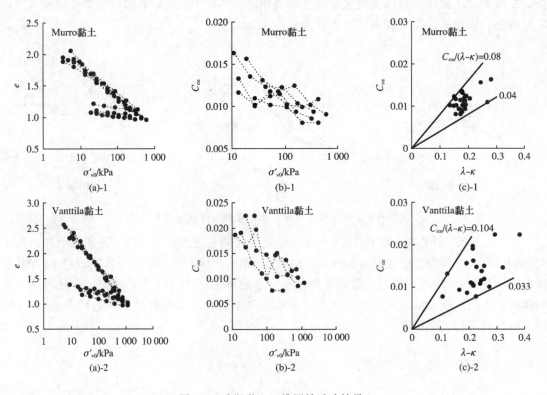

图 3-8　重塑黏土一维固结试验结果

从 $e-\lg\sigma_v'$ 曲线来看,虽然所选择土样初始孔隙比是变化的,但对于图 3-8(a)的每条压缩曲线来说,每种黏土的不同土样的压缩特性基本是一致的。试验是基于重塑土样,且是从泥浆阶段开始缓慢加载,所以可以认为土样先期固结压力数值较小。

量测了每一荷载下的 4～24h 内的平均次固结系数后,在对数坐标上绘制了正常固结阶段下的次固结系数和竖向应力 σ_v' 的关系(竖向应力大于先期固结压力:$\sigma_v'>\sigma_{p0}'$)。从次固结系数随应力演变的总体趋势看,所有结果表明次固结系数随着应力的增加而连续减小,与土体压缩后密度增加相关(图 3-8(b))。所有结果表明对于所选黏土 $C_{\alpha e}/(\lambda-\kappa)$ 离散性较大(图 3-8(c)),这应该与 $C_{\alpha e}$ 随土体密度变化而变化相关。

3.4.2　现有分析方法

为了描述在某一应力水平下蠕变阶段中次固结系数的变化,殷建华(1999)基于香港海相黏土试验结果提出了一个非线性蠕变公式:

$$C_{\alpha e}=\frac{C_{\alpha e_0}}{1+\dfrac{C_{\alpha e_0}}{V\Delta\varepsilon_{v1}}\ln\left(\dfrac{t_c+t_{\mathrm{EOP}}}{t_{\mathrm{EOP}}}\right)} \tag{3-3}$$

式中,$V=1+e_0$,e_0 为初始孔隙比;$C_{\alpha e0}$ 为 $C_{\alpha e}$ 的初始值;$\Delta\varepsilon_{v1}$ 是蠕变临界应变控制的减小速率;t_{EOP} 是主固结结束的时间;t_c 为蠕变的时间,等于 $t-t_{\mathrm{EOP}}$。式(3-3)包含一个恒定应力状态下随时间减小的 $C_{\alpha e}$。Yin 等(2002)进一步发展了式(3-3),用蠕变体积应变速率 $\dot{\varepsilon}_v^{vp}$ 将公式扩展到三维蠕变模型当中,表达如下:

$$\dot{\varepsilon}_v^{vp}=\frac{C_{\alpha e0}}{V\tau}\left(1+\frac{\varepsilon_{vm}^r-\varepsilon_{vm}}{\varepsilon_{vm1}^{vp}}\right)^2\exp\left(\frac{\varepsilon_{vm}^r-\varepsilon_{vm}}{1+\dfrac{\varepsilon_{vm}^r-\varepsilon_{vm}}{\varepsilon_{vm1}^{vp}}}\frac{V}{C_{\alpha e0}}\right) \tag{3-4}$$

式中,τ 为参考时间(对于常规固结试验,$\tau=24\mathrm{h}$);ε_{vm} 为对应当前平均应力 p_m 的体积应变;ε_{vm}^r 为对应 p_m 的参考体积应变,通过 $\varepsilon_{vm}^r=\varepsilon_{vm0}^r+(\lambda/V)\ln(p_m/p_{m0})$ 计算得到,p_{m0} 为初始参考平均应力;ε_{vm0}^r 为初始参考体积应变;λ 为压缩指数;临界蠕变应变 ε_{vm1}^{vp} 等于 $e_0/(1+e_0)$。

上述非线性蠕变公式的优点在于不需要额外增加材料参数。然而不同黏土的蠕变折减规律不尽相同,需要寻找更加精确的方法。

3.4.3　非线性蠕变方程的提出

由于土体的孔隙比是土体的一个物理状态,隐含着土体密度和变形,在压缩过程中逐渐减小,物理上可以趋近于零但不会小于零。因此,对孔隙比取对数坐标是比较合理的。图 3-9(a)为双对数坐标下平均次固结系数和孔隙比的关系曲线。基于此,笔者提出了一个非线性蠕变公式:

$$\frac{C_{\alpha e}}{C_{\alpha ef}}=\left(\frac{e}{r_f}\right)^n \tag{3-5}$$

式中,$C_{\alpha ef}$、e_f 分别为次固结系数和孔隙比的参考值;n 为材料常数,为 $\lg C_{\alpha e}-\lg e$ 曲线的斜率,可以直接量取。为了简化,可以取初始孔隙比 e_0 或液限孔隙比 e_L 为参考孔隙比 e_f。式(3-5)指出:①在某一施加应力下当孔隙比在蠕变阶段减小时,次固结系数也会随着时间减小;②在加载阶段当孔隙比连续减小,次固结系数也会随着施加应力连续减小。此外,当孔隙比接近于零时,蠕变速率也接近零,这样反过来会保证孔隙比的正值。利用式(3-5),从图 3-9(b)可以看到$(\lambda-\kappa)/C_{\alpha e}$和$e$的理论关系和试验数据一致性较好。

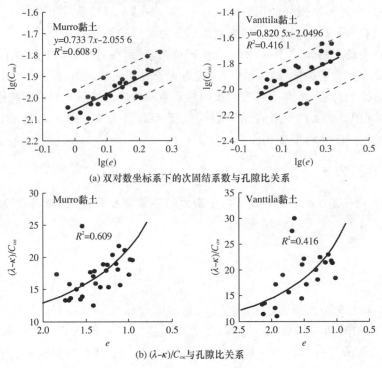

(a) 双对数坐标系下的次固结系数与孔隙比关系

(b) $(\lambda-\kappa)/C_{\alpha e}$与孔隙比关系

图 3-9 次固结系数和$(\lambda-\kappa)/C_{\alpha e}$与孔隙比关系

图 3-10 为不同重塑黏土在双对数坐标下平均次固结系数和孔隙比的关系曲线。所有结果表明所提出的非线性方程式(3-5)是合理的。

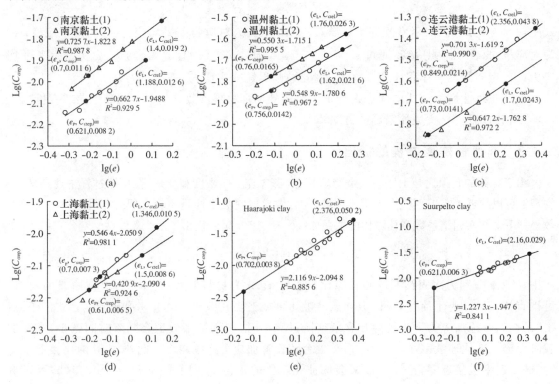

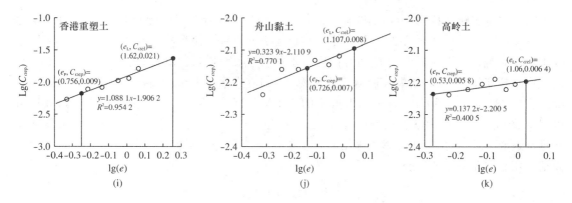

图 3-10   不同重塑黏土双对数坐标系下的次固结系数与孔隙比关系

3.5   三轴蠕变试验

三轴蠕变试验保持径向和轴向应力恒定,直接测量竖向变形随时间的发展关系。如图 3-11所示,根据排水条件可分为:①排水蠕变,平均有效应力 p' 和偏应力 q 均保持恒定;②不排水蠕变,平均总应力 p 保持恒定但平均有效应力 p' 随超孔隙水压力的产生而变小,偏应力 q 保持恒定。三轴蠕变特性是三维蠕变本构模型开发的基础,主要回答两个问题:①排水蠕变速率的演化过程;②不排水蠕变 3 阶段及长期不排水抗剪强度。

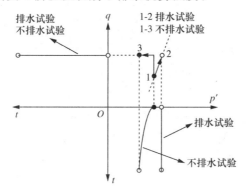

图 3-11   排水与不排水条件下三轴蠕变试验示意图

3.5.1   排水蠕变速率的演化过程

Singh & Mitchell(1968)研究了黏土排水蠕变速率 $\dot{\varepsilon}$ 与时间 t 关系,定义了参数 m:

$$m = -\frac{\Delta \lg \dot{\varepsilon}}{\Delta \lg t} \qquad (3-6)$$

m 值即为 $\lg \dot{\varepsilon}_1 - \lg t$ 图中曲线的斜率(见图 3-12,多个地区黏土 m 值总结于表 3-2)。

Singh & Mitchell(1968)通过试验得出了 m 值与偏应力变化无关的结论,对于不同黏土 m 值的变化范围为 $0.75 \sim 1.0$。然而,bishop & Lovenbury(1968)研究了 Pancone 在黏土不同偏应

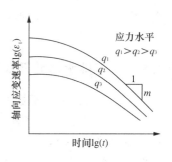

图 3-12   三轴排水试验轴向蠕变速率与时间关系

力下的三轴排水蠕变特性,指出蠕变速率总体变化趋势是随着时间进行逐渐变小,而且蠕变速率随着偏应力水平增加而增加。Tian 等(1994)基于墨西哥海相沉积土排水蠕变试验结果,也提出对于高塑性的墨西哥土 m 值随着偏应力水平的增长而增长。Zhu(2007)研究了香港海积黏土排水蠕变特性,试验结果表明对于香港黏土,偏应力水平对 m 值影响不大。另外,Tavenas 等(1978)通过弱超固结 Saint-Alban 土的排水蠕变试验,指出体积和剪切应变的发展均可以用参数 m 表示。国内学者孔令伟等(2011)通过对湛江强结构性黏土的不同围压条件下三轴排水蠕变试验,指出围压是影响强结构性黏土蠕变特性的重要因素。陈晓平等(2007)指出固结作用会弱化黏土的蠕变。

表 3-2 　　　　　　　　　　　　各地软黏土 m 值统计

黏土	w_L	w_P	I_P	q/q_{peak}	m
Pancone（轴应变速率）	80	25	55	0.85	1.78
				0.75	1.19
				0.50	0.87
Mexico（轴应变速率）	108	71	37	0.95	1.20
				0.70	0.80
				0.40	0.56
Saint-Alban	50	27	23		0.50～0.90
香港（体应变速率）	60	28	32	0.72	0.99
				0.60	0.98
				0.40	1.03
上海 [李军世,林咏梅 2000] （轴应变速率）	39	23	16	0.75	1.46
				0.50	0.92
				0.37	1.07
St-Herblain [张冬梅,2003] （体应变速率）	96	54	42	0.53	0.70
				0.70	0.66
				0.84	0.46
				1.00	0.36

注:表中 q/q_{peak} 为偏应力水平;q_{peak} 为土的偏应力强度峰值。

对于三轴蠕变试验的认识目前还仅限于利用量测的 m 值,通过拟合公式来计算土体蠕变,而 m 值隐含了应变加速度的概念,与黏土蠕变速率特性参数(如 C_{ae} 等)之间的关系还有待深入研究。

3.5.2　不排水蠕变及长期不排水抗剪强度

基于大量的三轴不排水蠕变随时间变化曲线,不排水蠕变可分为 3 个阶段(图 3-13):初始蠕变或瞬时蠕变,对应于蠕变速率随时间降低;次级蠕变或静态蠕变,对应于蠕变速率随时间基本稳定;第三级蠕变或蠕变破坏,对应于蠕变速率随时间增加。大量试验结果表明,土体基本都有初始蠕变,次级蠕变仅发生在偏应力水平较低时,而蠕变破坏只在高偏应力情况下出现。

很多试验也表明蠕变 3 个阶段很难在同一级载荷下出现,Hicher(1985)提出,当施加的应力接近于不排水抗剪强度时,初始蠕变阶段比较明显,第三级蠕变阶段也很明显,而次级蠕变阶段则很难观察到。

软黏土不排水蠕变会导致长期强度折减。与图 3-13 描述的三轴不排水蠕变特性相同,如果用不同应力水平的偏应力执行三轴不排水蠕变试验,可得到图 3-14(a)试验结果。3 种应力水平较高的试验,试验刚开始阶段,轴向应变率随着时间而减小(蠕变衰减阶段),然后再增大至破坏(蠕变加速阶段)。定义蠕变衰减及蠕变加速阶段交叉点坐标分别为蠕变破坏时的应变率及时间。将蠕变试验中所施加的偏应力(蠕变偏应力)与蠕变破坏时应变速率及蠕变破坏时间关系如图 3-14(b)、图 3-14(c)中(图中问号所示为演化规律不够确切的区域)。图 3-14(c)显示,不排水抗剪强度

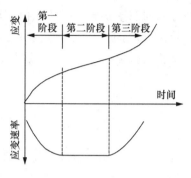

图 3-13 不排水蠕变三阶段示意图

的折减与蠕变破坏时间成正比。对于长期处于不排水蠕变状态的软土工程设计具有指导意义。

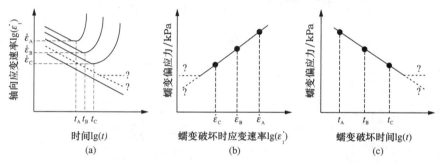

图 3-14 不排水蠕变试验结果示意图

基于现有试验结果很难归纳不排水抗剪强度的折减随时间收敛与否(即如何评价长期不排水抗剪强度),因在偏应力较低的情况下,不排水蠕变发展通常需要很长时间,有试验操作上的困难。然而,从图 3-14 可以很清楚地知道,长期不排水抗剪强度要比标准试验得到的常规不排水抗剪强度小。

3.6 复杂应力下的蠕变试验

实际工程中软黏土所受的应力状态远复杂于一维和三轴应力状态,因此进行一些复杂应力下的蠕变试验,如非常规室内试验、现场试验等,也很有必要。

3.6.1 室内旁压试验

相对于一维和三轴蠕变试验,应用其他非常规试验仪器进行土体蠕变试验的例子较少。比较典型的有旁压蠕变试验。旁压蠕变试验是将圆柱形旁压器竖直放入土中,通过旁压器在竖直的孔内加压,使旁压膜膨胀,并由旁压膜将压力传给周围的土体,使土体产生变形,通过量测施加的压力和土变形之间的关系,获得地基土的力学指标。为了更有效地控制边界条件和土样均匀性,Hicher 团队开发了室内旁压测试仪(图 3-15;Yin,2006)。该仪器可以在三轴压力室内再现旁压试验条件,它的一个特殊功能就是可以测量试验中洞壁孔隙水压力的发展,可

在试验室条件下测量旁压洞壁的侧向位移在旁压压力固定情况下的发展,以及由于旁压洞室膨胀引起的孔压变化。试验结果如图 3-16 所示。图中,σ_{ra} 为旁压洞室径向应力;δ_{ra} 为洞壁侧向位移与洞室初始半径的比值。试验过程中,固定旁压力 $\sigma_{ra}=132\text{kPa}$,洞壁侧向位移初始增长较快,后期逐步趋于稳定值;孔隙水压力在旁压蠕变开始阶段降低速度较快,很短的时间内,在试验进行 $7\times10^4\text{s}$ 后孔压逐步趋于稳定。

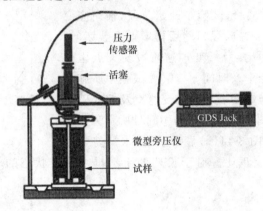

图 3-15 改装的室内旁压仪

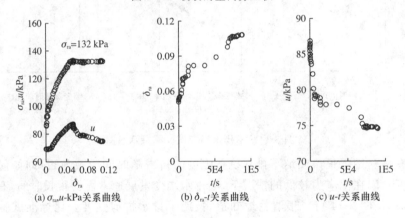

(a) σ_{ra},u-kPa关系曲线   (b) δ_{ra}-t关系曲线   (c) u-t关系曲线

图 3-16 旁压蠕变试验结果

3.6.2 现场试验

为研究黏土蠕变现场特性,20 世纪建造了多个试验测试用路堤。其中较为著名的有:1993 年建于芬兰西部的 Seinäjoki 镇附近的 Murro 试验路堤(Karstunen & Yin, 2010),1997 年建于芬兰西部 Harrajoki 镇附近的试验路堤(http://alk.tiehallinto.fi/pailas/pailase.htm),加拿大 Sackville 试验路堤(Rowe & Hinchberger, 1998)和英国的 Gloucester 试验路堤(Hinchberger & Rowe, 1998),其中,Sackville 路堤经过土工加固。堤坝的现场实测数据表明:①路堤的长期沉降远远大于施工刚结束时沉降;②土工加固可以大大降低路堤基础土的长期变形;③如果路堤基础的排水条件不允许孔压快速的消散,在路堤施工结束后相当长的时间内,路堤基础土体内部都会存在超孔隙水压力。

边坡开挖的长期稳定性同样与黏土蠕变特性关系密切。例如,1988 年在加拿大 Saint-Hilaire 结构性软土上进行的边坡开挖现场测试(Lafleuret al., 1988)。在 $60\text{m}\times60\text{m}$ 的方形场地内,开挖了 $45°$、$34°$、$27°$ 和 $18°$ 四个不同坡度的边坡。在开挖结束 1 天和 14 天后,最陡的 $45°$

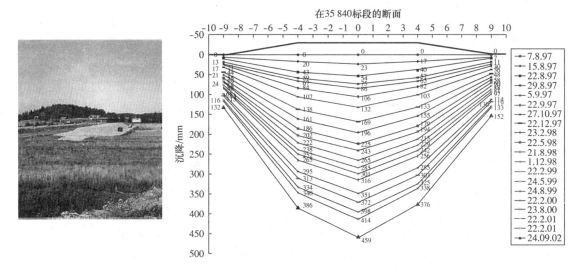

图 3-17 芬兰西部 Harrajoki 试验路堤现场及沉降观测结果

和次陡的 34°边坡相继发生破坏,另外两个角度的边坡却一直没有破坏。现场实测数据表明:
①破坏发生在边坡达到稳定状态前,且发生破坏时速度较快;②在开挖结束 5 个月之后,非破坏边坡孔隙水压力仍然在发展;③基于短期计算方法稳定分析得到的边坡稳定性系数偏大。

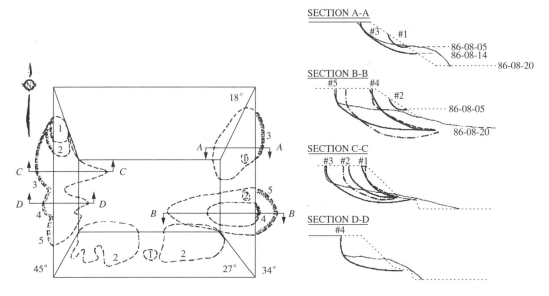

图 3-18 加拿大 Saint-Hilaire 边坡开挖现场测试:边坡渐进破坏形态

城市地铁的长期沉降,尤其是建设在软弱、高压缩性软土中的隧道,其长期沉降也是相当显著的。Shirlaw(1995)在研究大量隧道长期沉降实测数据基础上得出,正常情况下隧道的长期沉降占总沉降量的比例为 30%～90%。Reilly 等(1991)通过对建造在正常固结黏土、直径为 3m 的英国 Grimsby 隧道 11 年的观察结果分析也证实了上述结论。国内上海地铁 1 号线隧道在 10 多年的运营过程中,同样产生了非常大的沉降(Shen et al.,2014)。

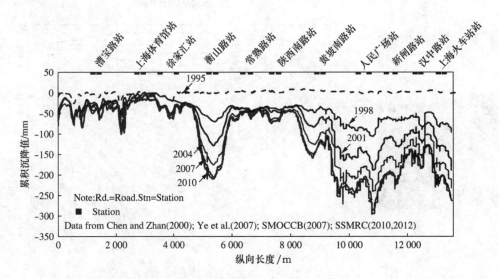

图 3-19　上海地铁 1 号线沉降观测结果

第 4 章 应力松弛特性

本章提要：大量的室内和现场试验都表明软黏土具有应力松弛特性。为了更深入地认识应力松弛过程中软黏土的力学特性，首先分析了一维和三轴应力条件下应力松弛前加载速率和应力松弛处应变值对土体应力和孔隙水压力或体积应变的发展规律；探讨了与应力松弛相关的参数与土体液塑限之间的关系；接着分析了室内旁压试验和现场试验等复杂应力下的黏土应力松弛特性；基于双对数应力松弛曲线，首次定义应力松弛系数并推导出一维条件下的应力松弛解析解，统一了流变三大特性及其关键系数的关联性；最后，从香港黏土伸长和应力松弛条件下的剪缩/剪胀特性方面更深入地探讨了软黏土应力松弛特性，并讨论了典型的剪缩/剪胀方程在黏土的力学特性模拟中的有效性。

4.1 应力松弛的定义

所谓应力松弛就是土体的应力在变形恒定的情况下随时间衰减的现象。图 4-1 为典型的土体应力松弛试验曲线的示意图：从点 A 到 B 为应力加载路径，在一定的压缩或剪切速率下，土体变形至 A 点时，开始应力松弛试验（图 4-1(a)），即保持应变不变（图 4-1(b)），随着时间的推移，土体应力逐渐减小（图 4-1(c)）。本节中，总结了黏土在不同应力条件下的应力松弛特性：一维压缩，三轴排水与不排水压缩以及非常规的复杂应力。

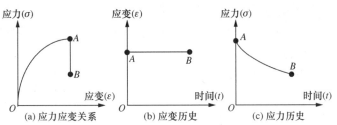

图 4-1 应力松弛试验（A→B）

4.2 一维应力松弛试验

一维应力松弛试验就是在关闭排水条件的一维固结仪中对试样通过保持竖向变形不变控制位移边界，在试验过程中直接测量孔隙水压力，得到其与时间的关系，用以研究土体的一维应力松弛特性。笔者基于前人所做的一维应力松弛试验，主要从以下两个方面进行简单描述：①应力松弛过程中的孔压变化规律；②应力变化规律。

4.2.1 孔压变化规律

试验结果表明，在一维固结试验中，无论是主固结还是次固结阶段，关闭排水条件后，都会引起有效应力的显著降低。Yoshikuni 等(1994)首先以 3 种不同应变速率加载至竖向有效应力 341kPa(图 4-2(a)),然后待土样主固结阶段结束后,关闭排水条件,观察了孔隙水压力随时间的变化规律(图 4-2(b))。试验结果表明,应力松弛开始后,孔隙水压力逐渐增大;应力松弛开始前的压缩应变速率越大,应力松弛过程中形成的超孔隙水压力也越大。

需要说明的是,由于松弛试验的结果不能直接应用于工程设计中更加常见的土体蠕变或应变率效应中去,因此相对于土体蠕变和应变率效应,目前对土体应力松弛性状的试验研究并不多见,且在一维条件下进行的试验更少。如能得到蠕变或应变率效应与应力松弛的一一对应关系(见本书第 8 章),则应力松弛试验可得以推广。

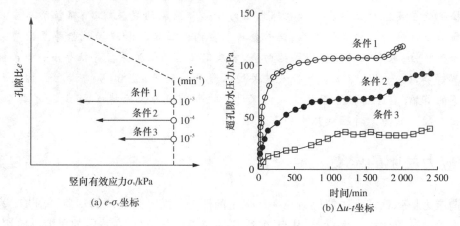

图 4-2   一维应力松弛试验中孔隙水压力演化规律

4.2.2   应力变化规律

在一维不排水应力松弛试验过程中,孔隙水压力逐渐增长。相应地,土样的有效应力逐渐减小(图 4-3(a))。Yin & Graham(1989)对重塑伊利土一维应力松弛试验得到,竖向有效应力在松弛开始阶段减小较快,在 t=500min 后,应力减小速度逐渐降低。Kim & Leroueil(2001)对 Berthierville 黏土的应力松弛试验得到了相似的结论(图 4-3(b))。

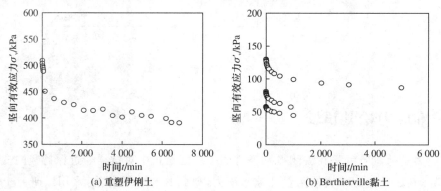

图 4-3   一维应力松弛试验中有效应力与时间关系

值得一提的是,也可通过位移控制的一维压缩试验仪(如结合三轴仪的加载系统与固结装置),直接量测应力的变化,得到一维应力松弛规律。

4.3 三轴应力松弛试验

三轴应力松弛试验就是在保持三轴围压室压力恒定的条件下,首先在特定加载速率下剪切试样至预定的初始应变,然后通过固定竖向位移控制位移边界,直接测量竖向应力以及不排水试验下的孔隙水压力或排水条件下的体积应变,进而得到它们随时间的变化规律,以研究三轴条件下土体应力松弛特性。相对于一维应力松弛试验,土体三轴应力松弛试验可以设定不同的侧向应力水平,执行多种应力路径下(不同 K_0,不同超固结度、不同围压等)的松弛试验,因此研究三轴应力松弛试验特性更符合实际工程的需求。类似于一维应力松弛试验的研究方法,笔者基于现有三轴应力松弛试验结果,主要针对以下几个问题进行讨论:①应力变化规律;②不排水条件下的孔压变化规律;③排水条件下的体应变变化规律。

4.3.1 应力变化规律

应力松弛过程中应力的变化规律一直是学者们主要关注的对象(表 1-1)。其中,Lacerda&Houston(1973)对 SFBM 黏土施加三种加载速率后的应力松弛结果表明,所有的应力松弛曲线形态都非常相似,且应力随时间变化规律可以分为快速降低和缓慢降低两个阶段(图 4-4(a));而在应力与时间对数的坐标系下,应力与时间的关系也可以分为两个阶段,在初始阶段应力几乎没有衰减,第二阶段即应力松弛阶段应力与时间对数近似呈线性关系(图 4-4(b))。目前为止,对松弛应力阶段变化的研究一般都是基于归一化应力 q/q_0 与 $\lg t$ 之间的关系。

$$\frac{q}{q_0} = 1 - s\lg\left(\frac{t}{t_0}\right), \quad t > t_0 \tag{4-1}$$

式中,q 为偏应力;q_0 为应力松弛开始时偏应力的初始值;t_0 为应力松弛初始等效时间,在 q/q_0 与 $\lg t$ 关系图中表示为应力松弛线性部分延长线与 $\lg t$ 轴的交点(图 4-4(b));s 为应力松弛曲线的斜率,表现为应力松弛的速率(图 4-4(b))。

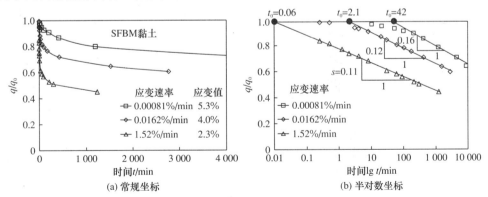

图 4-4 SFBM 黏土不排水应力松弛特性

作为土体黏性特性在应力松弛过程中的体现,s 和 t_0 是描述土体应力松弛特性的两个最为重要的参数,而不同学者对它们与土体特性、应力状态、应力松弛前加载速率及应力松弛时轴向应变的关系认识不尽相同,比如:Sheahan 等(1994)认为 s 是土体固有特性,与应变速率、应变值与 OCR 都没有关系;而 Akai 等(1975),Murayama 和 Shibata(1974)认为 s 与应力松弛时的应变值相关,Oda & Mitachi(1988)通过对 4 种重塑黏土多个加载速率下的应变松弛试验研究表明 s 与松弛前加载速率有关。相比较而言,学者们对 t_0 的特性研究较少,较为统一的笼统的观点是应力松弛前的加载速率越大,t_0 越小,却缺乏定量的描述其变化特性及影响因素。

利用式(4-1)拟合了图 4-4(a)中 SFBM 黏土应力松弛试验结果,拟合出来的各试验曲线所对应的 s 值和 t_0 值见图 4-4(b),结果显示 SFBM 黏土应力松弛斜率 s 和 t_0 都随着加载速率和应变值而变化。

为此,基于现有文献试验数据,尝试分析应力松弛速率 s 与应力松弛初始等效时间 t_0 的影响因素,以期望加深对土体应力松弛特性的认识。本节,首先笔者尝试讨论应变量固定时,应力松弛前的加载速率对 s 与 t_0 的影响,然后讨论加载速率固定时,应力松弛开始时的应变量对 s 与 t_0 的影响。

1. 松弛速率 s 的影响因素探讨

值得说明的是,到目前为止,对同一应变值处的不同初始加载速率的不排水应力松弛试验较少,可供查阅的只有 Sheahan 等(1994)对 BBC 黏土的应力松弛研究。使用式(4-1)分析了 BBC 黏土的应力松弛试验,并得到了图 4-5(a)中两种初始加载速率的 BBC 黏土分别在三种应变处的应力松弛结果,并对比了 SFBM 黏土松弛速率 s 与初始加载速率的关系。结果表明,应力松弛速率 s 与松弛前加载速率的对数近似呈线性关系,线性拟合出的斜率在 $0.005 \sim 0.013$ 之间。

为探寻应力松弛中应变值对松弛速率 s 的影响,笔者总结了多个地区黏土(表 4-1)在同一加载速率下不同应变处的应力松弛特性(图 4-5(b)),结果显示,两种加载速率下的 BBC 黏土和 Fujinomori 黏土的应力松弛速率 s 几乎不受轴向应变的影响;而 Kucchun 黏土,Hayakita 黏土和 Le Flumet 黏土的应力松弛速率 s 随轴向应变逐渐减小,且 Le Flumet 黏土的 s 值随轴向应变减小的速率最大,这可能与 Le Flumet 黏土试验是基于排水条件有关。综上,不排水应力松弛速率 s 几乎不受松弛时轴向应变值影响;而图 4-5(b)中排水应力松弛速率 s 随松弛时轴向应变值逐渐减小的趋势需要更多的试验结果验证。

表 4-1 所选黏土物理特性及试验类型

土样名称	试验类型	w_L	w_P	I_P	参考文献
香港	固结不排水	60	32	28	Zhu et al. (1999)
SFBM	固结不排水	93	45	48	Lacerda & Houston(1973)
Kasaoka	固结不排水	62	37	25	Oda & Mitachi (1988)
Hayakita	固结不排水	63	33	30	Oda & Mitachi (1988)
Kucchun	固结不排水	81	40	41	Oda & Mitachi (1988)
Boston (BBC)	K_0固结不排水	45.3	22.0	23.3	Sheahanet al. (1994)
Fujinomori	固结不排水	43.6	26.1	17.5	Murayamaet al. (1974)
Le Flumet	固结排水	38	24	14	Fodilet al. (1997)
万州	固结排水	34.1	20.1	14	王志俭等(2007)

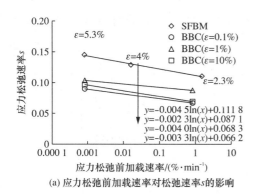 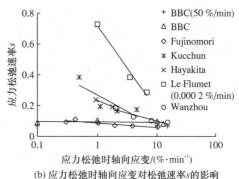

图 4-5　松弛速率
（a）应力松弛前加载速率对松弛速率s的影响　（b）应力松弛时轴向应变对松弛速率s的影响

2. 松弛初始等效时间 t_0 的影响因素探讨

同样，通过使用式（4-1）分析了 BBC 黏土的应力松弛试验，并得到了在同一轴向应变处，应变松弛初始等效时间 t_0 与应力松弛前加载速率呈双对数线性关系，如图 4-6（a）所示，且幂指数拟合结果表明直线斜率在 $1.034 \sim 1.317$ 之间。而对于 SFBM 黏土，其幂指数拟合值为 1.119，同时从图中也可以看出，SFBM 黏土的 t_0 与松弛时的应变值无关。图 4-6（b）中除了基于排水应力松弛试验的 Le Flumet 黏土应变松弛开始时间 t_0 与松弛时应变值在双对数坐标下线性减小（斜率为 1.133）外，其他黏土应力松弛试验 t_0 与松弛时应变值几乎无关。

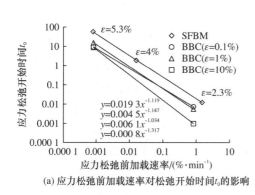 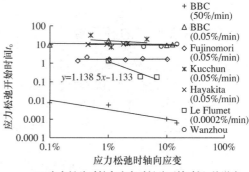

图 4-6　松弛开始时间
（a）应力松弛前加载速率对松弛开始时间t_0的影响　（b）应力松弛时轴向应变对松弛开始时间t_0的影响

3. s、t_0 与液塑限的相关性

根据上文研究，为探讨应力松弛速率 s 和松弛初始等效时间 t_0 与液塑限之间的关系，必须保证各应力松弛试验在相同的加载速率和相同的轴向应变下进行。为此，笔者选取了 Hayakita、Kucchun、BBC 和 Fujimori 黏土，按照 4 种黏土在 Casagrande 塑性图中的分布，4 种黏土分布在 CL 和 OH 区。首先，分析了它们在 $0.05\%/\mathrm{min}$ 加载速率和 1% 轴向应变处的应力松弛试验，并得到了相应的 s 和 t_0。然后，绘制了它们分别与液限和塑性指数的关系（图 4-7），并给出了线性

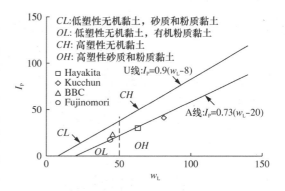

图 4-7　所选黏土在塑性图中的分布

拟合公式以及回归系数 R^2。结果表明,应变松弛参数 s 与土的液限和塑性指数存在一定的线性规律,而 t_0 与土的液限和塑性指数之间不具有规律性(图 4-8)。

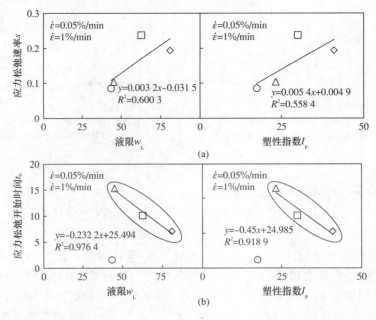

图 4-8　s 和 t_0 分别与 w_L 和 I_P 的关系

4.3.2　不排水条件下的孔压变化规律

在不排水三轴应力松弛试验中,Lacerda 和 Houston(1973)、Akai 等(1975)、Murayama & Shibata(1964)的研究表明孔隙水压力在整个应力松弛过程中几乎不变化。此外,Silvestri 等(1988),Zhu 等(1999)和 Sheahan 等(1994)的应力松弛试验过程中出现了较小的超孔隙水压力,比如,香港黏土在应力松弛试验中产生的超孔隙水压力与围压的比值在-0.5%~4.2%之间。此外,Oda& Mitachi(1988)和 Sheahan 等(1994)的研究结果表明,当应力松弛前的加载速率超过 50%/h 时,松弛过程中将会出现较大的超孔隙水压力。实际上,土体在应力松弛过程中产生超孔隙水压力的影响因素很多,包括:应力松弛开始前的应变速率,开始时的应变,应力状态(压缩或者伸长试验)。然而到目前为止,还没有定论来解释应力松弛过程中孔隙水压力变化的机理。

4.3.3　排水条件下的体应变变化规律

由于试样为饱和土样,在排水应力松弛过程中孔隙水可以自由进出土样,孔隙水体积变化即为土样体积变化。试验结果表明,土体的体积在松弛过程中几乎没有变化,这与不排水松弛试验的结论"应力松弛过程中,孔隙水压几乎保持定值"是一致的。同样,应力松弛开始前的应变速率,开始时的应变,应力状态也会影响排水条件下的体应变变化规律。然而实际的规律如何,尚无有效结论。

4.4　非常规应力松弛试验

实际工程中软黏土所受的应力状态远复杂于一维和三轴应力等理想土单元体状态。因此,进行一些非理想土单元体和复杂应力下的应力松弛特性试验,如非常规室内试验、现场试验等,也很有必要。

4.4.1 室内旁压试验

相对于三轴应力松弛试验,应用其他非常规试验仪器进行土体应力松弛的例子较少。比较典型的有旁压应力松弛试验。旁压应力松弛试验是将圆柱形旁压器竖直入土中,通过旁压器在竖直的孔内加压,使旁压膜膨胀,并由旁压膜将压力传给周围的土体,使土体产生变形,通过量测施加的压力和土变形之间的关系,获得地基土的力学指标。为了更有效地控制边界条件和土样均匀性,Hicher 团队开发了室内旁压测试仪(图 4-9,Rangeardet al., 2003;Yin & Hicher,2008)。该仪器可以在三轴压力室内再现旁压试验条件,它的一个特殊功能就是可以测量试验中洞壁孔隙水压力的发展,可在试验室条件下测量旁压压

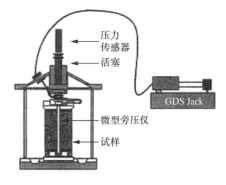

图 4-9　改装的室内旁压仪(三轴旁压仪)

力在旁压洞壁的侧向位移固定情况下的发展,以及由于旁压洞室周围孔压变化。Yin & Hicher(2008)利用图 4-9 所示旁压仪做了一系列旁压应力松弛试验,试验中当洞壁位移与洞室初始半径比 δ_{ra} 为 3.5% 时开始应力松弛(图 4-10),整个应力松弛过程持续大约 2×10^5 s。从图中可以看出,旁压力与时间对数呈直线关系,这点与三轴条件下的应力松弛结果一致;另外,洞壁孔隙水压力在应力松弛阶段从 62kPa 逐渐减小至 57kPa,并逐步趋于稳定。

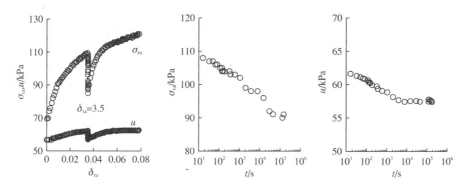

图 4-10　旁压应力松弛试验结果

4.4.2 现场试验

由于现场试验存在对试验场地环境要求较为严格、人力和物力需求较大等问题,因此开展现场应力松弛试验的例子较少。为探寻土体现场应力松弛特性,孙钧在我国某铁路隧道的黄土地段,开挖了长 11m,高 2m,跨度 3m 的试验用旁洞(孙钧,1999),试验加载系统由螺旋千斤顶和测力环组成,承载板面积 30cm×30cm(图 4-11(a))。试验过程中,在荷载作用下加载板向地层内变形,当变形达到 y_0 时,停止扳动千斤顶,从此时开始记录测力环读数。图 4-11(b)为松弛开始后地层弹性抗力松弛随时间变化曲线,结果表明,弹性抗力在松弛过程中逐渐减小,但并未松弛到零。

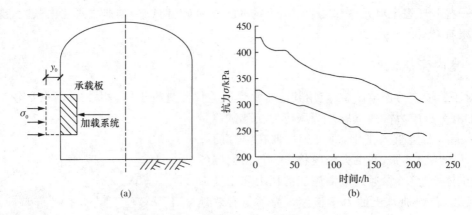

(a)
(b)

图 4-11 黄土的弹性抗力松弛曲线

4.5 应力松弛系数

基于应力松弛试验结果（图 4-12SFBM 黏土，RHKMD，Le Flumet 黏土，Saint-Herblain 黏土，重塑伊利土，Berthierville 黏土），本文根据双对数坐标下，应力松弛一段时间 t_a 后，$\ln(q)$ 随着 $\ln(t)$ 线性发展的关系，定义了应力松弛系数 R_α

$$R_\alpha = -\frac{\Delta \ln q}{\Delta \ln t} \tag{4-2}$$

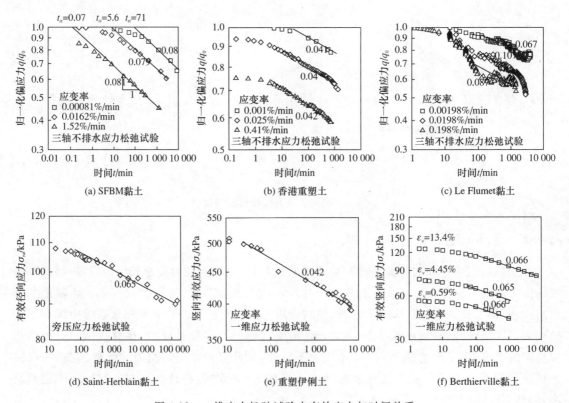

图 4-12 一维应力松弛试验中有效应力与时间关系

即 R_α 为 $\ln(q)-\ln(t)$ 图中曲线的斜率,代表应力松弛过程中应力随时间的衰减速率。t_α 也与上述 t_0 概念类似,为双对数坐标系下应力松弛初始等效时间。

利用式(4-2)拟合了图 4-4(a)中 SFBM 黏土应力松弛试验结果:不同于 s 和 t_0,三个加载速率对应的 R_α 基本相等,t_α 随加载速率增大而减小且 t_α 大于对应的同速率条件的 t_0 值。采用类似方法,测量了表 1 中所有黏土的 R_α 和 t_α 值。并如上述,研究了它们与应力松弛前加载速率和应变值的关系。

图 4-13(a)显示,应力松弛前加载速率对 R_α 几乎没有影响。对比图 4-5(b)和图 4-13(b)可以看出,应力松弛时轴向应变对松弛速率 R_α 和 s 的影响类似。同时,图 4-14 所示 t_α 与加载速率和轴向应变的关系,得到如 t_0 类似结果。SFBM 黏土和 BBC 黏土的 t_0 值范围为 $0.913\sim$ 1.123。而从图 4-14(b)可以看出 t_α 同样受轴向应变影响不大。另外,类似于 s、t_0,针对 R_α、t_α 分别绘制了他们与液限和塑性指数的关系(图 4-15),并给出了线性拟合公式以及回归系数 R^2。结果表明,R_α、t_α 与液塑限的规律性与 s、t_0 类似,但没有那么明显。

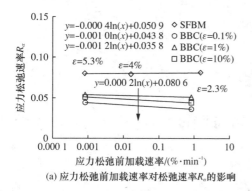

(a) 应力松弛前加载速率对松弛速率 R_α 的影响

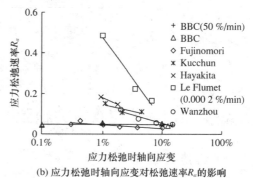

(b) 应力松弛时轴向应变对松弛速率 R_α 的影响

图 4-13　松弛速率

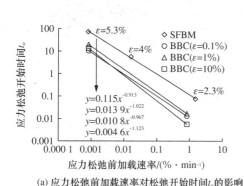

(a) 应力松弛前加载速率对松弛开始时间 t_α 的影响

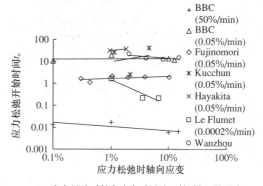

(b) 应力松弛时轴向应变对松弛开始时间 t_α 的影响

图 4-14　松弛开始时间

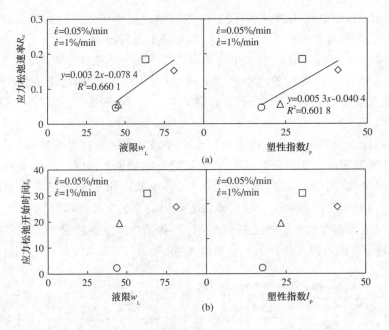

(a)

(b)

图 4-15　R_a 和 t_a 分别与 w_L 和 I_P 的关系

4.6　蠕变与速率效应及应力松弛的相关性讨论

4.6.1　一维应力条件

高应变率 CRS 试验(或短期加载试验)土体表现出先期固结压力大于低应变率(或长期加载)情况。如图 4-16 所示,路径 OAB 和 OC 分别对应高应变速率和低应变速率情况,应力状态点 O 代表初始状态,A 点和 C 点具有相同的竖向应力,B 点和 C 点具有相同的孔隙比。从应力状态 O 点到 C 点可以通过 3 种不同的应力路径实现:①慢速加载,直接从 O 点到 C 点;②从 O 点到 A 点快速加载,然后从 A 点到 C 点通过蠕变实现;③从 O 点到 B 点快速加载,然后从 B 点到 C 点通过应力松弛实现。

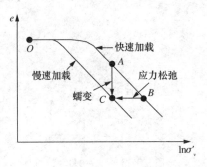

图 4-16　一维条件下土体
流变特性等效示意图

4.6.2　三轴应力条件

三轴不排水条件下的土体流变具有与一维状态相似的特性,不同应变速率条件下 q-ε_a 空间和 q-p' 空间中应力路径如图 4-17 所示,图中,4 个应力状态点 O、A、B 和 C 具有相同的孔隙比,O 点是初始状态,A 点和 C 点具有相同的剪应力,B 点和 C 点具有相同的轴向应变。从应力状态 O 点到 C 点同样可以通过 3 种不同的应力路径实现,过程如前所述。

应力松弛、蠕变、速率效应是土体的流变特性在不同应力应变状态下的反应。尽管它们的试验规律可以通过相应的流变公式来表达,但是应变松弛公式与蠕变公式和速率效应公式间的相关性如何,将在本书第 8 章详述。

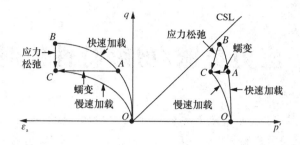

图 4-17　三维条件下土体流变特性等效示意图

第 5 章　应力剪胀/剪缩特性的时间效应

本章提要： 应力剪缩/剪胀关系是土体的一个重要特性，也是研究土体本构关系的基础。众多学者研究了砂土的应力剪缩/剪胀关系，而对黏土应力剪缩/剪胀特性的研究较少，尤其是在不同加载速率下或蠕变过程中或应力松弛过程中，对不同超固结度的黏土，在三轴压缩或伸长过程中，应力剪缩/剪胀特性的变化尚缺乏完整的认识。本章以数据较全的香港海相黏土室内试验结果为依据，展示黏土应力剪缩/剪胀特性的时间效应。并讨论了几个典型的剪缩/剪胀方程在黏土的力学特性模拟中的有效性及不足之处。

5.1　几种典型的应力剪缩/剪胀方程

Reynolds 在早期首先讨论了剪胀的物理表现，之后 Rowe(1962) 和 Roscoe 等(1963)引入了两种不同的剪胀方程，许多本构方程都是以这两种方程为基础建立的。Rowe(1962)建立的应力剪胀方程假定输入能量增量与输出能量增量的比为恒定值 $\overline{K}$。在伸长试验中，输入能量增量为 $2\sigma_r \mathrm{d}\varepsilon_r^p$，输出能量增量为 $\sigma_a \mathrm{d}\varepsilon_a^p$，得到

$$\text{压缩条件下：} \frac{\sigma_a}{\sigma_r} = \overline{K}\left(1 - \frac{\mathrm{d}\varepsilon_v^p}{\mathrm{d}\varepsilon_a^p}\right) \tag{5-1}$$

$$\text{伸长条件下：} \frac{\sigma_r}{\sigma_a} = \overline{K}\left(1 - \frac{\mathrm{d}\varepsilon_v^p}{\mathrm{d}\varepsilon_a^p}\right) \tag{5-2}$$

采用临界状态土力学中的变量，式(5-1)和式(5-2)可表示为

$$\text{压缩条件下：} \frac{\mathrm{d}\varepsilon_v^p}{\mathrm{d}\varepsilon_d^p} = \frac{9(M - \eta)}{3M - 2M\eta + 9} \tag{5-3}$$

$$\text{伸长条件下：} \frac{\mathrm{d}\varepsilon_v^p}{\mathrm{d}\varepsilon_d^p} = \frac{-9(M + \eta)}{9 + 2M\eta - 3M} \tag{5-4}$$

式中，η 为偏应力与平均有效应力的比值 q/p'。此外，Roscoe 等(1963)提出了一个基于三轴应力能量消散的剪胀方程，此方程表明塑性增量与摩擦过程中消散的能量相等，即为

$$\text{压缩条件下：} \frac{\mathrm{d}\varepsilon_v^p}{\mathrm{d}\varepsilon_v^p} = M - \frac{q}{p} \tag{5-5}$$

$$\text{伸长条件下：} \frac{\mathrm{d}\varepsilon_v^p}{\mathrm{d}\varepsilon_v^p} = -M - \frac{q}{p} \tag{5-6}$$

这个剪胀方程可以反映 Schofield 和 Wroth(1968)所提出原始剑桥模型的流动法则。随着修正剑桥模型的发展，Roscoe 和 Burland(1968)提出了另一个被广泛使用的剪胀方程。此剪胀方程在三轴伸长与三轴压缩应力状态下相同，可写为

$$\frac{\mathrm{d}\varepsilon_v^p}{\mathrm{d}\varepsilon_v^p} = \frac{M^2 - \eta^2}{2\eta} \tag{5-7}$$

基于此，在各向异性本构模型中，倾斜屈服面及塑性势面已被广泛接受，如 Dafalias(1987)，

Wheeler 等（2003）：

$$\frac{d\varepsilon_v^p}{d\varepsilon_v^p}=\frac{M^2-\eta^2}{2(\eta-\alpha)} \tag{5-8}$$

式中，α 是 $p'-q$ 平面上屈服面或塑性势面的斜率，可由 $\alpha_{K0}=(\eta_{K0}^2+3\eta_{K0}-M^2)/3$ 来估计 K_0 固结黏土的初值（Wheeler 等 2003），若 $\alpha=0$，可由方程（5-8）退化为方程（5-7）；α 也会随应力比和塑性应变的发生而改变，即诱发各向异性。此外，在伸长和压缩条件下，分别采用的 M 值为

$$压缩条件下：\quad M=\frac{6\sin\phi}{3-\sin\phi} \tag{5-9}$$

$$伸长条件下：\quad M=\frac{6\sin\phi}{3+\sin\phi} \tag{5-10}$$

5.2 三轴试验中应力剪胀剪缩数据分析

三轴试验可以记录轴向应力/应变，径向应力/应变，以及孔隙水压力（仅对于不排水试验）。基于此，各应力/应变的增量也可以依照数据的记录间隔设置而得到。相应的，应用于应力剪胀剪缩特性分析的平均有效应力、偏应力、体积应变增量、偏应变增量等也可以按下式进一步得到：

$$dp'=(d\sigma_a'+2d\sigma_r')/3;\quad dq=d\sigma_a'-d\sigma_r' \tag{5-11}$$

$$d\varepsilon_v=d\varepsilon_a+2d\varepsilon_r;\quad d\varepsilon_v=2(d\varepsilon_a-d\varepsilon_r)/3 \tag{5-12}$$

由于应力剪胀剪缩特性分析需要的是塑性应变增量，因此需要扣除弹性部分。按照经典的弹塑性理论，总的体积应变增量和偏应变增量可以由两部分组成：弹性应变部分和非弹性应变部分（此处为塑性应变）：

$$d\varepsilon_v=d\varepsilon_v^e+d\varepsilon_v^p \tag{5-13}$$

$$d\varepsilon_d=d\varepsilon_d^e+d\varepsilon_d^p \tag{5-14}$$

在三轴排水试验中塑性体积应变增量和塑性偏应变增量为：

$$d\varepsilon_v^p=d\varepsilon_v-d\varepsilon_v^e=d\varepsilon_v-\frac{dp'}{K} \tag{5-15}$$

$$d\varepsilon_d^p=d\varepsilon_d-d\varepsilon_d^e=d\varepsilon_d-\frac{dq}{3G} \tag{5-16}$$

式中，体积模量 K 和剪切模量 G 分别为：

$$K=\frac{1+e_0}{\kappa}p' \tag{5-17}$$

$$G=\frac{3K(1-2\nu)}{2(1+\nu)} \tag{5-18}$$

式中，e_0 为试样初始孔隙比，κ 为压缩回弹曲线在 $e-\ln p'$ 坐标上的斜率；对于软黏土，泊松比一般取 $\nu=0.2$。

在三轴不排水试验中体应变增量为零(假定水是不可压缩的),所以塑性体积应变增量与弹性体积应变增量和为零,即"$d\varepsilon_v^p + d\varepsilon_v^e = 0$"。因此,可以通过平均有效应力增量计算塑性体积应变增量

$$d\varepsilon_v^p = -d\varepsilon_v^e = -\frac{dp'}{K} \tag{5-19}$$

这样,即可以从图5-1得到塑性体积应变增量与应力比 q/p' 的关系(图5-2(a))。再则,因为不排水剪切过程中体应变为零,即 $d\varepsilon_a + 2d\varepsilon_r = 0$。因此,在不排水剪切过程中,可得到偏应变增量为:

$$d\varepsilon_d = \frac{2}{3}(d\varepsilon_a - d\varepsilon_r) = d\varepsilon_a \tag{5-20}$$

另外,方程(5-14)中的弹性偏应变增量可以通过偏应力增量 dq 计算:

$$d\varepsilon_d^e = \frac{dq}{3G} \tag{5-21}$$

因此,塑性偏应变增量可以表达为

$$d\varepsilon_d^p = d\varepsilon_a - \frac{dq}{3G} \tag{5-22}$$

以此为基础,从图5-1得到塑性偏应变增量随应力比的变化规律(图5-2(b))。从而可以得到塑性体积应变增量与塑性偏应变增量的比值随应力比的变化规律(图5-2(c))。

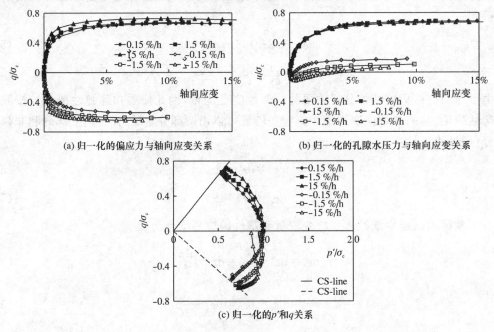

图5-1 香港海积黏土三轴 CRS 压缩与伸长试验($OCR=1$)

5.3 应力剪胀剪缩关系的应变速率效应

本章分析是基于朱俊高教授和殷建华教授的香港海相沉积黏土(HKMD)室内试验数据。HKMD 基本的物理指标为 $G_s = 2.664$,$w_P = 28\%$,$w_L = 60\%$,$I_P = 32$。试验前将所获得的天然沉积土经过制浆、过滤等过程,在竖向应力55kPa下静置3周,制备成重塑土样。然后,针对

重塑土样进行了一系列不同 OCR 条件下的三轴 CRS 压缩和伸长试验(Zhu,2007)。

不同超固结比(本实验中 OCR＝1,2,4 和 8)三轴试样获取方法为:首先,在各向同性应力 σ_o 状态下对试验进行固结,三轴压缩和伸长试验试样固结持续时间分别为 36h 和 48h;然后,卸载先期固结压力至与超固结比对应的围压值 $\sigma_c=\sigma_o/\text{OCR}$(表 5-1),对于三轴压缩和伸长试验的试样,此围压下的固结时间同样分别为 36h 和 48h。另外,三轴 CRS 试验采用三种加载速率加载,分别为 ±15％/h,±1.5％/h,±015％/h,符号"＋"代表三轴压缩试验,符号"－"号代表三轴伸长试验。因此,对应于 4 种超固结比和 3 种加载速率下压缩与伸长试验,本试验方案共完成了 24 个三轴试验。试验过程中测量试样的孔隙水压力和轴向应力随轴向位移(时间)的发展关系。

表 5-1 HKMD 三轴 CRS 试验

试验类型	试样个数	有效先期固结压力 σ_o /kPa	剪切前围压 σ_c/kPa	OCR
三轴压缩	3	400	400	1
	3	200	100	2
	3	400	100	4
	3	800	100	8
三轴伸长	3	400	400	1
	3	200	100	2
	3	400	100	4
	3	800	100	8

本部分阐述以 OCR＝1 的试验为例。图 5-1 展示了 OCR＝1 的香港海积黏土在三轴 CRS 压缩与伸长试验中归一化偏应力和孔隙水压力随轴向应变的变化规律,以及偏应力与平均有效应力的演变规律。试验结果显示,无论压缩还是伸长试验,偏应力都会随着加载速率的增长而变大;在伸长试验中,随着轴向应变的发展,孔隙水压力在经历短暂的负压之后又变为正值,且逐渐增大。

图 5-2(a)表示:①压缩试验的塑性体积应变增量始终为正值;加载速率快的试验,其所产生的塑性体积应变增量越小,且达到最大值时对应的应力比越大。②而对于伸长试验,试验规律稍更复杂:加载速率为 −0.15％/h 的试验,塑性体积应变增量始终为正值,而其他两个伸长试验的塑性体积应变增量初始为负值,然后随着应力比的增长逐渐变为正值;加载速率快的试验,其所产生的塑性体积应变达到最大值时对应的应力比越大。图 5-2(b)表示:①压缩试验的塑性偏应变增量为正值;加载速率慢的试验,其所产生的塑性偏应变增量始终大于加载速率快的试验。②伸长试验的塑性偏应变增量为负值;与压缩试验结果类似,加载速率慢的试验产生较大的塑性偏应变增量;应力比达到最大值时,塑性偏应变增量开始急剧增长。图 5-2(c)表示:压缩试验和伸长试验都表现出剪缩特性,但是从整体上来说所选加载速率[0.15～15％/h]对压缩试验和伸长试验的应力剪缩/剪胀特性影响不大。

用同样的方法,可以得到 OCR＝2,4 和 8 的 HKMD 的应力剪缩/剪胀关系(图 5-3)。结果显示:①三种 OCR 条件下的 CRS 伸长试验都表现出较强的剪胀特性,但速率规律性还不够明显;②OCR＝2 的压缩试验几乎无应力剪缩/剪胀,而 OCR＝4 和 8 的压缩试验表现出应力剪胀特性,同样速率规律性不强。从这些结果可以得出,所选加载速率[0.15～15％/h]对不

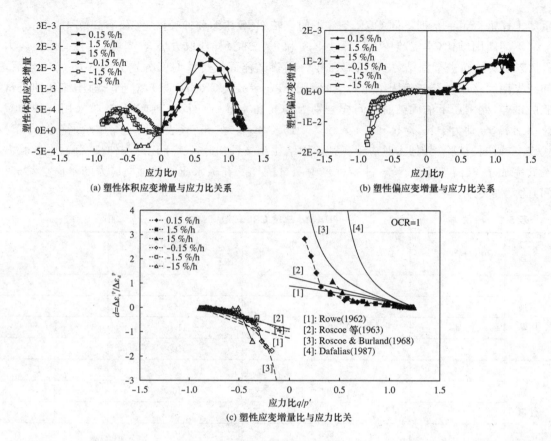

(a) 塑性体积应变增量与应力比关系　　　　　(b) 塑性偏应变增量与应力比关系

(c) 塑性应变增量比与应力比关

图 5-2　剪胀剪缩关系

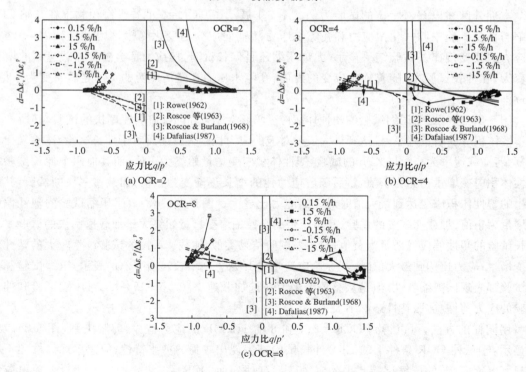

(a) OCR=2　　　　　　　　　　　(b) OCR=4

(c) OCR=8

图 5-3　OCR＝2、4 和 8 的 HKMD 的应力剪缩/剪胀关系

同超固结度黏土的应力剪缩/剪胀特性影响均不大。因此,弹黏塑性理论可采用弹塑性理论中的应力剪缩/剪胀方程。

另外,因为当黏土的超固结比较高时(OCR>2.5),在偏应力达到临界值前,就会产生剪缩/剪胀现象(Hattab & Hicher 2005)。因此,为正确描述高 OCR 条件下黏土的剪缩/剪胀现象,需要进一步修正剪缩/剪胀方程中的 M 值。根据 Hattab & Hicher(2004)超固结土剪缩/剪胀试验结果,得到归一化的 PT(状态转化:Phase Transformation)应力比 M 与黏土超固结比的关系(图 5-4)。本文中,正常固结 HKMD 黏土的 $M_c = 1.27$,$M_e = 0.89$,因此,当 OCR=4 时,剪缩/剪胀方程中的 M 取值为 $M_c =$

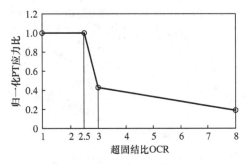

图 5-4　归一化的临界应力值与超固结比关系

0.48,$M_e = 0.34$;而当 OCR=8 时,M 取值为 $M_c = 0.24$,$M_e = 0.14$。

将 4 种剪胀关系绘于图 5-2(c)和图 5-3 中,可以看出,在 OCR=1 时,Roscoe & Burland(1968)及 Dafalias(1987)所提出的公式可以从总体趋势上描述三轴 CRS 压缩与伸长过程中的黏土应力剪缩特性。然而,当 OCR=2、4 和 8 时,无论对于压缩试验还是伸长试验,这 4 种剪胀方程都不能够很好地描述超固结黏土在三轴压缩与伸长过程中的黏土剪缩/剪胀特性。因此,对于超固结土,应引入密砂的动态 PT 应力比随应力状态而变化,来改进各应力剪缩/剪胀方程。由于动态 PT 应力比难以显式表达,这里暂不做修正。

因此,加载速率[0.15%/h~15%/h]对不同条件下(压缩、伸长、不同 OCR)的黏土应力剪缩/剪胀特性影响不大。传统的剪缩/剪胀方程能较好地描述正常固结土的剪缩/剪胀关系;但对于超固结黏土则需要引入动态 PT 应力比来改进。

5.4　蠕变过程中的应力剪胀剪缩关系

针对典型的香港海相沉积软黏土(HKMD)的重塑土样进行了一系列的三轴排水和不排水蠕变试验,具体的试验方案详见文献(Zhu,2007)。

5.4.1　三轴排水蠕变试验

图 5-5 为香港海积黏土在三轴排水蠕变试验中轴向应变 ε_a、体积应变 ε_v 及偏应变 ε_d 随时间的变化规律。偏应变与轴向应变及体积应变关系为

$$\varepsilon_d = \varepsilon_a - \left(\frac{\varepsilon_v}{3}\right) \tag{5-23}$$

试验结果显示,轴向应变、体积应变和偏应变都随时间而增长;相同蠕变时间,偏应力较大的情况下,其所引起的轴向应变、体积应变和偏应变也更大。

由于三轴排水蠕变试验中孔隙水压力为零,体应力与偏应力始终为固定值,所以弹性体应变增量与弹性偏应变增量为零。因此三轴排水蠕变试验中,塑性体积应变增量(dε_v^p)等于体积应变增量(dε_v);塑性偏应变增量为

$$d\varepsilon_d^p = d\varepsilon_a - \frac{d\varepsilon_v}{3} \tag{5-24}$$

式中,$d\varepsilon_a$ 为轴向应变增量。从图 5-5(a)和图 5-5(b)得到塑性体积应变速率(图 5-6(a))和塑性偏应变速率随时间(图 5-6(b))的演化规律。

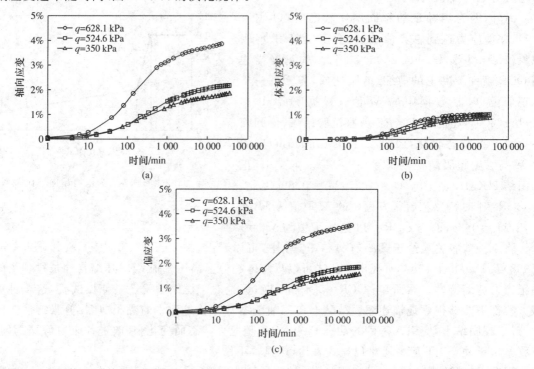

(a)

(b)

(c)

图 5-5 香港海积黏土三轴排水蠕变试验结果

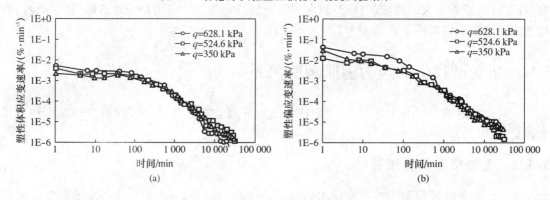

(a)

(b)

图 5-6 香港海积黏土三轴排水蠕变试验结果

5.4.2 三轴不排水蠕变试验

图 5-7 为香港海积黏土在三轴不排水蠕变试验中轴向应变及超孔隙水压力随时间的变化规律。由图可见,轴向应变与超孔隙水压力都随时间而增长;在相同蠕变时间,偏应力较大的情况下,其所引起的轴向应变与超孔隙水压力也更大。

在三轴不排水试验中体应变为零,即 $d\varepsilon_a + 2d\varepsilon_r = 0$。在不排水蠕变过程中,可以得到偏应变增量:

$$d\varepsilon_d = \frac{2}{3}(d\varepsilon_a - d\varepsilon_r) = d\varepsilon_a \tag{5-25}$$

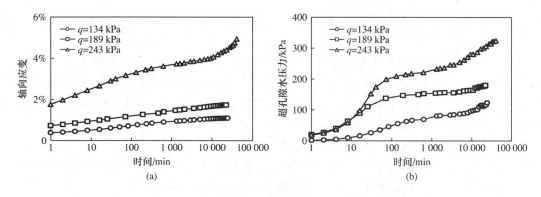

图 5-7 香港海积黏土三轴不排水蠕变试验结果

不排水蠕变过程中偏应力为恒定值,因此弹性偏应变为零,式(5-25)可以用来计算塑性应变增量,以此为基础,从图 5-7(a)得到塑性偏应变速率随时间的变化规律。

再则,因为不排水蠕变过程中体应变为零,所以塑性体积应变增量与弹性体积应变增量和为零,即"$d\varepsilon_v^p = -d\varepsilon_v^e$"。通过超孔隙水压力增量与平均有效应力增量的关系($dp' = -du$)计算塑性体积应变增量:

$$d\varepsilon_v^p = -d\varepsilon_v^e = -\frac{dp'}{K} = \frac{du}{K} \tag{5-26}$$

式中,体积模量 $K = (1+e_0)'/\kappa$;$p' = p_0 + \Delta q/3 - \Delta u$。同时,可以得到塑性体积应变速率(图 5-8(b))与应力比 q/p'(图 5-8(c))随时间的发展规律。

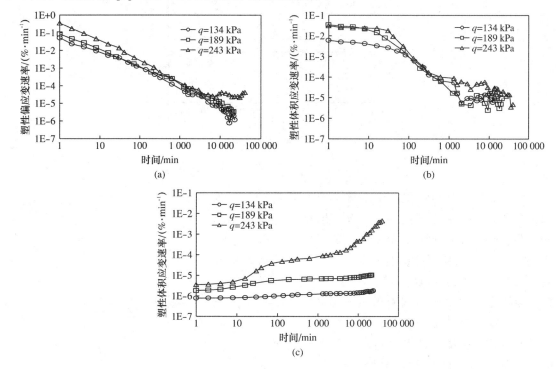

图 5-8 香港海积黏土三轴不排水蠕变试验结果

5.4.3 应力剪缩/剪胀关系

基于图 5-6,香港海积黏土排水蠕变试验得到的塑性应变增长比与时间的关系绘于图5-9,图 5-9(a)~图 5-9(c)分别对应偏应力比 $\eta=1.02$、0.91、0.68。由图可以看出,应力比 η 较大,其所对应的塑性应变增长比(de_v^p/de_d^p)越小。这与式(5-12)—式(5-15)表达的塑性应变增长比与应力比的关系吻合。然而,同样根据式(5-12)—式(5-15),当应力比 η 固定时,塑性体积应变增量与塑性偏应变增量的比值是常数,与波动形态的试验曲线结果不符(图 5-9(a)—图 5-9(c))。这恰恰证实了在应力比保持不变的情况下,塑性应变发展可进一步诱发各向异性(如式(5-15)中的变化)。要准确总结其规律,需要更为深入的理论分析与试验验证。

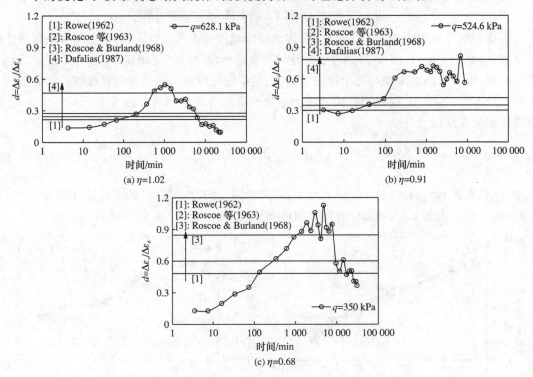

图 5-9 排水蠕变中塑性应变率比随时间演变规律

基于图 5-8,香港海积黏土不排水蠕变试验得到的应力剪胀关系绘于图 5-10 中,结果显示不同偏应力水平下的应力剪胀/剪缩关系有一定的离散性,这与不同应力比下的诱发各向异性程度不同相关。如将 4 种剪胀/剪缩关系绘于图 5-10 中,可以看出,所有公式均不能同时有效描述不同应力水平下不排水蠕变过程中的黏土应力剪缩特性。这也说明了考虑 α 在蠕变过程中随诱发各向异性而变化,即不同程度的诱发各向异性导致不同 α 值来统一其离散性的可行性与重要性,但尚需更为深入的试验验证与理论分析。

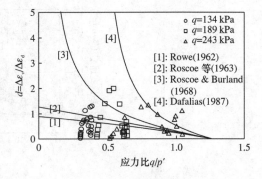

图 5-10 不排水蠕变中塑性应变率比随应力比演变规律

基于各向同性固结黏土的三轴不排水和排水蠕变试验,进行了应力剪胀/剪缩分析,表明传统的应力剪胀/剪缩关系与蠕变试验结果不符,并指出考虑蠕变诱发各向异性的重要性。

5.5　应力松弛过程中的应力剪胀剪缩关系

基于 HKMD 重塑土样三轴不排水压缩和伸长条件下的应力松弛试验,这部分主要探讨应力松弛过程中的应力剪缩/剪胀关系。

5.5.1　三轴压缩条件下的剪缩/剪胀特性

本章中的三轴压缩应力松弛试验考虑两个不同加载速率下的试验,它们的初始加载速率和应力松弛处的应变值都不相同。然而由于应力松弛是在试样达到临界状态后开始,应变值对应力松弛几乎没有影响,因此应变值的影响可以忽略不计。这里主要展示初始加载速率对黏土剪缩/剪胀关系的影响。两个试验的初始加载速率分别为 0.025%/min 和 0.41%/min,不同的初始加载速率也造成了应力松弛开始后偏应力的变化规律不同(图 5-11)。如加载速率为 0.41%/min 试样的偏应力在应力松弛约开始于 0.75q_0(此处 q_0 为土体压缩剪切过程中的最大剪应力值)。

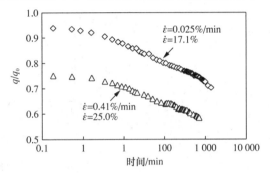

图 5-11　三轴压缩试验应力松弛

在三轴不排水试验中体应变为零,所以塑性体积应变增量与弹性体积应变增量和为零,即 "$d\varepsilon_v^p + d\varepsilon_v^e = 0$"。因此可以通过平均有效应力增量计算塑性体积应变增量:

$$d\varepsilon_v^p = -d\varepsilon_v^e = -\frac{dp'}{K} \tag{5-27}$$

在不排水应力松弛过程中,偏应变增量 $d\varepsilon_d = d\varepsilon_a = 0 \Rightarrow d\varepsilon_d^p = -d\varepsilon_d^e$。因此,不排水应力松弛阶段塑性偏应变增量为:

$$d\varepsilon_d^p = -\frac{dq}{3G} \tag{5-28}$$

从而可以得到三轴压缩应力松弛阶段塑性偏应变增量随时间的变化规律(图 5-12(b)),继而可以计算出塑性应变增量比随时间的发展规律(图 5-12(c))。图示表明,高加载速率下的塑性体积应变增量、塑性偏应变增量和塑性应变增量比都大于低速率的情况。

如将图 5-12(c)所示偏应变增量比与时间关系替换为偏应变增量比随应力比的发展关系,即可以得到图 5-11 中两个应力松弛试验的应力剪缩/剪胀关系。将结果绘于图 5-13 中,图示表明,在整个应力松弛阶段,应力比 η 变化较小,在 $\eta=0.5$ 附近跳动。尽管塑性应变增量比 d 随松弛时间在 $-2\sim4$ 之间变化,但是两种压缩速率下的应力松弛剪缩/剪胀关系的区别性不大,可能与应力松弛试验开始于试样达到临界状态相关。如将压缩条件下 4 种剪缩/剪胀关系绘于图 5-13 中,可以看出,所有公式也均不能够描述压缩试验应力松弛阶段的黏土应力剪缩/剪胀特性。

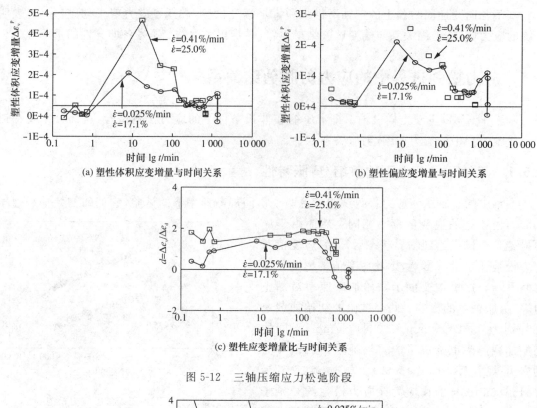

(a) 塑性体积应变增量与时间关系 (b) 塑性偏应变增量与时间关系

(c) 塑性应变增量比与时间关系

图 5-12 三轴压缩应力松弛阶段

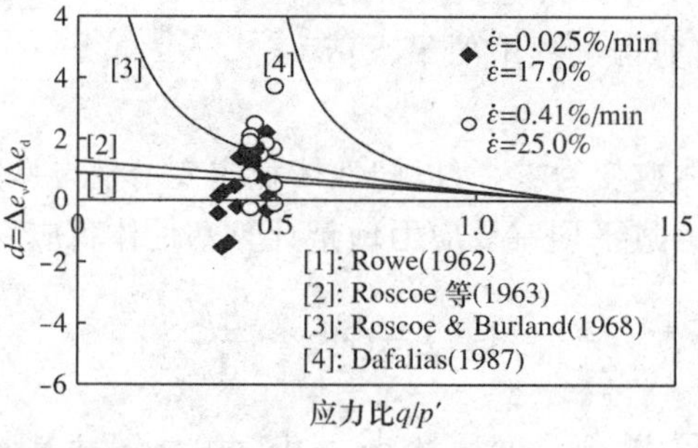

图 5-13 压缩速率对香港黏土应力松弛阶段应力剪缩/剪胀特性的影响

5.5.2 三轴伸长条件下的剪缩/剪胀特性

三轴试样首先在 $p'_0 = 400\text{kPa}$ 条件下进行各向同性固结,然后在特定伸长速率下剪切至目标应变值后开始应力松弛,当应力松弛达到一定阶段时,继续重复进行三轴伸长。具体的试验方案和试验过程中轴向应变与偏应力的关系见图 5-14。本文中主要对图中所表示的第一、第二和第三阶段进行讨论。

本部分阐述以图 5-14 中第一阶段的试验为例。图 5-15 展示了其应力松弛阶段归一化偏应力与时间对数的关系。试验结果显示,此加载条件下香港黏土的应力松弛结果曲线符合一般黏土的应力松弛结果,对应的应力松弛参数 $s = 0.06$,$t_0 = 0.3\text{min}$,$R_a = 0.06$,$t_a = 0.36\text{min}$。

采用上文中计算塑性偏应力比与应力比关系同样的方法,得到图 5-16 所示三轴伸长阶段和后续应力松弛阶段塑性应变与应力比关系。图示表明,由于本文中伸长阶段基于前一个应

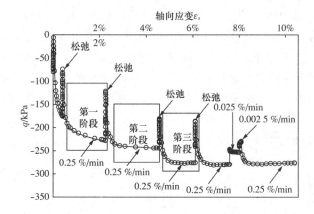

图 5-14 香港重塑黏土多级加载 CRS 伸长及应力松弛试验轴向应变与偏应力关系

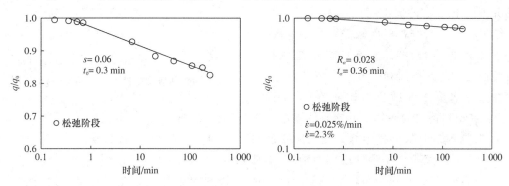

图 5-15 第一阶段应力松弛结果

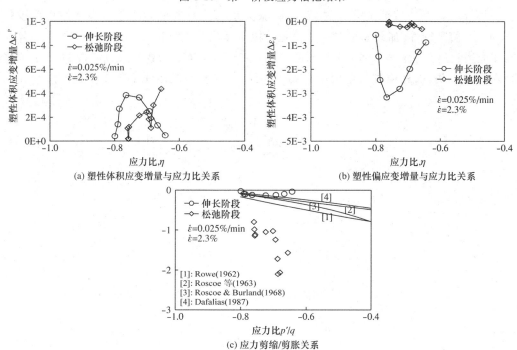

图 5-16 三轴伸长剪切与应力松弛阶段

力松弛阶段,因此图 5-16 中伸长阶段的应力比从较高的比值开始(绝对值大于 0.6)。在高应力比时,土的塑性应变增量比 d 较小,其值低于 -0.2。但是在应力松弛阶段,d 值处于 -0.8 ~ -2.2 之间,显著大于等速率加载阶段的值。如将伸长条件下四种剪缩/剪胀关系绘于图 5-16(c)中,可以看出,所有公式均能同时有效描述高应力比不排水伸长过程中的黏土应力剪缩/剪胀特性,然而不能够同时描述应力松弛阶段的黏土应力剪缩/剪胀特性。

为探寻应力松弛处的应变值对土样应力松弛阶段应力剪缩/剪胀特性的影响,采用上述计算塑性应变增量比的方法,分析了图 5-14 中标出的第二阶段 CRS 加载和应力松弛试验结果,得到了此阶段塑性应变增量比随应力比 η 的发展规律(图 5-17),同时并将第一阶段 CRS 加载和应力松弛阶段分析结果与 4 种剪缩/剪胀关系绘于同一图中。结果显示,四种剪缩/剪胀关系均能有效描述两个不排水伸长阶段的黏土应力剪缩/剪胀特性;在应变值分别为 2.3% 和 4.6% 处的应力松弛阶段塑性应变增量比 d 随应力比 η 的发展规律类

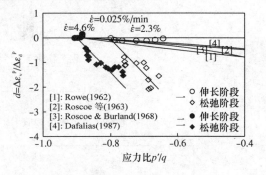

图 5-17 香港黏土在相同伸长速率和不同松弛应变条件下应力剪缩/剪胀特性

似,随着 η(绝对值)的降低,d 的绝对值逐渐增大,且增长的速率几乎相等。

上述结论表明,应力松弛开始处的应变值对土体的剪缩/剪胀特性影响不大。因此,为探寻加载速率对后续应力松弛阶段应力剪缩/剪胀特性的影响,可以采用图 5-14 中标出的第二阶段(0.025%/min)和第三阶段(0.25%/min)的 CRS 加载和应力松弛试验结果进行讨论,而忽略应变值不同的影响。将两个 CRS 加载和应力松弛阶段分析结果与 4 种剪缩/剪胀关系绘于同一图中(图 5-18),结果显示,4 种剪缩/剪胀关系均能有效描述两个不排水伸长阶段的黏土应力剪缩/剪胀特性;加载速率对应力松弛阶段塑性应变增量比 d 随应力比 η 的发展规律有影响:在应力松弛初始阶段,对应于相同的 d 值改变量,高速率加载的第三阶段的应力比 η(绝对值)降低的较快;而在应力松弛的中后期,d 值随 η 的发展规律几乎不受松弛前加载速率的影响。

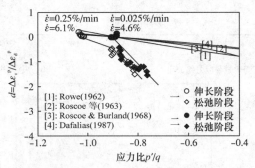

图 5-18 伸长速率对香港黏土应力松弛阶段应力剪缩/剪胀特性的影响

第 6 章　流变本构模拟方法

本章提要：为描述软黏土的流变特性，即蠕变、速率效应和应力松弛特性，各国学者们开发了不同类型的流变本构模型并应用于不同类型的岩土工程设计和地质灾害防护中。本章针对此研究现状，对最近几十年发展的流变本构模型、我国学者提出的流变本构模型等进行了大量的总结，对流变模型的工程应用进行了翔实地归纳。首先从一维流变模型角度总结了基于次固结现象、先期固结压力的速率效应、元件模型组合和三轴蠕变速率发展规律而开发的本构模型；然后归纳了基于非稳态流动面、超应力、扩展超应力和边界面等理论框架而发展的三维流变本构模型；最后从流变模型在路堤、边坡、隧道、基础等工程中的应用上总结了发展和应用流变模型的实用性和必要性。

6.1　一维流变本构模型

一维本构模型是最简单、最基本的模型，也是研究三维流变模型的基础。基于现有成果，对一维流变模型进行以下分类和总结。

6.1.1　基于次固结现象的模型

在我国，陈宗基(1958)最早尝试着用黏弹性模型结合固结理论来分析一维固结现象。由于黏弹性模型不能全面反映土体的流变性质，目前国际上较多的采用弹黏塑性模型，即总应变速度分为弹性应变速度和黏塑性应变速度：

$$\dot{\varepsilon}_z = \dot{\varepsilon}_z^e + \dot{\varepsilon}_z^{vp} \tag{6-1}$$

其中，弹性应变速度可以表达为

$$\dot{\varepsilon}_z^e = \frac{\kappa}{1+e_0} \frac{\dot{\sigma}_z'}{\sigma_z'} \tag{6-2}$$

式中，κ 为膨胀指数，可从 $e\text{-}\ln(\sigma_z')$ 曲线量取；e_0 为初始孔隙比；σ_z' 为当前有效应力。而对于黏塑性应变速率，基于一维次固结系数，有以下几类模型。

1. 基于等效时间概念的殷建华模型

殷建华等(1989)应用对数函数在一维弹黏塑性理论中引入了"等效时间"概念，提出了一维流变模型。模型假设：①弹性变形为可恢复变形，与时间无关；②黏性变形为不可恢复变形，与时间相关；③黏性与弹性变形同时发生。此模型涉及 4 个主要的概念：等效时间、参考时间线、瞬时时间线、极限时间线(图 6-1)。

此模型的黏塑性应变率可分解为两个部分：

(1) 参考时间线(塑性)：

$$\dot{\varepsilon}_z^{ep} = \dot{\varepsilon}_{z0}^{ep} + \frac{\lambda}{1+e_0}\ln\left(\frac{\sigma_z'}{\sigma_{z0}'}\right) \tag{6-3}$$

(2) 蠕变时间线(黏性):

$$\dot{\varepsilon}_z^{\text{tp}} = \frac{C_{\alpha e}}{(1+e_0)} \ln\left(\frac{t_0 + t_e}{t_0}\right) \tag{6-4}$$

式中,ε_{z0} 为初始有效应力 σ'_{z0} 对应的初始应变,λ 为压缩指数,t_0 为蠕变参考时间,$C_{\alpha e}$ 为次固结系数(在 $e\text{-}\ln t$ 坐标上定义)。

等效时间可写为:

$$t_e = -t_0 + t_0 \exp\left[(\varepsilon_z - \varepsilon_{z0}^{\text{ep}})\frac{(1+e_0)}{C_{\alpha e}}\right]\left(\frac{\sigma'_z}{\sigma'_{z0}}\right)^{-\lambda/C_{\alpha e}} \tag{6-5}$$

最终,此模型的黏塑性应变速率方程为:

$$\dot{\varepsilon}_z^{\text{vp}} = \frac{C_{\alpha e}}{(1+e_0)t_0} \exp\left[-(\varepsilon_z - \varepsilon_{z0}^{\text{ep}})\frac{(1+e_0)}{C_{\alpha e}}\right]\left(\frac{\sigma'_z}{\sigma'_{z0}}\right)^{\lambda/C_{\alpha e}} \tag{6-6}$$

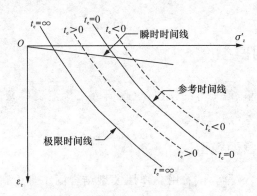

图 6-1　等效时间模型原理

殷宗泽等(2003)提出的相对时间坐标系与绝对时间坐标系的概念与此模型概念有类似之处。

2. 基于固结曲线的蠕变模型

图 6-2 展示了常规的各向同性固结压缩回弹曲线,其中 $a \to b$ 的变形为土的次固结引起,根据经典的次固结理论,此次固结变形可写为

$$e_1 - e = C_{\alpha e} \ln\left(\frac{t}{t_0}\right) \tag{6-7}$$

由式(6-7)可得体应变速率:

$$\dot{\varepsilon}_z^{\text{vp}} = -\frac{\mathrm{d}e}{\mathrm{d}t}\frac{1}{(1+e_0)} = \frac{C_{\alpha e}\exp[(e-e_1)/C_{\alpha e}]}{t_0(1+e_0)} \tag{6-8}$$

从图 6-2 中可以看出,$a \to b$ 也可以通过另外一条路径来 $a \to c \to d \to b$ 来完成,从而有

$$e_1 - e = (\lambda - \kappa)\ln\left(\frac{p_0}{p_L}\right) \tag{6-9}$$

综合式(6-7)、式(6-8)和式(6-9),Kutter 等(1992)推导了体积黏塑性应变速率,

$$\dot{\varepsilon}_z^{\text{vp}} = \frac{C_{\alpha e}}{t_0(1+e_0)}\left(\frac{p_L}{p_0}\right)^{\frac{\lambda-\kappa}{C_{\alpha e}}} \tag{6-10}$$

同时，Vermeer 等(1999)通过一维固结压缩曲线，引入与先期固结压力相关的蠕变，得到了一维黏塑性应变速率，

$$\dot{\varepsilon}^{\mathrm{vp}}=\frac{C_{\alpha e}}{(1+e_0)\,t_0}\left(\frac{\sigma'}{\sigma_p}\right)^{\frac{\lambda-\kappa}{C_{\alpha e}}} \tag{6-11}$$

式中，t_0 可取固结试验每级荷载的持续时间，对于常规试验 $t_0=24\mathrm{h}$。

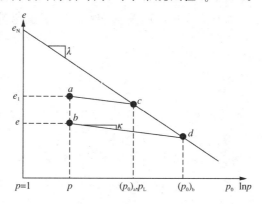

图 6-2　$e\text{-}\ln p$ 空间中 e、p_L 和 p_0 相对位置

实际上，对于殷建华模型，将式(6-3)代入到式(6-6)，可以得到与上述 Kutter 模型和 Vermer 模型完全相同的表达式。

6.1.2　基于先期固结压力的速率效应的模型

一维 CRS 试验结果表明软黏土的应力-应变关系与应变速率存在一一对应的关系，且此对应关系与土体的应力历史无关。Leroueil 等(1985)和尹振宇等(2010，2012)基于软黏土的加载速率效应特性分别提出了一维流变模型。

1. 基于速率效应的 Leroueil 模型

基于大量的软黏土加载速率效应试验结果，Leroueil 等(1985)提出了两个可用于描述 $(\sigma'_z,\varepsilon_z,\dot{\varepsilon}_z)$ 关系的方程。第一个方程描述先期固结压力与应变速率关系：

$$\sigma'_{z0}=f(\dot{\varepsilon}_z^{\mathrm{vp}}) \tag{6-12}$$

第二个方程描述归一化的有效应力与应变关系：

$$\frac{\sigma'_z}{\sigma_{z0}}=g(\varepsilon_z^{\mathrm{vp}}) \tag{6-13}$$

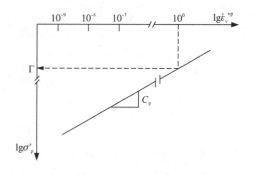

对于特定的土样，如果式(6-12)和式(6-13)能够确定，那么 $(\sigma'_z,\varepsilon_z,\dot{\varepsilon}_z)$ 的关系也就相应得到。图 6-3 为 Leroueil 等总结了大量加载速率试验得到的一般土体的 CRS 压缩特性曲线，表明了软黏土先期固结压力与加载速率相关性。

由此，Kim 和 Leroueil(2001)提出了一个基于应变速率的模型

图 6-3　基于速率效应模型原理

$$\dot{\varepsilon}_z^{vp} = 10^{\left[(\lg\sigma_z' - \Gamma - \varepsilon_{oi} - C_\varepsilon \varepsilon_z^{vp})/C_p\right]} \tag{6-14}$$

式中，Γ 是 CRS 试验应变速率 $\dot{\varepsilon}_v^{vp} = 1s^{-1}$ 时，$\lg\sigma_{z0}'$ 的值；C_p 是先期固结压力指数（$\lg(\sigma_{z0}') - \lg(\dot{\varepsilon}_z^{vp})$ 图中线的斜率）；C_ε 是应变相关压缩指数（$\lg(\sigma_z'/\sigma_{z0}') - \varepsilon_z^{vp}$ 图中线的斜率）；ε_{oi} 是 $\lg(\sigma_z'/\sigma_{z0}') - \varepsilon_z^{vp}$ 图中的截距。

2. 基于速率效应的尹振宇模型

同样地，基于先期固结压力与应变速率的关系（图 6-4），尹振宇等（2010，2012）总结出表达式：

$$\frac{\dot{\varepsilon}_z}{\dot{\varepsilon}_z^r} = \left(\frac{\sigma_{p0}'}{\sigma_{p0}'^r}\right)^\beta \tag{6-15}$$

式中，先期固结压力 σ_{p0}' 对应于任意的应变速度 $\dot{\varepsilon}_z$；参考先期固结压力 $\sigma_{p0}'^r$ 对应于参考应变速度 $\dot{\varepsilon}_z^r$；β 为材料参数，同斜率相关（图 6-4）。

根据压缩回弹曲线的几何关系，黏塑性应变速率与总应变速率的关系为

$$\dot{\varepsilon}_z^{vp} = \frac{\lambda - \kappa}{\lambda}\dot{\varepsilon}_z \tag{6-16}$$

综合式（6-15）和式（6-16），可得黏塑性应变速度的表达式

$$\dot{\varepsilon}_z^{vp} = \dot{\varepsilon}_z^r \frac{\lambda - \kappa}{\lambda}\left(\frac{\sigma_{p0}'}{\sigma_{p0}'^r}\right)^\beta \tag{6-17}$$

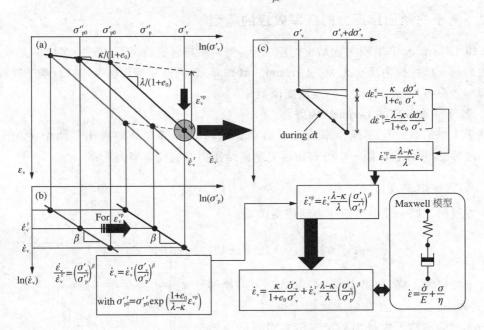

图 6-4 等速一维压缩示意图及模型推导过程

如图 6-4 所示，如果当前应力 σ_z' 沿着 $\dot{\varepsilon}_z$ 等速压缩线加载，则随着黏塑性应变量的积累，当前应力 σ_z' 的值将从 σ_{p0}' 发展到新的当前应力值：

$$\sigma_z' = \sigma_{p0}' \exp\left(\frac{1+e_0}{\lambda - \kappa} \varepsilon_z^{vp}\right) \tag{6-18}$$

相应地,相同应变水平下的参考应力为

$$\sigma_p'^r = \sigma_{p0}'^r \exp\left(\frac{1+e_0}{\lambda - \kappa} \varepsilon_z^{vp}\right) \tag{6-19}$$

把式(6-18)和式(6-19)代入式(6-17)中,则当前黏塑性应变速度可以用当前应力来表达:

$$\dot{\varepsilon}_z^{vp} = \dot{\varepsilon}_z^r \frac{\lambda - \kappa}{\lambda} \left(\frac{\sigma_z'}{\sigma_p'^r}\right)^\beta \tag{6-20}$$

对比式(6-20)与式(6-11),两个方程在形式上较为一致。基于此,可以得到以下等效关系

$$\dot{\varepsilon}_z^r = \frac{\lambda}{\lambda - \kappa} \frac{C_{ae}}{(1+e_0)\tau}, \quad \beta = \frac{\lambda - \kappa}{C_{ae}} \tag{6-21}$$

此模型与 Leroueil 的模型同样基于速率效应,推导清晰、易懂,公式简单、易于拓展三维模型。更值得一提的是,尹振宇等在此基础上,结合结构性土的结构渐进破坏特性,进一步提出了结构性土的一维流变模型(Yin& Wang 2012)。详见本书的第 8 章内容。

6.1.3 元件组合流变模型

土的元件模型多数是基于金属等固体材料及流体的流变模型,然后结合土的流变特性加以选择、改进和组合。这些元件组合流变模型通常采用一些代表材料的某种性质基本元件,如用"胡克弹簧"模拟材料的弹性、"牛顿黏壶"描述理想牛顿液体的黏性,以及"圣维南刚塑体"描述材料的刚塑性。选取上述基本元件进行"串联"或"并联",可得到不同组合的流变模型,用来描述土体流变特性,解释流变现象。其中以 Maxwell 模型、Kelvin 模型和 Bingham 模型等较为经典。

由于 Maxwell 模型和 Bingham 模型分别与下文中的超应力模型和扩展超应力模型有相似之处,此处以 Maxwell 模型和 Bingham 模型为例介绍元件模型的组成和计算方法。

1. Maxwell 模型

Maxwell 模型由弹性元件与黏性元件串联而成(图 6-5),因此可以看出,只要存在应力,则黏性应变就会持续发生。

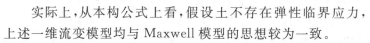

$$\dot{\varepsilon} = \frac{\dot{\sigma}}{E} + \frac{\sigma}{\eta} \tag{6-22}$$

图 6-5　Maxwell 模型

实际上,从本构公式上看,假设土不存在弹性临界应力,上述一维流变模型均与 Maxwell 模型的思想较为一致。

2. Bingham 模型

Bingham 模型由非流变元件和流变元件串联组成,非流变元件用弹簧代表弹性单元;流变元件包括一个黏性系数为 η 黏壶和阈值为 σ_y 的刚塑体,二者并联(图 6-6),可表示为

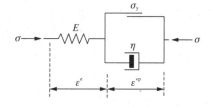

图 6-6　Bingham 模型

$$
\dot{\varepsilon} = \begin{cases} \dot{\varepsilon}^e + \dot{\varepsilon}^{vp} = \dfrac{\dot{\sigma}}{E} + \dfrac{(\sigma - \sigma_y)}{\eta} & \text{当 } \sigma > \sigma_y \\[2ex] \dot{\varepsilon}^e = \dfrac{\dot{\sigma}}{E} & \text{当 } \sigma \leqslant \sigma_y \end{cases} \tag{6-23}
$$

当 $\sigma > \sigma_y$ 时，黏塑性单元才处于激活状态，因此，只有 σ 和 σ_y 的差值才能产生黏塑性应变，且差值固定时，黏塑性应变速率也为定值。因此，Bingham 模型的思想与超应力模型（Perzyna，1966）思想较为一致。

国内学者如詹美礼等（1993），陈晓平等（2001），王小平等（2011）采用 Bingham 模型分别建立了弹黏塑性流变模型。王元战等（2009）提出了简单的三元件并串联数学模型。此外，殷德顺等（2007）在上述三个基本体外提出了一种新的岩土流变模型元件。国外学者 Forlati 等（2001），Gioda 等（2004）基于 Bingham 模型也建立了一些流变模型并用于边坡稳定性分析。

然而，尽管包括 Bingham 模型在内的元件模型能够在一定程度上反映土体的流变特性，但是存在一定的不足之处。比如：①软黏土的弹性和黏塑性变形都具有高度非线性特性，而元件模型只能反映土体的线性特征；②元件模型无法描述加速蠕变；③一般情况下元件模型只能反应一维应力应变条件下的流变特性。由于软黏土特性的复杂性，基于元件模型的扩展三维模型很难反映其耦合特性。

6.1.4 基于三轴蠕变速率发展规律的一维模型

Singh & Mitchell（1968）基于三轴固结不排水及固结排水剪切蠕变试验（图 6-7），较早地提出

$$
\dot{\varepsilon} = A \mathrm{e}^{\alpha D} \left(\frac{t_i}{t} \right)^m \tag{6-24}
$$

式中，D 为蠕变应力；参数 m 控制轴向应变随时间减小的速率；参数 A 为方程系数，反应土体的矿物组成、结构性和应力历史的影响；参数 α 反映应力强度对蠕变速率的影响。参数 m，A 和 α 可以通过常规蠕变试验得到（Singh & Mitchell 1968）。

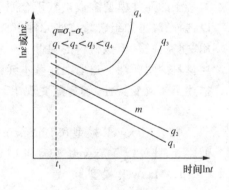

图 6-7 三轴试验轴向蠕变速率-时间关系示意图

由于式（6-24）可较好地描述黏土在 $30\% \sim 90\%$ 抗剪强度的应力范围内的应变-时间关系，较适用于一般工程计算。在我国，李军世等（2000），王志俭等（2007），杨超等（2012），王琛等（2009），朱鸿鹄等（2006）使用 Singh-Mitchell 模型模拟了多个地区软土的流变特性，并得到一些拟合参数。王常明等（2004）在 Singh-Mitchell 理论框架下建立了适用于天津滨海软黏土的蠕变模型。

然而，需要指出的是，Singh-Mitchell 模型具有以下两个方面的局限性：①模型描述土体在常应力水平下的应变特性，因此，此模型仅适用于初次加载；②对特殊土体，m 可以假设为常数。但是在一般情况下，即使相同的土体，不同应力水平下的蠕变曲线所表现出的 m 值都不尽相同（Augustesen et al. 2004，Bishop & Lovenbury 1969）。

6.2　三维流变本构模型

现有三维流变本构模型从总体上可以分为以下四类。

6.2.1　基于非稳态流动面理论的模型

非稳态流动面理论是由 Naghdi& Murch(1963)、Olszak& Perzyna(1966，1970)等提出的,其理论基础是弹塑性理论中屈服面的概念。经典弹塑性理论中各向同性硬化屈服状态可用下式表示

$$f(\sigma'_{ij},\varepsilon^{p}_{ij})=0 \tag{6-25}$$

式中,σ'_{ij},σ^{p}_{ij} 分别为有效应力和塑性应变。由式(6-25)可知,当塑性应变保持固定时,屈服状态也不会发生变化,即为稳定屈服状态。而非稳态流动面理论在式(6-25)的基础上引入了一个与时间相关的函数 β,屈服面可随着 β 改变(图 6-8),而不仅仅只与塑性应变相关:

$$f(\sigma'_{ij},\varepsilon^{p}_{ij},\beta)=0 \tag{6-26}$$

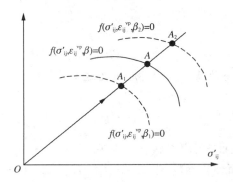

注:坐标为一般应力空间示意。

图 6-8　非稳态流动面理论加载路径和屈服面

非稳态流动面理论中总应变速率也是弹性应变速率和黏塑性应变速率之和,黏塑性应变速率的求解方程如下,

$$\dot{\varepsilon}^{vp}_{ij}=\langle\Lambda\rangle\frac{\partial g}{\partial\sigma'_{ij}} \tag{6-27}$$

式中,Λ 是非负的乘子,可表达为

$$\Lambda=\frac{\dfrac{\partial f}{\partial\sigma'_{ij}}\dot{\sigma}'_{ij}+\dfrac{\partial f}{\partial\beta}\dot{\beta}}{\dfrac{\partial f}{\partial\varepsilon^{vp}_{kl}}\dfrac{\partial g}{\partial\sigma'_{ij}}} \tag{6-28}$$

式中的 Λ 可以分为 Λ_1 和 Λ_2 两部分

$$\Lambda=\Lambda_1+\Lambda_2=-\frac{\dfrac{\partial f}{\partial\sigma'_{ij}}\dot{\sigma}'_{ij}}{\dfrac{\partial f}{\partial\varepsilon^{vp}_{kl}}\dfrac{\partial g}{\partial\sigma'_{ij}}}-\frac{\dfrac{\partial f}{\partial\beta}\dot{\beta}}{\dfrac{\partial f}{\partial\varepsilon^{vp}_{kl}}\dfrac{\partial g}{\partial\sigma'_{ij}}} \tag{6-29}$$

由此,乘子 Λ_1 与黏土的弹塑性变形相关,而 Λ_2 决定了土黏塑性变形。

基于非稳态流动面理论和试验结果,一些学者建立了不同的流变模型,包括 Sekiguchi 模型(1977),Nova 模型(1982),Matsui-Abe 模型(1985)。这些模型都可以用来模拟正常固结土的流变特性。非稳态流动面理论的不足在于当初始应力状态在屈服面内时,非稳态流动面模型不能够描述黏土的应力松弛和蠕变特性,仅能描述黏土的加载速率效应特性。

值得说明的是,20 世纪七八十年代是非稳态流动面理论的流变本构模型开发的高峰期。由于其物理框架的缺陷,近年来的相关研究鲜见报道。

6.2.2　基于超应力理论的模型

本部分关于超应力模型理论的描述主要基于 Perzyna(1963a,1963b,1966)。超应力模型假设总应变率由弹性应变率和黏塑性应变率组成,即

$$\dot{\varepsilon}_{ij} = \dot{\varepsilon}_{ij}^{e} + \dot{\varepsilon}_{ij}^{vp} \tag{6-30}$$

式中,$\dot{\varepsilon}_{ij}$ 为总应变率张量,上标"e"和"vp"分别表示弹性和黏塑性分量。弹性应变率可由广义胡克定律得到,而与时间相关的黏塑性应变率由式(6-31)所示的流动法则计算:

$$\dot{\varepsilon}_{ij}^{vp} = \gamma \langle \Phi(F) \rangle \frac{\partial g}{\partial \sigma_{ij}} \tag{6-31}$$

式中,γ 是土骨架的黏度系数,具有时间倒数的量纲;$\Phi(F)$ 是标度函数;$\langle\rangle$ 为 MacCauley 函数;g 是黏塑性势函数;F 为动态荷载面与静态屈服面之差,即超应力函数,可以表达为:

$$F = \frac{f_d - K_s}{K_s} \tag{6-32}$$

式中,f_d 代表动态荷载面,且当前应力状态点 P 在 f_d 上(图 6-9)。K_s 为静态屈服面硬化参数,当 $F=0$,$f_d = K_s$。这也表示 K_s 一定要能够反映静态屈服函数 f_s;理论上,经典塑性理论中的屈服函数都可以用来表示静态屈服函数。但是在应力空间中,f_s 的位置不容易确定。理论上可以通过极其慢速的试验得到,但目前尚无法界定具体的加载速率。另外,慢速试验也很难在实验室中实现。

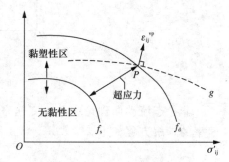

注:坐标为一般应力空间示意。

图 6-9　超应力模型原理

从概念上讲,超应力理论类似于 Binghanm 模型。前文已表述,在 Bingham 模型中,当且仅当应力大于阈值 σ_y 时,黏性就会发生作用,且黏性应变速率与 σ 和 σ_y 的差值相关。而在超应力模型中,荷载大于静态屈服面时,产生黏塑性应变,且黏性应变速率与过应力大小 F 密切相关。

超应力模型的关键在于如何选用或确定标度函数,如表 6-1 所示。尹振宇等(2010)研究了不同标度函数在模拟应变速率对土体强度和流变特性的差异性,进而评估了多种类型的标度函数模型性能。

超应力模型有以下特点:①黏塑性应变与应力历史无关,只与当前应力状态 P 与静态屈服面的距离相关;②当超应力 $F<0$ 时,无黏塑性应变产生;③超应力理论本身不能够描述蠕变破坏。

表 6-1 　　　　　　　　　可应用于软黏土的标度函数 $\Phi(F)$ 表示方法

函数 $\Phi(F)$	文献
$\exp[N(F_d - F_s)]$	Adachi 和 Oka(1982)，Oka 等(2004)Kimoto & Oka(2005)
$\left(\dfrac{F_d}{F_s} - 1\right)^N$	Shahrour & Meimon(1995)，陈铁林等(2003)
$\exp\left(N\left(\dfrac{F_d}{F_s} - 1\right)\right) - 1$	Fodil 等（1997），Yin & Hicher(2008)，Karstunen & Yin(2010)，Yin & Karstunen (2011)，Rocchi 等(2003)
$\left(\dfrac{F_d}{F_s}\right)^N$	Rowe 和 Hinchberge(1998)，Tong & Tuan(2007)
$\left(\dfrac{F_d}{F_s}\right)^N - 1$	Hinchberger 和 Rowe(2005)，Yin 等(2011)，Hinchberger& Qu(2009)

6.2.3　基于扩展超应力理论的模型

超应力理论假设了纯弹性区域的存在，模型的黏性参数大小同此纯弹性区域的大小密切相关，且参数确定通常需要从试验结果反算而得，这对工程师们来讲是一个挑战，如图 6-10 所示，确定低速率 A 点处的先期固结压力。为消除传统超应力模型的这一局限性，尹振宇等(2010)基于屈服应力和强度的加载速率效应试验现象，提出了扩展超应力模型的概念。即屈服面改为参考面，不存在纯弹性区域，土体在任意大小应力下，都存在一定量的黏塑性变形。因此，扩展超应力模型与元件模型中的 Maxwell 模型相类似。

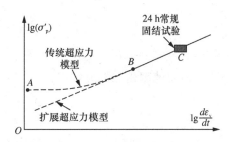

图 6-10　传统和扩展超应力理论中
先期固结压力与应变速率关系

由于软黏土的复杂力学特性，现有流变模型在考虑各向异性、结构破坏等特性上不尽相同。但从流变特性角度讲，可依据标度函数分为 4 类，如表 6-2。其中，第二、三类标度函数在应力状态靠近极限状态时(即 $q/p' \to M$)粘塑性体应变率始终为正，在力学上导致了负的二阶功，造成不排水条件下的非稳定性；对于第二类标度函数，无论当前应力在大应力比状态($q/p' > M$)还是小应力比状态($q/p' < M$)，粘塑性体应变率始终为正，即土体始终处于剪缩状态，不符合试验规律。因此，第一、四类的标度函数是可取的。

表 6-2 　　　　　　　　　扩展超应力模型的标度函数 $\Phi(F)$ 表示方法

函数 $\Phi(F)$	文献
$\dfrac{C_{ae}}{\tau(1+e_0)}\left(\dfrac{p_c^d}{p_c^r}\right)^{\frac{\lambda-\kappa}{C_{ae}}}\dfrac{1}{\left(\frac{\partial f_d}{\partial p'}\right)_{K0}}$	Kutter & Sathialingam(1992)，但汉波等(2010)
$\dfrac{C_{ae}}{\tau(1+e_0)}\left(\dfrac{p_c^d}{p_c^r}\right)^{\frac{\lambda-\kappa}{C_{ae}}}\dfrac{1}{\frac{\partial f_d}{\partial p'}}$	Vermmer et Neher (1999)，Leoni 等(2009)
$\dfrac{C_{ae}}{\tau(1+e_0)}\left(\dfrac{p_c^d}{p_c^r}\right)^{\frac{\lambda}{C_{ae}}}\dfrac{1}{\frac{\partial f_d}{\partial p'}}$	殷建华等(2002)，周成等(2005)，Kelln 等(2008)
$\dot{\varepsilon}_v^r\dfrac{\lambda-\kappa}{\lambda}\left(\dfrac{p_c^d}{p_c^r}\right)^{\beta}\dfrac{1}{\left(\frac{\partial f_d}{\partial p'}\right)_{K0}}$	尹振宇等(2010，2011，2012)，Grimstad 等(2010)

需要说明的是,由于缺乏在极低速率下($\mathrm{d}\varepsilon_v / \mathrm{d}t < 1 \times 10^{-8}\,\mathrm{s}^{-1}$)先期固结压力与应变速率的关系,扩展超应力理论在弹性区内的假设正确与否尚无法直接验证。然而,这并不影响扩展超应力模型在工程中的应用。

6.2.4 基于边界面理论框架的模型

边界面模型最早由 Dafalias 和 Popov(1975)提出并用于金属材料的循环加载,后来在土力学中被广泛采用。模型假设应力空间中存在一个应力点运动的边界屈服面,边界面的内部包含一个通过当前应力点的与边界面几何相似的加载面。

1. Kaliakin 模型

Kaliakin 等(1990a,1990b)提出了针对黏性土的弹黏塑性边界面模型(图 6-11),此模型也可以理解为剑桥模型的扩展:剑桥模型中的塑性面用边界面和黏性部分来代替。边界面的方程为:

$$F = (\bar{I} - I_0)\left(\bar{I} + \frac{R-2}{R}I_0\right) + (R-1)^2\left(\frac{\bar{J}}{N}\right)^2 = 0 \tag{6-33}$$

式中,$\bar{I} = b(I - CI_0) + CI_0$;$\bar{J} = bJ$。

应变速率由三部分组成:

$$\dot{\varepsilon}_{ij} = \dot{\varepsilon}_{ij}^{e} + \dot{\varepsilon}_{ij}^{p} + \dot{\varepsilon}_{ij}^{v} = C_{ijkl}\dot{\sigma}_{kl} + \langle L\rangle\frac{\partial F}{\partial \hat{\sigma}_{ij}} + \langle \varphi\rangle\frac{\partial F}{\partial \bar{\sigma}_{ij}} \tag{6-34}$$

式中,$C_{ijkl} = \dfrac{2G-3K}{18KG}\delta_{ij}\delta_{kl} + \dfrac{1}{2G}\delta_{ik}\delta_{jl}$;$L = \dfrac{\dfrac{\partial F}{\partial \hat{\sigma}_{ij}}\dot{\sigma}_{ij} + \langle \varphi\rangle\dfrac{\partial F}{\partial q_n}r_n^{v}}{\bar{K}_{\mathrm{p}}}$;$\varphi = \dfrac{1}{\eta}\exp\left(\dfrac{J}{NI}\right)\left[\dfrac{\hat{\delta}}{r - \dfrac{r}{s_v}}\right]^{n}$;

其中,I 和 J 是应力第一不变量和偏应力第二不变量;R 是控制边界面形状的模型参数;N 是临界应力比 M;C 为材料常数($0 < C < 1$);$b(b > 1)$,n,η 为模型参数。

李兴照等(2007)同样采用以修正剑桥模型为边界面,通过采用滞后变形的概念,建立了一个边界面弹黏塑性本构模型。

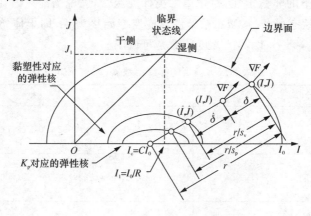

图 6-11 基于边界面理论的弹黏塑性模型

2. Nakai 模型

Nakai 等(2011)基于之前所建立的 t_{ij} 模型,通过增加 ϕ 参数来实现对土体流变特性的模拟。如图 6-12 所示,在一维条件下,塑性孔隙比可表示为:

$$(-\Delta e)^{\mathrm{p}} = (\lambda - \kappa)\ln\frac{\sigma}{\sigma_0} - (\rho_0 - \rho) - (\psi_0 - \psi) \tag{6-35}$$

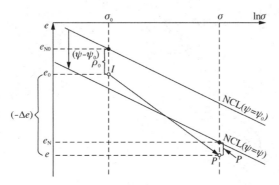

图 6-12　超固结土中由于蠕变等时间效应造成的孔隙比变化

之后,在 t_{ij} 模型的框架下,把一维本构方程扩展到三维:

$$\mathrm{d}f = \mathrm{d}F - \left[(1+e_0)\Lambda\,\frac{\partial F}{\partial t_{ij}} - \mathrm{d}\rho - \mathrm{d}\psi\right] = 0 \tag{6-36}$$

$$\Lambda = \frac{\mathrm{d}F + \mathrm{d}\psi}{(1+e_0)\left(\dfrac{\partial F}{\partial t_{kk}} + \dfrac{G(\rho)}{t_{\mathrm{N}}} + \dfrac{Q(\omega)}{t_{\mathrm{N}}}\right)} = \frac{\mathrm{d}F + \mathrm{d}\psi}{h^{\mathrm{p}}} \tag{6-37}$$

$$\mathrm{d}\psi = \frac{\partial\psi}{\partial t}\mathrm{d}t = \lambda_a\,\frac{1}{t}\mathrm{d}t = (-\dot e)^{\mathrm{p}}_{(\mathrm{equ})}\,\mathrm{d}t \tag{6-38}$$

$$(-\dot e)^{\mathrm{p}}_{(\mathrm{equ})} = \sqrt{3}\,(1+e_0\,\|\,\dot\varepsilon^{\mathrm{p}}_{ij}\,\|) \tag{6-39}$$

此模型不仅可以描述土的超固结特性、结构破坏特性,还可以描述蠕变、速率效应等流变特性。

3. 姚仰平模型

如图 6-13 所示,在一维蠕变规律的基础上,姚仰平等(2013)将时间参量引入到三维 UH 模型中:

$$f = \ln\frac{p}{p_{xt0}} + \ln\left(1+\frac{\eta^2}{M^2}\right) + \bar t - \frac{1}{c_{\mathrm{p}}}\int\frac{M_{\mathrm{f}}^4 - \eta^4}{M^4 - \eta^4}\mathrm{d}\varepsilon^{\mathrm{p}}_{\mathrm{v}} = 0 \tag{6-40}$$

$$\bar t = \frac{C_{ae}}{\lambda - \kappa}\int\frac{M_{\mathrm{f}}^4}{M^4}R^{(\lambda-\kappa)/C_{ae}}\,\mathrm{d}t \tag{6-41}$$

式中,p_{xt0} 为当前屈服面与 p 轴的初始交点;M 为临界状态线;M_{f} 是根据超固结度对正常固结度 M 进行的修正的超固结土的潜在强度;$c_{\mathrm{p}} = (\lambda - \kappa)/(1+e_0)$,$\eta = q/p$ 为应力比。式中,$\bar t$ 不是真实的时间,而是根据土的超固结状态修正所得的时间参量,代表了时间对土的影响程度,定义为折算时间。

值得注意的是,采用边界面理论建立的弹黏塑性模型的优点在于可以描述黏土的超固结特性;缺点在于边界面的大小难以确定,在现有的试验速度下得到的试验结果并不支持边界面的存在,导致在实际应用中参数确定的随意性太大,缺乏试验依据。

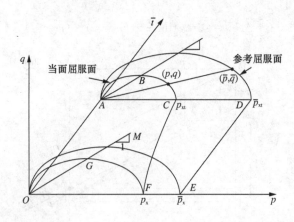

图 6-13 当前屈服面和参考屈服面

6.3 流变模型在工程中的应用

通过二次开发,把弹黏塑性模型嵌入到有限元、有限差分等计算程序中,耦合比奥固结理论,便可以分析岩土工程问题。

6.3.1 路堤

路堤作为一种填方路基,在其自重以及列车荷载作用下会产生压密沉降以及路堤基础的变形。而当路堤地基土为软黏土时,由于孔隙水压力消散较慢,其长期变形的特性就显得尤为明显。为更好地指导施工设计(施工步骤以及排水设施铺设),学者们进行了大量的现场调研和数值模拟研究。表 6-3 列出了一些学者运用弹黏塑性模型进行路堤计算的案例。

表 6-3 采用软黏土流变模型的路堤计算案例

路堤	所用模型	计算软件	文献
Murro,芬兰	扩展超应力	Plaxis 8.0	尹振宇等(2010,2011,2012)
Sackville,加拿大	超应力	Plaxis8.0	尹振宇等(2009)
	超应力	AFENA	Rowe & Hinchberger (1998), Taechakumthorn & Rowe (2012), Gnanendran & Manivannan (2006)
Limavady,爱尔兰	扩展超应力	Geostudio SIGMA/W	Kelln et al. (2009)
Gloucester,加拿大	超应力	AFENA	Hinchberger & Rowe (1998,2005)
Noto Airport,日本	非稳态流动面	FEM	Nagahara et al. (2004)
Torishima,日本	扩展超应力	FEM	Mirjalili et al. (2012)
Boston,美国	扩展超应力	FEM	Neher & Wehnert (2000)
Matagami,加拿大	扩展超应力	FDM	Kim (2012)
Chek Lap Kok,香港	扩展超应力	FEM	Zhu & Yin (2012)
Leneghans,澳大利亚	扩展超应力	AFENA	Karim et al. (2010)

6.3.2　边坡

边坡工程的稳定性是一个比较复杂的问题,也是关系民生的重要研究课题。对于软黏土边坡,由于土体的流变性、各向异性和结构性的存在,会导致其变形渐进产生;反过来,塑性变形又会降低其抗剪强度,最终造成破坏。因此,在边坡渐进性破坏分析中考虑土体流变特性很有必要。表 6-4 总结了国内外学者应用流变本构模型分析边坡稳定性的案例。

表 6-4　一些采用软黏土流变模型的边坡计算案例

边坡	所用模型	软件	文献
Villarbeney,瑞士	超应力	SSTIN	Desai et al.（1995）
日本	超应力	FEM	Ishii et al.（2011）
Senise,意大利	超应力	TOCHNOG	Conte et al.（2010）,Troncone（2005）,Fernández-Merodo et al.（2012）
Rosone,意大利	元件组合	FEM	Forlati et al.（2001）
Vernago,意大利	元件组合	FEM	Gioda & Borgonovo（2004）
Portalet,西班牙	超应力	GeHoMadrid	Fernández-Merodo et al.（2012）
吹填土边坡,中国	元件组合	FEM	陈晓平等(2001)
大野坪,湖北	超应力	Abaqus	罗玉龙等(2008)

6.3.3　其他工程

流变本构模型在基坑开挖和隧道建设中也有广泛应用。黏土蠕变是引起基坑周围土体时效变形的因素之一,深入研究土体蠕变特性对于分析基坑的时效变形有着重要作用(Liu et al. 2005,Oka et al. 2008)。郑榕明等(1996)采用元件组合流变模型分析了上海地铁车站深基坑的开挖过程;张俊峰等(2012)用 Boussinesq 解计算了软土基坑开挖引起的下卧隧道隆起的非线性流变;刘国斌等(2007)结合三轴流变试验结果,提出了一个五元件模型并预测了基坑流变隆起变形;Oka 等(2008)利用基于超应力理论的流变模型,采用反分析方法,计算了大阪一个明挖基坑的施工过程。

此外,建设于软黏土地区的地铁隧道也会有显著的长期沉降。Shirlaw 等(1995)在研究大量隧道长期沉降实测数据基础上指出:在正常情况下,隧道的长期沉降占总沉降量的比例为30%~90%。张冬梅等(2003)采用弹簧和 Kelvin 模型串联组成的 3 单元黏弹性模型预测了上海地铁 1 号线 2 个测点的长期沉降。

流变模型也可以作为浅基础和深基础的辅助设计手段,不仅可以模拟长期沉降以及所带来的不均匀性沉降(Bai et al. 2008);而且可以预测由于土体老化而带来的强度的提高(Bodas Freitas et al. 2012,Zhu & Yin 2001,Giannopoulos et al. 2010)。

第7章 有限元二次开发及应力积分算法

本章提要:随着计算机技术的发展,数值模拟在岩土工程施工、设计中的应用将越来越广。然而目前大型商业有限元软件和开源软件中自带的本构模型并不能较真实的模拟土的天然力学特性(如各向异性、结构破坏、流变特性等),因此需要用户自定义模型,即对有限元软件进行二次开发。本章首先简单介绍有限元二次开发及耦合固结分析的基本理论与数值实现手段,然后针对流变本构模型的数值解法进行阐述和总结,指出如何选用稳定性高且收敛性好的数值积分方法,以保证本构模型数值计算的精度和效率。

7.1 有限元二次开发概述

7.1.1 数值计算及有限元概述

流变变形作为岩土材料变形的重要组成部分,在实际岩土工程的设计和计算中需要考虑其影响。目前岩土力学分析用到的方法主要分为三类,分别为理论分析方法、试验方法和数值模拟分析方法,这三类方法相辅相成,互为补充。然而试验往往只能模拟一些较为简单的力学条件以及工况,并且需要严格控制试验条件,而数值计算能够模拟特殊试验过程,在求解复杂力学问题上往往更具有优势且更为经济。

在计算机技术日益发展的今天,数值分析得到越来越多的重视和认可,在过去的几十年中,有限元法发展为计算非线性问题最强有力的工具。大型商业软件计算所得结果也被用于学术研究及实际工程分析中,如 ABAQUS、PLAXIS 等有限元分析软件。目前,大部分有限元软件只含有少量的较为常见的模型(如剑桥模型、摩尔库伦模型等)。由于实际工程中的土性质特殊,特别是黏土(具有加载率效应、蠕变、应力松弛等流变特性),难以用现有商业软件中本身包含的模型对其进行全面地模拟。随着土力学理论的不断发展,出现了大量能描述土体特性的本构模型,其中有线弹性模型、弹塑性以及弹黏塑性等非线性模型。若要将特定的本构模型应用到有限元中,需要用户自行开发软件或者对商业软件进行二次开发,而独立编制有限元软件相比于对现有软件进行二次开发来说难度和工作量较大,因此大部分研究集中于后者。而对商业软件进行二次开发的难点主要集中于本构模型及积分算法上。为此,下面重点讲述流变本构在有限元计算平台下的计算理论。

在边界值问题有限元分析中需要同时满足平衡条件、一致性条件、本构关系及边界条件。材料非线性特性由本构关系引入,在有限元中写成增量形式为:

$$[K_G]\{\Delta d\}_{nG}^i = \{\Delta R_G\}^i \tag{7-1}$$

式中,$[K_G]^i$ 是整体刚度矩阵,$\{\Delta d\}_{nG}^i$ 是节点位移增量,$\{\Delta R_G\}^i$ 是节点力增量,i 是增量数。为求解边界值问题,边界条件是以增量形式施加的,对每一增量都需要求解式(7-1)。最终解由每一增量的解叠加而得。由于本构关系的非线性,整体刚度矩阵 $[K_G]^i$ 会依赖于当前的应力和应变而不是常值,除非增量数非常大步长很小时可以认为是常值。很明显,微分方程(7-1)有很多解能同时满足四个边界值条件,其中有的解比其他解更加准确。有限元常用的求解方法通常有:切线刚度法及牛顿-拉弗森法。

7.1.2 切线刚度法

切线刚度法,有时也叫变化刚度法,是最简单的一种求解方法。这种方法假设整体刚度矩阵 $[K_G]^i$ 在每一增量步中保持不变,且由增量步初始应力状态计算得到,其实质是将非线性等效成阶段线性。为说明这种方法,以单轴非线性杆为例进行分析(图 7-1(a))。如果对杆施加荷载,其真实的应力应变关系如图 7-1(b),表示该材料是一种有很小弹性范围的应变硬化塑性材料。

切线刚度法是将施加的荷载分解成增量施加的。如图 7-1(b)所示,三步增量荷载分别为 ΔR_1,ΔR_2,ΔR_3。分析步开始首先施加荷载增量 ΔR_1。全局刚度矩阵 $[K_G]^1$ 由没有施加荷载增量应力状态计算得到,对应于点 a。对于弹塑性材料,这一刚度矩阵即是弹性矩阵 $[D]$。方程(7-1)就用来求解节点位移 $\{\Delta d\}_{nG}^1$。由于材料刚度假设为常数,荷载位移曲线是一条直线 a-b,如图 7-1(b)所示。事实上,尽管荷载增量很小材料的刚度也不是常数,因此,预测位移与实际位移之间就会有差别 $b'b$。而切线刚度法忽略了这一误差。随后施加第二个荷载增量 ΔR_2,相应的全局刚度矩阵 $[K_G]^2$ 由第一步增量结束的应力和应变计算得到,在图 7-1(b)中为点 b'。荷载位移曲线对应直线 $b'c'$,此时的位移误差为 $c'c$。同样地施加第三步荷载增量 ΔR_3,刚度矩阵 $[K_G]^3$ 由第二步结束的应力和应变计算得到,如图 7-1(b)中点 c'。荷载位移曲线达到 d' 点而存在着同样的误差。很明显,解的准确性与增量步的大小相关。例如,如果增量步长减小,数值解就会与真实解更接近。

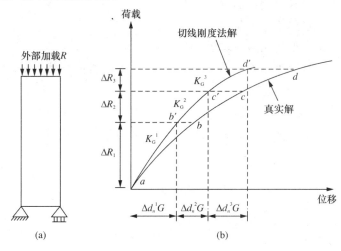

图 7-1 用切线刚度计算非线性单向杆加载

从上面简单的例子可知,对于强非线性问题需要很多增量步才能满足。所得到的数值解有可能与实际值相差较大而不满足本构关系。因此,可能不能求解对应的问题。正如 Potts 和 Zdravkoviv(1999)所述,数值解误差的大小取决于材料的非线性,问题的几何形状以及增量步的大小。然而,一般情况下不可能事先知道增量步的大小。

当材料从弹性加载到塑性或者从塑性卸载到弹性时,切线刚度法会造成计算结果的不准确。例如,如果一个单元在增量步之前为弹性,那么在该增量步中的刚度矩阵是按弹性计算。如果这时材料是从弹性到塑性,那么这一计算就违背了本构关系。同样地,如果增量步长过大也会有这样的结果出现。例如,一个不能持续拉伸的材料可能算出来会一直拉伸。对于临界状态模型会是一个很大的问题,如修正剑桥模型。数值解的不对可能会导致不能满足平衡方程和本构模型。

7.1.3 修正牛顿-拉弗森法

前述的切线刚度法有可能计算出不满足本构关系的应力状态。修正的牛顿-拉弗森法可以避免这一问题从而使得求得的应力状态更加真实。

牛顿-拉弗森法使用迭代方法求解式(7-1)。第一次迭代与切线刚度法相同。然而,第一次迭代有可能得到不准确的解,需要用预测增量位移来计算残余强度。式(7-1)可以由残余荷载$\{\psi\}$以增量形式进一步求解。式(7-1)可以进一步写成

$$[K_G]^i(\{\Delta d\}_{nG}^i)^j=\{\psi\}^{j-1} \tag{7-2}$$

上标j代表迭代次数,$\{\psi\}^0=\{\Delta R_G\}^i$。这一迭代过程不断地重复直到残余荷载已经很小。位移增量等于所有迭代步位移增量之和。这一迭代过程以一个简单的单轴非线性杆件为例进行说明,如图7-2所示。从原理上,这一迭代方法可以满足不同的问题。

在迭代的过程中,计算残余荷载是关键的一步。在每一次迭代完后,计算出当前的位移增量并计算出相应的应变增量。根据应变增量通过本构关系就可以计算出相应的应力增量。将应力增量叠加到应力,计算出等效节点荷载。等效节点荷载与外荷载之差就是残余荷载。这一差值是由于在迭代的过程中全局刚度矩阵$[K_G]^i$假设为常数引起的。事实上由于材料的非线性,全局刚度矩阵$[K_G]^i$并不是常数,而是随着应力和应变在变化。

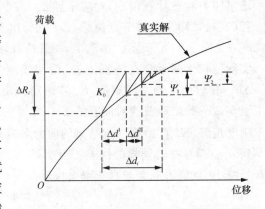

图 7-2　修正牛顿-拉弗森迭代法

为了进一步说明,图7-3给出了牛顿-拉弗森法的流程图:现假设在t_n时刻,土体所受节点外力为P^{ext},节点位移为U_n,假设t_{n+1}时刻的初始位移为U_{n+1}^0,迭代过程如图7-3所示。

(1) 初始步假设:$U_{n+1}^0=U_n$,$r=K^{int}(U_n)-P^{ext}$

(2) 计算整体刚度矩阵:$K_n^{j-1}=\int_v B^T D^{com} B dv$,$\left.\dfrac{\partial r^{j-1}}{\partial U_{n+1}}\right|_{U_{n+1}^{j+1}}$

(3) 通过整体刚度矩阵求解δU_{n+1}^j,$K_T\delta U_{n+1}^j=-r^{j-1}$

(4) 得到新的位移增量:$U_{n+1}^j=U_{n+1}^{j-1}+\delta U_{n+1}^j$

(5) 更新应变:$\varepsilon_{n+1}^j=BU_{n+1}^j$

(6) 更新应力:$\sigma_{n+1}^j=D^{con}\varepsilon_{n+1}^j$

(7) 计算单元节点力:$P_{n+1}^{int\ j}=B^T\sigma_{n+1}^j$

(8) 再次计算残余项:$r=K^{int}(U_{n+1}^j)-P^{ext}$

(9) 若$\|r\|/\|P^{ext}\|\leqslant$TOL,则$(\cdot)_{n+1}=(\cdot)_{n+1}^j$,

若$\|r\|/\|P^{ext}\|>$TOL　$j=j+1$,返回步骤(2),继续计算。

图 7-3　修正牛顿-拉弗森迭代法

牛顿-拉弗森迭代法在解决非线性问题上很有优势,因为在每个迭代步中都要更新整体刚度矩阵,可加快收敛速度,使有限元平衡方程在迭代过程中的收敛呈二次方逼近,因此在有限

元计算中被广泛使用。

在牛顿-拉弗森迭代法中,在积分的过程中每迭代一次全局刚度矩阵都需要根据最近的迭代结果计算一次,是一个繁琐的过程。这种方法为了减少迭代次数,修正的牛顿-拉弗森法只是在迭代步开始时计算对应的全局刚度矩阵。有时全局刚度矩阵用弹性矩阵$[D]$代替,而不是弹塑性刚度矩阵$[D^{\mathrm{ep}}]$。在迭代的过程中可能还需要迭代加速技术(Thomas,1984)。

7.1.4　收敛标准

由于修正牛顿-拉弗森法每一增量步都涉及到迭代,必须设置相应的收敛标准。通常情况下,同时考虑迭代位移步长$(\{\Delta d\}_{nG}^{i})^{j}$和残余荷载$\{\psi\}^{j}$。由于都是张量,通常情况下将他们转化成标量进行考虑。

$$(\{\Delta d\}_{nG}^{i})^{j} = \sqrt{((\{\Delta d\}_{nG}^{i})^{j})^{\mathrm{T}}(\{\Delta d\}_{nG}^{i})^{j}} \tag{7-3}$$

$$\{\psi\}^{j} = \sqrt{(\{\psi\}^{j})^{\mathrm{T}}\{\psi\}^{j}} \tag{7-4}$$

通常情况下将位移增量大小$\|\{\Delta d\}_{nG}^{i}\|$与总的位移$\|\{\Delta d\}_{nG}\|$进行比较。需要注意的是总的位移是所有迭代步的位移增量的总和。

同样地,也将残余荷载大小$\|\{\Delta R_G\}^{i}\|$与总的荷载$\|\{\Delta R_G\}\|$进行比较。通常,将基于位移的误差设置为1%,而将基于荷载的误差设置为$1\% \sim 2\%$。需要注意的是仅有位移边界条件的情况,无论是荷载增量还是总的累积残余荷载都是零。

7.1.5　高斯点应力积分方法

上述有限元算法里面用到的材料弹性矩阵$[D]$或弹塑性矩阵$[D^{\mathrm{ep}}]$来自于应力-应变本构模型,即有限元在计算或迭代过程中要不断的调用应力-应变本构模型(位于高斯积分点上)。简单地说,有限元将节点上的位移增量分配到高斯积分点上的应变增量,然后应力-应变本构模型按此应变增量来计算弹塑性刚度矩阵$[D^{\mathrm{ep}}]$、更新应力、硬化参数等。应力-应变本构模型的计算,我们称之为应力积分计算。

对于弹塑性模型,我们通常采用以下两种积分算法(图 7-4):显式算法(子步方法——Substepping),和隐式算法(折回算法——Return mapping)。这两种算法的目的都是通过应变增量积分获得应力增量。尽管应变增量是已知的,但迭代增量的方式却不一样。

然而,对于弹塑性模型,有限元除了给高斯积分点传递应变增量外,还有时间增量。因此,流变模型的应力积分计算也会给出相应的弹黏塑性刚度矩阵$[D^{\mathrm{evp}}]$。下面 7.3 节将详述流变

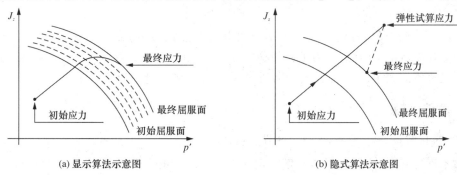

(a) 显示算法示意图　　　　　　　　(b) 隐式算法示意图

图 7-4　弹塑性本构模型积分算法

模型的一些应力积分算法。

7.2 耦合固结分析

7.2.1 基本思想

大多数的数值积分算法都是只考虑了力学行为,其结果只能考虑排水或者不排水的情况。但是事实上,黏土属于与时间相关、孔隙水压力相关、加载速率相关和水力边界条件相关的情况。为了求解这类多孔介质的问题,需要同时考虑流体和土骨架的力学行为,这一方法称为耦合的方法。

由于考虑了土骨架孔隙中的流体,水力边界条件就必须要考虑。这些边界条件与孔压的变化有关。在有限元中,多孔介质的控制方程可以表述为:

$$\begin{bmatrix} [K_G] & [L_G] \\ [L_G]^T & -\beta\Delta t[\phi_G] \end{bmatrix}\begin{Bmatrix} \{\Delta d\}_{nG} \\ \{\Delta p_f\}_{nG} \end{Bmatrix}=\begin{Bmatrix} \{\Delta R_G\} \\ ([n_G]+Q+[\phi_G](\{\Delta p_f\}_{nG})_1)\Delta t \end{Bmatrix} \quad (7\text{-}5)$$

其中

$$[K_G]=\sum_{i=1}^{N}[K_E]_i=\sum_{i=1}^{N}\left(\int_{Vol}[B]^T[D'][B]\mathrm{d}Vol\right),$$

$$[L_G]=\sum_{i=1}^{N}[L_E]_i=\sum_{i=1}^{N}\left(\int_{Vol}\{m\}[B]^T[N_p]\mathrm{d}Vol\right), \quad (7\text{-}6)$$

$$\{\Delta R_G\}=\sum_{i=1}^{N}[\Delta R_E]_i=\sum_{i=1}^{N}\left[\left(\int_{Vol}[N]^T\{\Delta F\}\mathrm{d}Vol\right)+\left(\int_{Srf}[N]^T\{\Delta T\}\mathrm{d}Srf\right)_i\right]$$

$$\{m\}^T=\{1\,1\,1\,0\,0\,0\}$$

$$[\phi_G]=\sum_{i=1}^{N}[\phi_E]_i=\sum_{i=1}^{N}\left(\frac{[E]^T[K][E]}{\gamma f}\mathrm{d}Vol\right)_i \quad (7\text{-}7)$$

$$[n_G]=\sum_{i=1}^{N}[n_G]_i=\sum_{i=1}^{N}\left(\int_{Vol}[E]^T[K]\{i_G\}\mathrm{d}Vol\right)_i$$

式中,$[B]$是用于推导形函数的应变矩阵;$[N]$是单元位移增量;$[E]$是与单元孔压$[N_p]$相关的形函数;$[D]$是材料的刚度矩阵;$[K]$是渗透系数矩阵;$\{\Delta F\}$是体荷载增量;$\{\Delta T\}$面荷载增量;$\{\Delta d\}_{nG}$是节点位移增量;$\{\Delta p_f\}_{nG}$是节点孔隙水压增量;γ_f是水的体积模量;$\{i_G\}$是重力方向的单位向量;Δt是时间增量。

为了求解这些方程,需要知道孔隙水压随着时间增量Δt的变化。这是由参数β控制的(Potts 和 Zdravkovic,1999)。为了数值稳定$\beta>0.5$而对于隐式算法$\beta=1$。大多数的软件都允许自定义β值的大小。正是如此,才将本构关系表达成增量的形式。

7.2.2 数值实现

式(7-5)是节点位移增量$\{\Delta d\}_{nG}$与节点孔压$\{\Delta p_f\}_{nG}$之间的关系。一旦刚度矩阵和右边的荷载增量确定,这一方程就可以求解。由于是一个多步的求解过程,这一分析荷载必须是逐渐增加的。即使本构关系是线性的,渗透是常数,几何关系线性,也必须逐渐增加。如果本构关系是非线性或者几何非线性,步长可以随着相应的非线性进行变化。

前面的描述中,将渗透系数定义为[K]。如果这一渗透系数不是常数,而是与应力或应变相关的变量,渗透系数矩阵[K]也是随着增量步在不断变化的。当求解式(7-5)时必须格外注意。这与求解非线性应力应变关系时是一致的。如前所述,有多种方法可以用来求解非线性方程,如前述的切线刚度法、牛顿-拉弗森法等都可以用来求解非线性渗透。

在推导式(7-5)时,单元的孔压增量依赖于节点的孔压形函数[N_p]。如果一个单元所有节点的孔压增量自由度都一样,那么[N_p]与[N]相同。因此,孔压在单元上的变化形式与位移在单元上的变化形式一致。例如,对于八节点四边形单元,位移和孔压都随着单元的四边在变。但是,如果位移随着四边在变,应变、有效应力都会线性变化。这会导致单元上的有效应力和孔压变化不一致。尽管在理论上可行,使用者期望单元上的有效应力和孔压变化一致。对于八节点单元,可以通过四个节点的孔压自由度设置获得。这将会使得[N_p]与[N]不一致。对于六边形单元,可以仅仅通过三个节点的自由度设置获得。

由于耦合求解的原因,在有限元中不允许部分单元是孔压单元,而其他单元不是孔压单元。在上述理论中,有限元的方程考虑了孔压的变化。同样的可以考虑超静孔压或水头的变化。在这种情况下,超静孔压或水头都将有自由度。

需要注意的是,式(7-5)假设土为饱和土。对于非饱和土,还需要考虑额外的因素,而且这将会导致刚度矩阵的非对称性。

7.3　流变模型应力积分算法

7.3.1　概述

黏土具有与时间、应力路径相关的非线性应力应变关系,并且在实际工程中地基土的应力路径非常复杂。针对这类问题,通常我们需要将非线性问题化为线性问题[5],即由非线性本构方程以应力-应变增量的形式表达,再沿应力路径对本构方程进行累积计算。

与时间相关的本构模型(流变模型)的数值解法的求解过程和与时间无关模型(弹塑性模型)的大致相同。对于本构模型,假设在小变形条件下,可以将应变增量分为弹性部分和非弹性部分:

$$\dot{\boldsymbol{\varepsilon}}=\dot{\boldsymbol{\varepsilon}}^e+\dot{\boldsymbol{\varepsilon}}^{in} \tag{7-8}$$

对于弹塑性模型有 $\dot{\boldsymbol{\varepsilon}}^{in}=\dot{\boldsymbol{\varepsilon}}^p$,代表塑性应变增量;对于弹黏塑性模型有 $\dot{\boldsymbol{\varepsilon}}^{in}=\dot{\boldsymbol{\varepsilon}}^{vp}$,代表黏塑性应变速率(黏塑性应变增量=塑性应变速率乘以时间增量)。可以认为应力率与弹性应变率线性相关:

$$\dot{\boldsymbol{\sigma}}=\boldsymbol{D}\dot{\boldsymbol{\varepsilon}}^e=\boldsymbol{D}(\dot{\boldsymbol{\varepsilon}}-\dot{\boldsymbol{\varepsilon}}^{in}) \tag{7-9}$$

如果将总时间划分为有限个时间步长,在一个步长[t_n, t_{n+1}]内,则未知方程可简化为从 t_n 时刻与 t_{n+1} 时刻的数值关系,且在 t_n 时刻的初始值为已知。黏塑性乘子的发展过程与模型采用的流动法则有关。弹黏塑性本构模型与弹塑性本构模型之间一个很大的区别在于如何定义流动法则,也就是塑性应变率如何发展。对于弹塑性模型,塑性乘子已经隐含在了一致性方法里面(df=0);而对于弹黏塑性本构模型,流动法则可直接给出来:

$$\dot{\boldsymbol{\varepsilon}}^{\text{in}} = \dot{\gamma}\,\frac{\partial g}{\partial \boldsymbol{\sigma}} \qquad\qquad (7\text{-}10)$$

式中，g 为塑性势函数，$\partial g/\partial \boldsymbol{\sigma}$ 为流动方向，$\dot{\gamma}$ 为塑性乘子，决定黏塑性应变增量的大小。

关于黏塑性乘子 $\dot{\gamma}$ 的定义，有很多种不同的方法。如 Perzyna(1966，1971)，Perić(1993)，提出的定义方法，其中 Perzyna(1966)，提出的塑性乘子可以与塑性本构联合起来，故被广泛使用(Zienkiewicz & Cormeau 1974，Katona 1984)：

$$\dot{\gamma} = \frac{\langle \Phi(f) \rangle}{\eta} \qquad\qquad (7\text{-}11)$$

式中，$\Phi(f)$ 为超应力函数，与屈服面的大小有关，通常采用幂函数或指数函数的数学形式(Desai & Zhang 1987，Wang et al. 1997)；η 为黏性参数。$\langle \cdot \rangle$ 为 MacCauley 函数：

$$\langle \Phi(f) \rangle = \begin{cases} \Phi(f) & \text{if } \Phi(f) > 0 \\ 0 & \text{if } \Phi(f) \leqslant 0 \end{cases} \qquad\qquad (7\text{-}12)$$

在弹性状态下，屈服函数 $f(\{\boldsymbol{\sigma}\},\{\boldsymbol{k}\}) \leqslant 0$。当应力状态 σ 位于屈服面之外时，$f(\{\boldsymbol{\sigma}\},\{\boldsymbol{k}\}) > 0$ 且 $\Phi(f) > 0$，即可计算黏塑性速率。在增量步结束时应力状态 σ 也可始终处于屈服面外，这一点与弹塑性模型理论区别很大。

在有限元计算中，最关键的步骤是每个高斯点应力状态的更新。在每级荷载结束之后，可得到高斯点的应变增量。而高斯点应力更新过程中关键的一步则是黏塑性应变增量 $\dot{\boldsymbol{\varepsilon}}^{\text{vp}}$ 的估算。下文列举了几种超应力模型计算方法。

7.3.2 牛顿-拉弗森算法

基于式(7-8)、式(7-10)和硬化方程，可以列出以下方程组：

$$\left\{ \begin{array}{c} \boldsymbol{\varepsilon}^{\text{e}}_{n+1} + \boldsymbol{\varepsilon}^{\text{e trial}}_{n+1} + \Delta\gamma\left(\dfrac{\partial g}{\partial \boldsymbol{\sigma}}\right)_{n+\theta} \\[2mm] \boldsymbol{k}_{n+1} - \boldsymbol{k}^{\text{trial}}_{n+1} - \Delta\gamma H_{n+\theta} \end{array} \right\} = \left\{ \begin{array}{c} 0 \\ 0 \end{array} \right\} \qquad (7\text{-}13)$$

其中：

$$\Delta\gamma = \Delta t\,\dot{\gamma}(\{\boldsymbol{\sigma}_{n+\theta}\},\{\boldsymbol{k}_{n+\theta}\}) \qquad\qquad (7\text{-}14)$$

对于黏塑性应变增量的计算有多种不同的方法，如 Ortiz & Popov(1985)提出的梯形算法和重点算法。梯形法表达式如下：

$$\Delta\boldsymbol{\varepsilon}^{\text{vp}} = \Delta\gamma\left(\frac{\partial g}{\partial \boldsymbol{\sigma}}\right)_{n+\theta} = \Delta\gamma\left[(1-\theta)\frac{\partial g(\{\boldsymbol{\sigma}_n\},\{\boldsymbol{k}_n\})}{\partial \boldsymbol{\sigma}} + \theta\frac{\partial g(\{\boldsymbol{\sigma}_{n+1}\},\{\boldsymbol{k}_{n+1}\})}{\partial \boldsymbol{\sigma}}\right] \quad (7\text{-}15)$$

$$\Delta\boldsymbol{k} = \Delta\gamma H_{n+\theta} = \Delta\gamma\left[(1-\theta)H(\{\boldsymbol{\sigma}_n\},\{\boldsymbol{k}_n\}) + \theta H(\{\boldsymbol{\sigma}_{n+1}\},\{\boldsymbol{k}_{n+1}\})\right] \qquad (7\text{-}16)$$

其中 $0 \leqslant \theta \leqslant 1$，若 $\theta = 0$，则为显式算法，当使用此种算法时，所有的参数均由 t_n 时刻的已知参数显式表示，即前进欧拉法。这其实是一个特例，不再需要进行牛顿迭代，但需要限制步长以保证计算的稳定性。若 $0 < \theta < 1$，则为隐式算法，需要迭代得到黏塑性应变增量。若 $\theta = 1$，则为完全隐式算法，即后退欧拉法。

若用中点法求解黏塑性应变，公式如下：

$$\Delta \boldsymbol{\varepsilon}^{\mathrm{vp}} = \Delta \gamma \frac{\partial g(\{\boldsymbol{\sigma}_{n+\theta}\}, \{\boldsymbol{k}_{n+\theta}\})}{\partial \boldsymbol{\sigma}} \tag{7-17}$$

$$\Delta \boldsymbol{k} = \Delta \gamma H(\{\boldsymbol{\sigma}_{n+\theta}\}, \{\boldsymbol{k}_{n+\theta}\}) \tag{7-18}$$

其中 $g(\boldsymbol{\sigma}_{n+\theta}, \boldsymbol{k}_{n+\theta})$ 与 $H(\{\boldsymbol{\sigma}_{n+\theta}\}, \{\boldsymbol{k}_{n+\theta}\})$ 中的 $\boldsymbol{\sigma}_{n+\theta}$ 和 $\boldsymbol{k}_{n+\theta}$ 分别表示为：

$$\boldsymbol{\sigma}_{n+\theta} = (1-\theta)\boldsymbol{\sigma}_{n+1} + \theta \boldsymbol{\sigma}_n \tag{7-19}$$

$$\boldsymbol{k}_{n+\theta} = (1-\theta)\boldsymbol{k}_n + \theta \boldsymbol{k}_{n+1} \tag{7-20}$$

同理,若 $\theta = 1$,则为完全隐式算法,若 $\theta = 0$ 时为显式算法。隐式回归算法中,每级应变增量中的塑性应变的组成部分包括结束时的应力状态。若完全由结束时的应力状态决定,即 $\theta = 1$,计算一定收敛。

应用经典的牛顿-拉弗森法,便可以解上述方程组。为了同时满足两个方程,进行迭代的未知数可以是屈服函数中的某一变量,如塑性乘子。迭代得到的残余项需根据不同的本构方程来具体推导。

7.3.3　EVP-Desai 算法

Desai 和 Zhang(1987)的算法假设,在一个时间步长内($\Delta t_n = t_{n+1} - t_n$),式(7-10)中的黏塑性应变增量为

$$\Delta \varepsilon_{\mathrm{vp}}^n = \Delta t_n \left[(1-\theta)\dot{\boldsymbol{\varepsilon}}_{\mathrm{vp}}^n + \theta \dot{\boldsymbol{\varepsilon}}_{\mathrm{vp}}^{n+1} \right] \tag{7-21}$$

式中,θ 是范围在 $0 \sim 1$ 之间的积分常数;$\theta = 0$ 代表显式积分(简单的前向积分),$\Delta \varepsilon_{\mathrm{vp}}^n$ 可以根据从时步开始前已知的黏塑性应变速率 $\dot{\boldsymbol{\varepsilon}}_{\mathrm{vp}}^n$ 计算得到,为保证数值计算的稳定性,Δt 应该限制在一定的范围内。然而如果选择 $\theta > 0$,由于 $\Delta \varepsilon_{\mathrm{vp}}^n$ 与未知的时步结束时的 $\dot{\boldsymbol{\varepsilon}}_{\mathrm{vp}}^{n+1}$ 相关,从而此计算方法为隐式算法。当 $\theta \geqslant 0.5$ 时,此算法是无条件稳定的(Hughes & Taylor 1978),因此 Δt 的确定,主要考虑计算结果的精确度而非计算过程的稳定性。

此算法第 n 步的弹黏塑性应变速率通过超应力公式计算,在当前时步开始时,其为已知量。而第 $n+1$ 步的弹黏塑性应变速率用泰勒级数计算,忽略高阶项,从而

$$\dot{\boldsymbol{\varepsilon}}_{\mathrm{vp}}^{n+1} = \dot{\boldsymbol{\varepsilon}}_{\mathrm{vp}}^n + \left(\frac{\partial \dot{\boldsymbol{\varepsilon}}_{\mathrm{vp}}}{\partial \boldsymbol{\sigma}} \right)^n \Delta \sigma^n = \dot{\boldsymbol{\varepsilon}}_{\mathrm{vp}}^n + G^n \Delta \boldsymbol{\sigma}^n \tag{7-22}$$

式中,$\Delta \sigma^n$ 是应力增量矢量,G^n 代表第 n 步的梯度,因此,把式(7-21)代入式(7-22)可得

$$\Delta \varepsilon_{\mathrm{vp}}^n = \frac{\Delta t_n (\dot{\boldsymbol{\varepsilon}}_{\mathrm{vp}}^n + \theta \cdot G^n \cdot D \cdot \Delta \boldsymbol{\varepsilon}^n)}{1 + \theta \cdot \Delta t_n \cdot G^n \cdot D} \tag{7-23}$$

式中,等号右边项为已知量。通过此式可以计算出 6 个方向的黏塑性应变,继而可以计算增量步内黏塑性体应变和黏塑性偏应变

$$\Delta \boldsymbol{\varepsilon}_{\mathrm{v}}^{\mathrm{vp}} = \Delta \boldsymbol{\varepsilon}_{11}^{\mathrm{vp}} + \Delta \boldsymbol{\varepsilon}_{22}^{\mathrm{vp}} + \Delta \boldsymbol{\varepsilon}_{33}^{\mathrm{vp}} \tag{7-24}$$

$$\Delta \boldsymbol{\varepsilon}_{\mathrm{d}}^{\mathrm{vp}} = \sqrt{\frac{2}{3} \left[\left(\frac{2\Delta \varepsilon_{11}^{\mathrm{vp}} - \Delta \varepsilon_{22}^{\mathrm{vp}} - \Delta \varepsilon_{33}^{\mathrm{vp}}}{3} \right)^2 + \left(\frac{2\Delta \varepsilon_{22}^{\mathrm{vp}} - \Delta \varepsilon_{11}^{\mathrm{vp}} - \Delta \varepsilon_{33}^{\mathrm{vp}}}{3} \right)^2 + \left(\frac{2\Delta \varepsilon_{33}^{\mathrm{vp}} - \Delta \varepsilon_{22}^{\mathrm{vp}} - \Delta \varepsilon_{11}^{\mathrm{vp}}}{3} \right)^2 + 2(\Delta \varepsilon_{44}^{\mathrm{vp}})^2 + 2(\Delta \varepsilon_{55}^{\mathrm{vp}})^2 + 2(\Delta \varepsilon_{66}^{\mathrm{vp}})^2 \right]} \tag{7-25}$$

基于此,可以计算出所有硬化参数随黏塑性应变的硬化过程。这个算法其实也是本书第7.2.2节所述的一个特例,不进行牛顿迭代计算,但需要限制步长以保证计算的稳定性和精确性。

7.3.4 EVP-Katona 算法

Katona(1984)算法把式(7-9)的黏塑性应变增量用式(7-21)替换,并结合 $\Delta\sigma=\sigma^{n+1}-\sigma^n$,然后把未知项放在左边,即得到

$$D^{-1}\sigma^{n+1}+\Delta t\theta\dot{\boldsymbol{\varepsilon}}_{vp}^{n+1}+\Delta\varepsilon-\Delta t(1-\theta)\dot{\boldsymbol{\varepsilon}}_{vp}^n+D^{-1}\sigma^n \tag{7-26}$$

更为简洁地用符号的指标形式来表示

$$P(\sigma^{n+1},\dot{\boldsymbol{\varepsilon}}^{n+1})=q^n \tag{7-27}$$

式中,q^n 为式(7-26)右边的已知项,在一个时间步内,其为固定值。函数 P 代表方程的左边项。

当 $\theta>0$ 时,对于变量 σ^{n+1},式(7-26)形成 6 个非线性方程。需要看到方程中的未知项 $\dot{\boldsymbol{\varepsilon}}_{vp}^{n+1}$ 可以用流动法则和相关联的屈服函数所替代。为了求解此方程,使用牛顿-拉普森算法,关于应力状态 σ^i 的有限泰勒级数扩展矢量函数 P。σ^i 是 σ^{n+1} 的的估计值,而 $d\sigma^i$ 为其一阶修正值,即为 $\sigma^{n+1}\approx\sigma^n+d\sigma^i$。从而,修正量 $d\sigma^i$ 是从方程中的线性部分确定的

$$P'd\boldsymbol{\sigma}^i=q^n-P^i \tag{7-28}$$

式中,$P'=\partial P^i/\partial\sigma$ 是第 i 次迭代的雅克比矩阵。

当前时间步第一次迭代($i=1$),P^i,P' 和 σ^i 的值直接计算得到

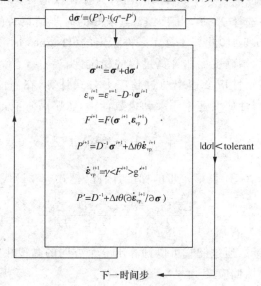

图 7-5 EVP-Katona 算法迭代过程

图 7-5 列出了本算法具体计算迭代过程,此算法假设时间 t_n 时所有的变量是已知量,同时 t_{n+1} 时施加的应变增量也是已知量,此计算过程在于确定 t_{n+1} 时其余的所有变量。然而,对于第一个迭代过程($i=1$),P^i、P' 和 σ^i 通过 t_n 时的已知量计算得到,后续具体的计算过程如图 7-5 中的流程。

究其本质,这个算法其实也是本书第 7.2.2 节所述的一个简化版。

7.3.5　EVP-Stolle 算法

Stolle 等(1999)提出了一个能够描述正常固结土应力-应变-时间特性的本构模型,且给出了一种隐式时间步算法。这个算法的优点是可以允许较大的时间步长,收敛性较好。不过 Stolle 等的论文中采用的是 p 和 q 的表示方法,但可以推广到三维应力应变中来,因此可用 6 个变量表示法来介绍此模型。

在步长 Δt 内积分,第 n 步黏塑性应变增量最初假设为

$$\Delta \boldsymbol{\varepsilon}_{ij\,0}^{\mathrm{vp}} = \ln\left(1 + \Delta t \mu \langle \Phi(F) \rangle \frac{\partial f_{\mathrm{d}}}{\partial \boldsymbol{\sigma}_{ij}}\right) \tag{7-29}$$

Stolle 等(1999)采用此种表达式是借鉴于当 x 无限小时,

$$\lim_{x \to 0}[\ln(1+x)] \to x \tag{7-30}$$

根据式(7-29)所假设的当前黏塑性应变增量,应力增量为

$$\Delta \boldsymbol{\sigma}_{ij} = D(\Delta \boldsymbol{\varepsilon}_{ij} - \Delta \boldsymbol{\varepsilon}_{ij\,0}^{\mathrm{vp}}) \tag{7-31}$$

那么第 n 步的应力为

$$\boldsymbol{\sigma}_{ij}^{n} = \boldsymbol{\sigma}_{ij}^{n+1} + D(\Delta \boldsymbol{\varepsilon}_{ij} - \Delta \boldsymbol{\varepsilon}_{ij\,0}^{\mathrm{vp}}) \tag{7-32}$$

根据新的应力值,计算更新过的黏塑性应变增量

$$\Delta \boldsymbol{\varepsilon}_{ij}^{\mathrm{vp}} = \ln\left(1 + \Delta t \mu \langle \Phi(F) \rangle \frac{\partial f_{\mathrm{d}}}{\partial \boldsymbol{\sigma}_{ij}'}\right) \tag{7-33}$$

用 $\delta \Delta \boldsymbol{\varepsilon}_{ij\,0}^{\mathrm{vp}}$ 更新 $\Delta \boldsymbol{\varepsilon}_{ij\,0}^{\mathrm{vp}}$

$$\Delta \boldsymbol{\varepsilon}_{ij}^{\mathrm{vp}} - \Delta \boldsymbol{\varepsilon}_{ij\,0}^{\mathrm{vp}} = \frac{\partial \Delta \boldsymbol{\varepsilon}_{ij}^{\mathrm{vp}}}{\partial \boldsymbol{\sigma}_{ij}} \cdot \frac{\partial \boldsymbol{\sigma}}{\partial \Delta \boldsymbol{\varepsilon}_{ij\,0}^{\mathrm{vp}}} \delta \Delta \boldsymbol{\varepsilon}_{ij\,0}^{\mathrm{vp}} - \frac{\partial \Delta \boldsymbol{\varepsilon}_{ij\,0}^{\mathrm{vp}}}{\partial \Delta \boldsymbol{\varepsilon}_{ij\,0}^{\mathrm{vp}}} \delta \Delta \boldsymbol{\varepsilon}_{ij\,0}^{\mathrm{vp}} \tag{7-34}$$

$$\Rightarrow \delta \Delta \boldsymbol{\varepsilon}_{ij\,0}^{\mathrm{vp}} = \frac{\Delta \boldsymbol{\varepsilon}_{ij}^{\mathrm{vp}} - \Delta \boldsymbol{\varepsilon}_{ij\,0}^{\mathrm{vp}}}{1 - \frac{\partial \Delta \boldsymbol{\varepsilon}_{ij}^{\mathrm{vp}}}{\partial \boldsymbol{\sigma}_{ij}} \cdot \frac{\partial \boldsymbol{\sigma}}{\partial \Delta \boldsymbol{\varepsilon}_{ij\,0}^{\mathrm{vp}}}} = \frac{\Delta \boldsymbol{\varepsilon}_{ij}^{\mathrm{vp}} - \Delta \boldsymbol{\varepsilon}_{ij\,0}^{\mathrm{vp}}}{1 - \frac{\partial_{ij}^{\mathrm{vp}}}{\partial \boldsymbol{\sigma}_{ij}} \cdot (-D)} \tag{7-35}$$

$$\Delta \boldsymbol{\varepsilon}_{ij\,i+1}^{\mathrm{vp}} = \Delta \boldsymbol{\varepsilon}_{ij\,i}^{\mathrm{vp}} + \delta_{ij\,i}^{\mathrm{vp}} \tag{7-36}$$

因此,步长 Δt 被分成 $(i+1)$ 步来做,式中 i 从零开始累加,用下式判断应力是否已经收敛

$$\Delta \boldsymbol{\varepsilon}_{ij}^{\mathrm{vp}} \approx \Delta \boldsymbol{\varepsilon}_{ij\,0}^{\mathrm{vp}} \tag{7-37}$$

式中的应变增量有 6 个分量,在程序中式上式具体的实施方法为

$$\left| \sqrt{\Delta \boldsymbol{\varepsilon}_{ij}^{\mathrm{vp}} : \Delta \boldsymbol{\varepsilon}_{ij}^{\mathrm{vp}}} - \sqrt{\Delta \boldsymbol{\varepsilon}_{ij\,0}^{\mathrm{vp}} : \Delta \boldsymbol{\varepsilon}_{ij\,0}^{\mathrm{vp}}} \right| < 1.0 \times 10^{-4} \tag{7-38}$$

如果在一个循环里,式(7-38)不成立,则计算重新回到式(7-31)—式(7-36),分步步数增加,直至满足收敛标准。从而得到了第 n 时步的 6 个黏塑性分量,继而可以计算黏塑性体积应变和偏应变。

需要说明的是,式(7-29)的作用在于计算一个时步内黏塑性应变的初始值,循环步骤为式

(7-31)—式(7-36),判断收敛的标准为式(7-38)。

7.3.6 EVP-cuting plane 算法

同一般弹塑性本构模型的切面(Cuttingplane)算法(Ortiz & Simo1986)一致,弹黏塑性本构模型的 Cuttingplane 算法的起始步为弹性预测(Simo1991)。其次,进行黏塑性修正迭代。在迭代过程中,应力和黏塑性变量增量随时间 t 的变化率可表示为:

$$\frac{\partial \sigma_{ij}}{\partial t} = -\mu f D_{ijkl} R_{kl} \tag{7-39}$$

$$\frac{\partial \xi_i}{\partial t} = \mu f h_i \tag{7-40}$$

其中,$f = \Phi(F)$,$R_{kl} = \partial F_d / \partial \sigma_{kl}$。

对函数 f 应用链式求导准则,有:

$$\frac{\partial f}{\partial t} = \frac{\partial f}{\partial \sigma_{ij}} \frac{\partial \sigma_{ij}}{\partial t} + \frac{\partial f}{\partial \xi_i} \frac{\partial \xi_i}{\partial t} \tag{7-41}$$

结合式(7-39)、式(7-40)和式(7-41),整理有:

$$\frac{\partial f}{\partial t} = -\mu f \left(\frac{\partial f}{\partial \sigma_{ij}} D_{ijkl} R_{kl} - K_p \right) \tag{7-42}$$

其中,$K_p = h_i \partial f / \partial \xi_i$。

定义瞬时时间 $\bar{t} = \mu^{-1} (\partial f_d / \partial \sigma_{ij} D_{ijkl} R_{kl} - K_p)^{-1}$,则式(7-42)可整理为:

$$\frac{\partial f}{\partial t} = -\frac{f}{\bar{t}} \tag{7-43}$$

求解该微分等式,有

$$f^{i+1} = f^i \exp(-\Delta t / \bar{t}) \tag{7-44}$$

其中,$\Delta t = t^{i+1} - t^i$ 为第 i 次迭代过程对应的时间变量。并且式(7-44)可整理为:

$$\Delta t = \bar{t} \ln \left(\frac{f^i}{f^{i+1}} \right) \tag{7-45}$$

对函数 f 进行泰勒级数展开,有:

$$f^{i+1} = f^i + \frac{\partial f}{\partial t} (t^{i+1} - t^i) \tag{7-46}$$

将式(7-43)代入上式,并且利用 $f^{i+1} = 0$,则整理有:

$$0 = f^i - \frac{f^i}{\bar{t}^i} \Delta t \tag{7-47}$$

因此,有 $\Delta t = \bar{t}^i$。则黏塑性算子增量可表示为:

$$\Delta \lambda = \dot{\lambda} \Delta t = \mu f \bar{t} = \frac{f}{\frac{\partial f}{\partial \sigma_{ij}} D_{ijkl} R_{kl} - K_p} \tag{7-48}$$

利用黏塑性算子,应力和硬化参数可更新为:

$$\sigma_{ij}^{i+1} = \sigma_{ij}^i - \Delta\lambda D_{ij\mathrm{kl}} R_{\mathrm{kl}} \tag{7-49}$$

$$\xi_i^{i+1} = \xi_i^i - \Delta\lambda h_i \tag{7-50}$$

第 i 次迭代过程对应的时间增量 Δt 可利用等式(7-45)进行计算,并判断 $\sum \Delta t$ 与输入量 $\mathrm{d}t$ 的关系。其中,当 $(1-TTOL)\mathrm{d}t < \sum \Delta t \leqslant \mathrm{d}t$ 时(其中,$TTOL$ 为容许误差),计算结果收敛;当 $\sum \Delta t \leqslant (1-TTOL)\mathrm{d}t$ 时,利用更新后的应力与硬化参数进行下一次迭代计算;当 $\sum \Delta t > \mathrm{d}t$ 时,返回该次迭代计算的起始处,利用减小一定倍数的弹黏塑性算子重新计算应力增量和硬化参数增量。具体的 EVP-Cuttingplane 算法的迭代过程如图 7-6 所示。

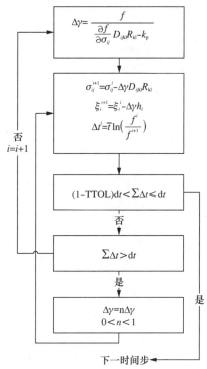

图 7-6 EVP-Cuttingplane 算法的迭代过程

7.3.7 步长及回归方式的选择原则

对于非线性很强的土体,初始步长的选择及计算过程中步长的控制也显得格外重要。选择数值算法时,要尽量选择即使在步长较大情况下仍能收敛的算法,以保证在变形较大的情况下能保持一定精度。

目前为止已有大量学者将不同的算法引入工程算例中。在隐式算法中,对黏塑性应变增量 $\dot{\boldsymbol{\varepsilon}}^{\mathrm{vp}}$ 的估算,采用不同的值。Katona & Mulert(1984)对不同的 θ 对精度造成的影响进行了研究,认为当 $\theta=0.5$ 时,计算得到解精度最高。Ortiz & Popov(1985),Fuschi et al.(1992)对中点法及梯形法的精度及稳定性进行了研究,指出有基于广义中点法及广义梯形法的迭代法都具有一阶精度。当 $\theta=0.5$ 时则具有二阶精度。广义梯形法的收敛区间取决于屈服函数的形状,当屈服函数曲率较大时,只有当 θ 接近 1 时迭代收敛,当屈服函函数存在奇点时,只有完全隐式算法收敛。Ortiz & Popov(1985)指出对于关联流动法则,切面法(Cutting plane)是无条件收敛的。Simo & Govindjee(1991)也指出,广义中点法不受屈服函数形状限制,在 $\theta \geqslant 0.5$ 的情况下,无条件收敛。

　　弹黏塑性材料的有限元计算中,需要将应变增量或是应力增量分解。在选择一定分解步的同时也要注意根据不同的流变模型选取不同的数值计算方法。在较为复杂的本构模型中,推荐使用收敛性较好的迭代算法。

第 8 章 基于速率效应的流变本构模型开发

本章提要：天然软黏土由于土结构的存在表现出比较复杂的力学特性：应力应变关系的时效特征；固有各向异性和诱发各向异性；土颗粒间的胶结和大孔隙结构在变形过程中的破坏。基于上述某些实验现象，学者们提出了很多一维和三维的弹黏塑性本构模型。本章针对现有模型对软黏土力学特征的描述考虑不足，以及如何进行流变本构模型开发的困境，在弹黏塑性力学理论的框架下，由浅入深地建立了一系列的天然软黏土的本构模型：①在非结构性土的一维压缩实验基础上建立一维弹黏塑性本构模型；②在非结构性土的三轴实验基础上扩展一维模型到三维弹黏塑性本构模型；③在结构性土的一维压缩实验基础上扩展一维非结构性土模型到一维结构性土模型；④结合前面的模型和结构性土的三轴实验现象提出三维结构性软黏土的弹黏塑性本构模型。所有模型均得以验证。并且指出三维结构性土模型参数标定所需要的实验成本与修正剑桥模型相同，且所有参数的确定都非常直接。

8.1 一维非结构性软黏土模型

8.1.1 模型描述

按照经典的弹塑性理论，总应变速率可以由两部分组成：弹性应变速率和非弹性应变速率（此处为黏塑性应变速率）：

$$\dot{\varepsilon}_v = \dot{\varepsilon}_v^e + \dot{\varepsilon}_v^{vp} \tag{8-1}$$

其中，弹性应变速率可以表达为

$$\dot{\varepsilon}_v^e = \frac{\kappa}{1+e_0}\frac{\dot{\sigma}_v'}{\sigma_v'} \tag{8-2}$$

式中，κ 为膨胀指数，可从 $e\text{-}\ln(\sigma_v')$ 曲线量取；e_0 为初始孔隙比；σ_v' 为当前有效应力。

基于大量软黏土的一维压缩实验观测结果，图 8-1 展示了应变速率（$\dot{\varepsilon}=d\varepsilon_v/dt$）对初始先期固结压力测量值的影响（Leroueil et al. 1985，1988；Nash et al. 1992）。我们可以总结出应变速率和初始先期固结压力在双对数坐标上成直线关系。

如果选择一定应变速率的实验为参考实验，则对于任意给定的应变速率，有如下表达式：

$$\frac{\dot{\varepsilon}_v}{\dot{\varepsilon}_v^r} = \left(\frac{\sigma_{p0}'}{\sigma_{p0}'^r}\right)^\beta \tag{8-3}$$

式中，先期固结压力 σ_{p0}' 对应于任意的应变速率 $\dot{\varepsilon}_v$；参考先期固结压力 $\sigma_{p0}'^r$ 对应于参考应变速率 $\dot{\varepsilon}_v^r$；β 为材料参数，同斜率相关（图 8-2）。

如经典弹塑性所定义，弹性和非弹性应变速率同应力速度的关系可从一维等速压缩实验结果 $\varepsilon_v-\ln(\sigma_v')$ 曲线中得到

$$\dot{\varepsilon}_v^e = \frac{\kappa}{1+e_0}\frac{\dot{\sigma}_v'}{\sigma_v'}, \quad \dot{\varepsilon}_v^{vp} = \frac{\lambda-\kappa}{1+e_0}\frac{\dot{\sigma}_v'}{\sigma_v'} \tag{8-4}$$

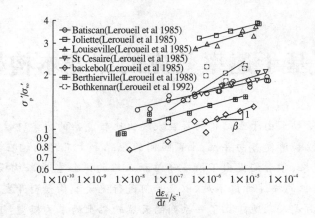

图 8-1 先期固结压力同应变速率的关系

基于式(8-4)和式(8-1),总应变速率可用黏塑性应变速率来表达:

$$\dot{\varepsilon}_{v} = \frac{\lambda}{\lambda - \kappa} \dot{\varepsilon}_{v}^{vp} \tag{8-5}$$

把式(8-5)代入式(8-3),黏塑性应变速率的表达式可写成

$$\dot{\varepsilon}_{v}^{vp} = \dot{\varepsilon}_{v}^{r} \frac{\lambda - \kappa}{\lambda} \left(\frac{\sigma'_{p0}}{\sigma'^{r}_{p0}} \right)^{\beta} \tag{8-6}$$

如图 8-2 所示,如果当前应力 σ'_v 沿着 $\dot{\varepsilon}_v$ 等速压缩线加载,则随着黏塑性应变量的积累,当前应力 σ'_v 的值将从 σ'_{p0} 发展到新的值:

$$\sigma'_{v} = \sigma'_{p0} \exp \left(\frac{1 + e_0}{\lambda - \kappa} \varepsilon_{v}^{vp} \right) \tag{8-7}$$

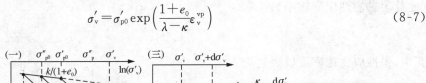

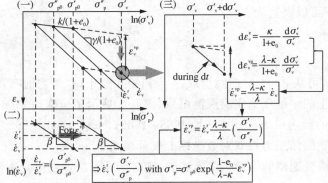

图 8-2 等速一维压缩示意图

同样的,对于相同的黏塑性应变的积累量 ε_v^{vp},参考先期固结压力将沿着 $\dot{\varepsilon}_v^r$ 参考一维压缩线从初始值 σ'^{r}_{p0} 发展到 σ'^{r}_{p}(图 8-2):

$$\sigma'^{r}_{p} = \sigma'^{r}_{p0} \exp \left(\frac{1 + e_0}{\lambda - \kappa} \varepsilon_{v}^{vp} \right) \tag{8-8}$$

将式(8-7)和式(8-8)代入至式(8-6)中,则当前黏塑性应变速率可用当前应力来表达:

$$\dot{\varepsilon}_v^{vp} = \dot{\varepsilon}_v^r \frac{\lambda - \kappa}{\lambda} \left(\frac{\sigma_v'}{\sigma_p'^r} \right)^\beta \tag{8-9}$$

因此,式(8-1)、式(8-2)、式(8-8)和式(8-9)组成了新的一维弹黏塑性模型。此一维模型在本构方程上不同于殷建华等(2002)、Vermeer & Neher、Kim & Leroueil 等提出的模型,具有一定的原创性。

8.1.2　模型参数

由上所述,模型有以下参数:$\kappa, \lambda, e_0, \beta, \dot{\varepsilon}_v^r, \sigma_{p0}'^r$。所有参数均可以从等速一维压缩实验中直接量取。同时,注意到基于一维固结实验的 Vermeer 模型(1999):

$$\dot{\varepsilon}_v^{vp} = \frac{C_{\alpha e}}{(1+e_0)\tau} \left(\frac{\sigma_v'}{\sigma_p'} \right)^{\frac{\lambda-\kappa}{C_{\alpha e}}} \tag{8-10}$$

比较式(8-9)和式(8-10),可以得到参考速率和斜率同次固结系数的关系:

$$\dot{\varepsilon}_v^r = \frac{\lambda}{(\lambda-\kappa)} \frac{C_{\alpha e}}{(1+e_0)\tau}, \quad \beta = \frac{\lambda-\kappa}{C_{\alpha e}} \tag{8-11}$$

因此,如果选取标准一维固结实验($\tau = 24h$)为参考实验,则所有参数也可以很容易地被确定。

8.1.3　模型的固结耦合

为了分析一维固结实验,模型同一维固结理论耦合。用于描述固结过程的基于达西定律的质量连续方程可表达如下:

$$\frac{\partial \varepsilon_v}{\partial t} = \frac{1+e_0}{\gamma_v} \frac{\partial}{\partial z} \left(\frac{k}{1+e} \frac{\partial u}{\partial z} \right) \tag{8-12}$$

式中,z 为水位深度;u 为超孔隙水压力;k 为渗透系数;γ_w 为水的重度。实验结果表明渗透系数 k 可以随空隙比的变化而变化,如 Berry & Poskit(1972)所提出的关系式:

$$k = k_0 10^{(e-e_0)/c_k} \tag{8-13}$$

其中,初始渗透系数值 k_0 和参数 c_k 均可通过一维固结实验量取。有关模型与固结耦合分析的数值解法可参考 Kim & Leroueil(2001),在这里不作累述。

8.1.4　模型验证

为了验证所提出的一维模型,给定一组参数(图8-3),用模型来模拟不同加载速度的等速一维压缩实验。图8-3(a)的计算结果符合一维模型的本构原理和非结构性土的一维等速压缩本构行为。图8-3(b)显示初始先期固结压力同应变速率的关系同模型原理和输入参数一致。

接着,用同一组参数来模拟标准一维固结实验。图8-3(c)和(d)为计算结果,从中可以量取次固结系数 $C_{\alpha e} = 0.017$,同式(8-11)一致。用量取的先期固结压力 $\sigma_{p0.24}' = 26.5kPa$,应用式(8-3)算得参考速率 $\dot{\varepsilon}_v = 7.4 \times 10^{-8} s^{-1}$ 也同公式(8-11)一致。

因此,基于等速一维压缩实验的模型也能模拟一维固结实验,并可以用一维固结实验来确定模型参数。

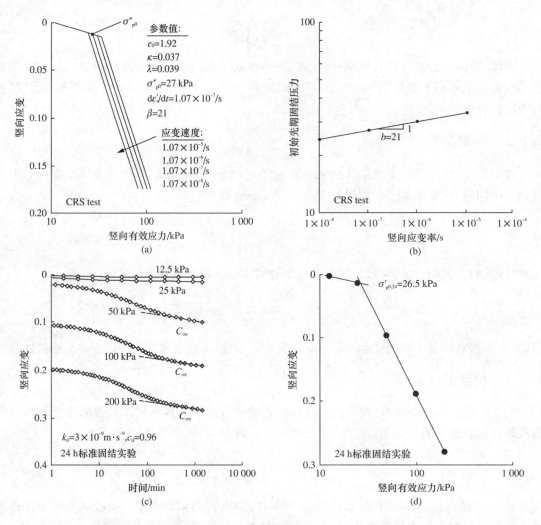

图 8-3 用模型模拟的非结构性软黏土的一维压缩特性

8.2 三维非结构性软黏土模型

在一维非结构性软黏土模型的基础上,提出三维模型。这部分内容参照尹振宇等(2012)。

8.2.1 模型描述

按照 Perzyna 超应力理论(1966),总应变速率由两部分组成:弹性应变速率和黏塑性应变速率。式(8-1)可扩展为三维张量形式:

$$\dot{\varepsilon}_{ij} = \dot{\varepsilon}_{ij}^{e} + \dot{\varepsilon}_{ij}^{vp} \tag{8-14}$$

弹性应变速率的计算类似于修正剑桥模型,表达如下:

$$\dot{\varepsilon}_{ij}^{e} = \frac{1}{2G}\dot{s}_{ij} + \frac{\kappa}{3(1+e_0)p'}\dot{p}'\delta_{ij} \tag{8-15}$$

黏塑性应变速率则符合以下流动准则:

$$\dot{\varepsilon}_{ij}^{\mathrm{vp}} = \mu \langle \Phi(F) \rangle \frac{\partial f_{\mathrm{d}}}{\partial \sigma_{ij}'} \tag{8-16}$$

式中，μ 为黏性参数；$\langle \rangle$ 为 MacCauley 函数；f_{d} 为对应于当前应力的动应力面方程；$\Phi(F)$ 为计算超应力大小的标度函数，一般用动应力面和静屈服面的位置关系来确定。

基于一维压缩实验中得到的先期固结压力和加载速度在双对数坐标上的直线关系，由式 (8-9) 扩展新的标度函数，以计算超应力的大小：

$$\langle \Phi(F) \rangle = \left(\frac{p_{\mathrm{m}}^{\mathrm{d}}}{p_{\mathrm{m}}^{\mathrm{r}}} \right)^{\beta} \tag{8-17}$$

式中，$p_{\mathrm{m}}^{\mathrm{d}}$ 和 $p_{\mathrm{m}}^{\mathrm{r}}$ 分别为动应力面和参考面的大小。在这个公式里，不管 $p_{\mathrm{m}}^{\mathrm{d}}/p_{\mathrm{m}}^{\mathrm{r}}$ 的大小，黏塑性应变总是存在。因此，模型不存在纯弹性区域。

为引入各向异性特征，采用了 Wheeler 等（2003）的研究成果。动应力面方程可写为一个带旋转角的椭圆公式：

$$f_{\mathrm{d}} = \frac{\frac{3}{2}(s_{ij} - p'\alpha_{ij}) : (s_{ij} - p'\alpha_{ij})}{\left(M^2 - \frac{3}{2}\alpha_{ij} : \alpha_{ij} \right) p'} + p' - p_{\mathrm{m}}^{\mathrm{d}} = 0 \tag{8-18}$$

式中，s_{ij} 为偏应力张量；α_{ij} 为描述旋转角的各向异性结构张量；M 为土的 p'-q 坐标上临界状态线的斜率；p' 为平均有效应力；$p_{\mathrm{m}}^{\mathrm{d}}$ 可由当前应力状态用式 (8-18) 计算得到（图 8-4）。

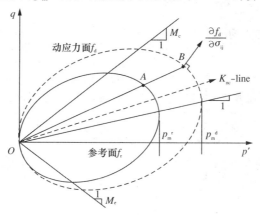

图 8-4　三维模型在 p'-q 平面上的定义

为了描述土体在不同 Lode 角 θ 方向上有不同的强度，采用 Sheng 等（2000）的公式来修正 M 值：

$$M = M_{\mathrm{c}} \left[\frac{2c^4}{1 + c^4 + (1 - c^4)\sin 3\theta} \right]^{\frac{1}{4}} \tag{8-19}$$

其中

$$-\frac{\pi}{6} \leqslant \theta = \frac{1}{3}\sin^{-1}\left(\frac{-3\sqrt{3}\,\overline{J}_3}{2\overline{J}_2^{3/2}} \right) \leqslant \frac{\pi}{6} \tag{8-20}$$

且 $c = M_{\mathrm{e}}/M_{\mathrm{c}}$；$\overline{J}_2 = \overline{s}_{ij} : \overline{s}_{ij}/2$；$\overline{J}_3 = \overline{s}_{ij}\overline{s}_{jk}\overline{s}_{kl}/3$；$\overline{s}_{ij} = \sigma_{\mathrm{d}} - p'\alpha_{\mathrm{d}}$。

参考面同动应力面有着相同形式的方程但大小不同(用 p'_m 来描述)。参考面的硬化准则可采用修正剑桥模型(Roscoe,1968)(由式(8-8)拓展而得)

$$\mathrm{d}p'_m = p'_m\left(\frac{1+e_0}{\lambda-\kappa}\right)\mathrm{d}\varepsilon_v^{vp} \tag{8-21}$$

同时,模型采用 Wheeler 等(2003)的旋转硬化法则来描述诱发各向异性:

$$\mathrm{d}\alpha_{ij} = \omega\left[\left(\frac{3s_{ij}}{4p'} - \alpha_{ij}\right)\langle\mathrm{d}\varepsilon_v^{vp}\rangle + \omega_d\left(\frac{s_{ij}}{3p'} - \alpha_{ij}\right)\mathrm{d}e_d^{vp}\right] \tag{8-22}$$

式中,参数 ω 可以控制椭圆面的旋转速率;ω_d 控制黏塑性偏应变 ε_d^{vp} 相对于黏塑性体应变 ε_v^{vp} 对椭圆面旋转的相对效应。

此三维模型已导入到大型岩土工程有限元程序 PLAXIS 中。模型的数值解采用 Katona(1984)的方法。模型同比奥固结理论耦合,可用来分析固结耦合问题。详细资料可查阅尹振宇等(2010,2011)。本书的第 10 章中也有详细介绍。

8.2.2 模型参数

由上所述,模型有以下参数为:$\kappa,\lambda,e_0,\beta,\mu,p_{m0}^r,\nu,M_c,\alpha_0,\omega,\omega_d$。

由于一维压缩实验为三轴压缩实验的一个特例,由式(8-16)推导一维压缩路径下的公式,再结合式(8-9),可以得到黏性参数

$$\mu = \frac{\dot{\varepsilon}_v(\lambda-\kappa)}{\lambda}\frac{(M_c^2-\alpha_{K_0}^2)}{(M_c^2-\eta_{K_0}^2)}, \quad \beta=\beta \tag{8-23}$$

如果选取标准一维固结实验为参考实验,结合式(8-11),式(8-23)可写成

$$\mu = \frac{C_{\alpha e}(M_c^2-\alpha_{K_0}^2)}{\tau(1+e_0)(M_c^2-\eta_{K_0}^2)}, \quad \beta=\frac{\lambda-\kappa}{C_{\alpha e}} \tag{8-24}$$

参数 p'_{m0} 可由公式(8-18)用参考一维压缩实验中得到的 σ'_{p0} 算得(假定 $K_0=1-\sin\phi_c$)

$$p'_{m0} = \left\{\frac{[3-3K_0-\alpha_{K_0}(1+2K_0)]^2}{3(M_c^2-\alpha_{K_0}^2)(1+2K_0)} + \frac{(1+2K_0)}{3}\right\}\sigma'_{p0} \tag{8-25}$$

各向异性参数的确定参照 Wheeler 等(2003)和 Leoni 等(2009)的研究成果,如下:

$$\alpha_0 = \eta_{K_0} - \frac{M_c^2-\eta_{K_0}^2}{3} \tag{8-26}$$

$$\omega_d = \frac{3(4M_c^2-4\eta_{K_0}^2-3\eta_{K_0})}{8(\eta_{K_0}^2+2\eta_{K_0}-M_c^2)} \tag{8-27}$$

$$\omega = \frac{1+e_0}{(\lambda-\kappa)}\ln\frac{10M_c^2-2\alpha_{K_0}\omega_d}{M_c^2-2\alpha_{K_0}\omega_d} \tag{8-28}$$

其中,由假定 $K_0=1-\sin\phi_c$ 可得 $K_0=(6-2M_c)/(6+M_c)$ 和 $\eta_{K_0}=3M_c/(6-M_c)$。

由于标准一维固结实验在工业界被广泛使用,建议此模型用这类实验来确定参数,模型的输入参数便简化为:$\kappa,\lambda,e_0,\sigma'_{p0},\nu,M_c,C_{\alpha e}$,比剑桥模型仅多了一个参数 $C_{\alpha e}$。

8.2.3 模型验证

首先采用法国 St-Herblain 软黏土的一维和三轴实验来验证模型。模型参数的确定非常

简单:参数"$\kappa,\lambda,e_0,\sigma'_{p0},C_{ae}$"从一个标准一维固结实验中量取,泊松比 ν 设为 0.25,摩擦角相关的 M_c 从三轴不排水实验中量取。

选择不同应力路径下的实验(一维压缩实验和三轴不排水流变实验)来验证模型。实验的具体操作参阅尹振宇等(2010)。实验的模拟完全按照实验过程进行。图 8-5 和图 8-6 分别显示了一维压缩实验和三轴不排水流变实验的实验结果和模拟结果的比较。为了说明各向异性的重要性,同时,模型考虑各向同性($\alpha_0=0$)来模拟实验并与实验结果比较。结果表明模型考虑各向异性能更准确地描述非结构性软黏土的力学特征。

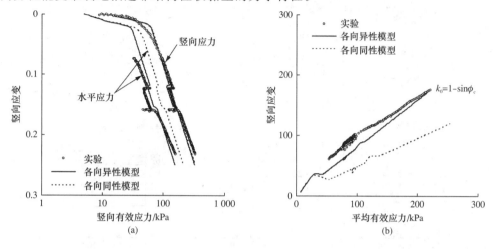

图 8-5　St-Herblain 软黏土的等速一维压缩实验及模拟

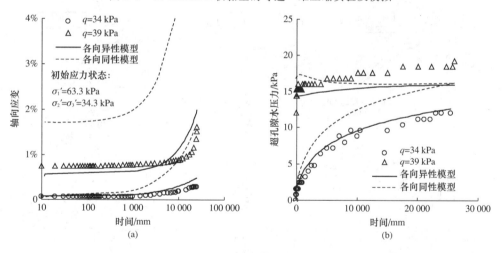

图 8-6　St-Herblain 软黏土的三轴不排水流变实验及模拟

8.3　一维结构性软黏土模型

8.3.1　试验现象

图 8-7 画出了我国 12 种天然黏土的原状和重塑土样压缩曲线(朱启银等,2012)。所有黏土的压缩曲线有一个共性:原状土压缩曲线位于重塑土之上,具有明显的屈服应力拐点;当应力低于屈服应力时,原状土压缩变形与土结构性无关,土的压缩性很小;当应力大于屈服应力

时,孔隙比急剧减小,压缩性显著增大,且大于重塑土的压缩性;当应力继续增大,原状土压缩曲线将趋近于重塑土,这时可以认为结构破坏近乎殆尽。

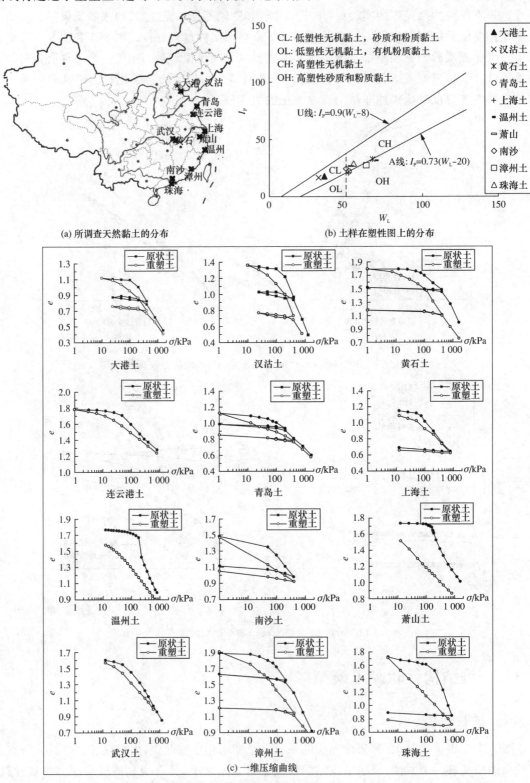

(a) 所调查天然黏土的分布　　　　　　(b) 土样在塑性图上的分布

(c) 一维压缩曲线

图 8-7　我国 12 种天然黏土调查

8.3.2　模型描述

试验现象表明,加载过程中产生的结构破坏显著影响着屈服应力之后的压缩曲线(Leroueil et al. 1985,1988;Nash et al. 1992)。为了更清楚地说明,图 8-7 画出了这一特征的示意图。在图 8-7 中,假定重塑和原状土样的等速一维压缩实验为参考实验。对于给定的黏塑性应变量 ε_c^{vp},结构破坏导致参考先期固结压力 σ'^r_p 到达 A 点,而不是 B 点(假定没有结构破坏)。对于相同的 ε_v^{vp},在重塑土的参考一维压缩线上可以找到一个点来定义固有先期固结压力 σ'^r_{pi}。与式(8-8)同理,固有先期固结压力的变化可表达为

$$\sigma'^r_{pi}=\sigma'^r_{pi0}\exp\left(\frac{1+e_0}{\lambda_i-\kappa}\varepsilon_v^{vp}\right) \tag{8-29}$$

其中,固有压缩指数 λ_i 为在 $e\text{-}\ln(\sigma'_v)$ 坐标上的重塑土的压缩指数(图 8-7)。

如图 8-7 所示,定义结构比变量 $\chi=\sigma'^r_p/\sigma'^r_{pi}-1$。由此,参考先期固结压力也可写成

$$\sigma'^r_p=(1+\chi)\sigma'^r_{pi} \tag{8-30}$$

由实验测量结果可知,初始结构比 $\chi_0=\sigma'^r_{p0}/\sigma'^r_{pi0}$ 可以从初始先期固结压力值算得。当加载时,由于结构的渐进破坏,结构比 χ 减小。当结构破坏殆尽,χ 趋近于零。结构比随黏塑性应变的变化关系可由指数表达式来描述:

$$\chi=\chi_0\,e^{-\xi\varepsilon_v^{vp}} \tag{8-31}$$

式中,ξ 为控制结构破坏速率的材料参数。

将式(8-29)和式(8-31)代入至式(8-30)中,σ'^r_p 也可表达为

$$\sigma'^r_p=(1+\chi_0\,e^{-\xi\varepsilon_v^{vp}})\sigma'^r_{pi0}\exp\left(\frac{1+e_0}{\lambda_i-\kappa}\varepsilon_v^{vp}\right) \tag{8-32}$$

联合式(8-32)和式(8-2),便可得到给定应变速率的一维压缩线的解析解。

至此,以式(8-32)取代式(8-8),非结构性软黏土的一维弹黏塑性模型便可适用于结构性软黏土(由式(8-1)、式(8-2)、式(8-32)和式(8-9)构成)。

8.3.3　模型参数

由上所述,此模型比一维非结构性土模型增加了两个参数:χ_0,ξ。其中参数 χ_0 可从参考一维压缩实验中直接量取(图 8-8),参数 ξ 可通过在原状土样的参考一维压缩曲线上取点(σ'^r_p,ε_v^{vp}),由式(8-32)变换而来的式(8-33)求得

$$\xi=-\ln\left\{\frac{1}{\chi_0}\left[\exp\left(-\frac{1+e_0}{\lambda_i-\kappa}\varepsilon_v^{vp}\right)\frac{\sigma'^r_p}{\sigma'^r_{pi0}}-1\right]\right\}\frac{1}{\varepsilon_v^{vp}} \tag{8-33}$$

由此可见,新模型虽然增加了两个参数,但可以很直接很容易地确定。如前所述,参考一维压缩

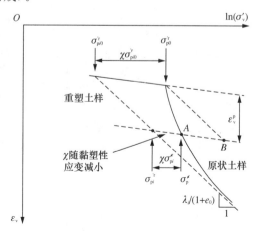

图 8-8　结构性软黏土在给定参考
速率下的一维压缩示意图

实验也可以选择标准一维固结实验。

如果原状土的一维压缩曲线达到很高的应力水平,且其压缩指数趋于稳定,则初始结构比、固有压缩指数和次固结系数均可以从原状土实验的高应力段量取(λ_i 线往回延伸,以量取初始结构比)。在这种情况下并不需要重塑土的实验。

8.3.4 模型验证

为了验证一维模型新增加的结构破坏特征,在图 8-3 参数的基础上,给定 χ_0 和 ξ 的值,用模型来模拟等速一维压缩实验。图 8-9 的计算结果符合结构性土的一维模型本构原理和一维等速压缩特征。

为了进一步验证模型,选择模拟加拿大结构性软黏土 Berthierville clay 的等速一维压缩和流变实验。模型参数的确定是基于标准一维固结实验(图 8-10)。如图 8-11 所示,模拟结果与实验结果的比较表明模型能很好地描述结构性软黏土在一维条件下的时效与结构破坏耦合特性。

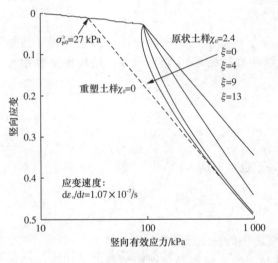

图 8-9 模拟的结构性软黏土的一维压缩特征

图 8-10 结构性软黏土 Berthierville clay 的标准一维固结实验

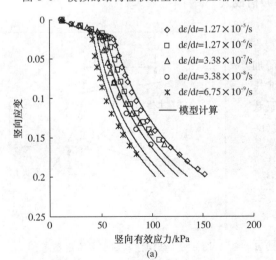

(a)

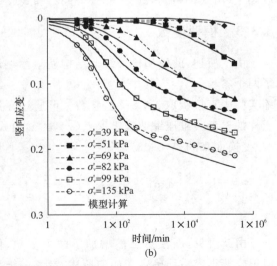

(b)

图 8-11 结构性软黏土 Berthierville clay 的等速一维压缩和流变实验及模拟

8.4　三维结构性软黏土模型

这一部分讲述在一维结构性软黏土模型和三维非结构性软黏土模型的基础上，提出三维结构性软黏土的本构模型（图 8-12）。

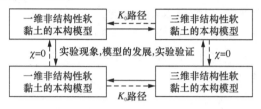

图 8-12　天然软黏土弹黏塑性模型发展示意图

8.4.1　模型描述

此新模型的描述是在本书第 8.2 节中三维非结构性软黏土模型的基础上进行。由图 8-7 可知，土颗粒黏合结构的大小可以用一个标量 χ 来描述。拓展一维方程式（8-30）到三维方程，则此标量可以把相对于原状土的参考屈服面的大小 p_m^r 和相对于重塑土的固有屈服面的大小 p_{mi}（图 8-13）结合起来：

$$p_m^r = (1+\chi) p_{mi} \tag{8-34}$$

由于固有屈服面的定义对应于重塑土，可以采用修正剑桥模型的硬化准则来描述固有屈服面的扩展或缩小（由式（8-29）拓展）：

$$\mathrm{d}p_{mi} = p_{mi} \left(\frac{1+e_0}{\lambda_i - \kappa} \right) \mathrm{d}\varepsilon_v^{vp} \tag{8-35}$$

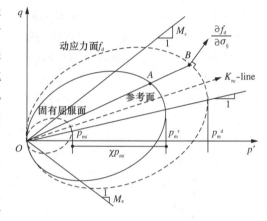

图 8-13　三维结构性软黏土模型
在 p'-q 平面上的定义

随着结构破坏，结构比 χ 的大小会变小，并趋近于零。考虑黏塑性剪应变对结构破坏的影响，拓展一维方程式（8-31）到三维方程：

$$\mathrm{d}\chi = -\chi \xi (|\mathrm{d}\varepsilon_v^{vp}| + \xi_d \mathrm{d}\varepsilon_d^{vp}) \tag{8-36}$$

此方程同 Gens & Nova(1993) 提出的结构破坏法则类似。其中，参数 ξ 可以控制结构比的破坏速率；ξ_d 控制黏塑性偏应变 ε_d^{vp} 相对于黏塑性体应变 ε_v^{vp} 对结构破坏的相对效应。

用以上式（8-34）、式（8-35）和式（8-36）取代三维非结构性软黏土模型中的式（8-21），则三维模型可用来描述土的时效、各向异性和结构破坏等力学耦合特征。

8.4.2　模型参数

新模型比三维非结构性土模型增加了三个参数：χ_0，ξ，ξ_d。其中参数 χ_0 可从参考一维压缩实验中直接量取（图 8-9），相同于一维结构性土模型。为了确定参数 ξ 和 ξ_d，联合式（8-34）、

式(8-35)和式(8-36),可得到

$$\xi+\xi\cdot\xi_d\frac{2(\eta-\alpha)}{(M_c^2-\eta^2)}=-\frac{1}{\varepsilon_v^{vp}}\ln\left[\exp\left(-\frac{(1+e_0)\varepsilon_v^{vp}}{\lambda_i-\kappa}\right)\frac{\sigma_v'}{\chi_0\sigma_{p0}'}-\frac{1}{\chi_0}\right] \tag{8-37}$$

由此,参数 ξ,ξ_d 可通过在原状土样的参考一维压缩曲线和参考各向同性压缩曲线上取点 $(\sigma_p'^r,\varepsilon_v^{vp})$,代入式(8-37)求得:一维压缩时 $\eta=\eta_{K_0}$,$\alpha=\alpha_{K_0}$。各向同性压缩时 $\eta=\alpha=0$。由此可见,新模型虽然增加了 3 个参数,但均可以直接确定。

如前所述,如果原状土的一维压缩曲线达到很高的应力水平,且其压缩指数趋于稳定,参数确定并不需要重塑土实验。如果所需要的各向同性压缩实验为三轴实验的固结阶段,则模型的所有参数确定同剑桥模型的实验成本一样。

8.4.3 模型验证

Vaid & Campanella(1977)用结构性软黏土 Haneyclay 做了等速三轴不排水压缩实验(轴向应变速率从 0.0001%/min 到 10%/min 不等)和三轴不排水流变实验(轴向应力从 193 kPa 到 329 kPa)。所有参数取值均基于一维固结实验和三轴实验(参照 Vermeer & Neher1999),且列于表 8-1。图 8-14(a)表明模拟结果与实验结果吻合很好。换言之,模型既能描述土强度的速度效应,又能描述在加载过程中的结构破坏引起的应变软化。图 8-14(b)表明,用同一组参数值模型能同时很好地描述 Haneyclay 三轴不排水流变现象。

值得一提的是,三维结构性土模型已导入到有限元软件 PLAXIS 中,可用于大型岩土结构计算(详见本书第 10 章)。模型可以根据土的特性和应用要求选择不同的版本,如图 8-12 所示。

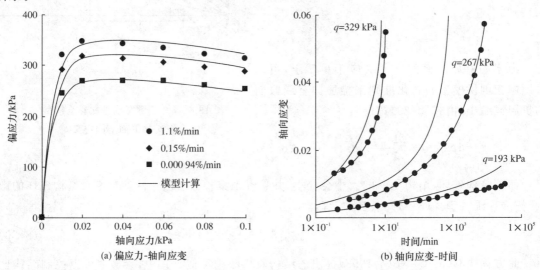

(a) 偏应力-轴向应变   (b) 轴向应变-时间

图 8-14 软黏土 Haney clay 的三轴不排水流变实验及模拟

表 8-1   软黏土的模型参数值

软黏土	λ_i	κ	e_0	$\sigma_{p0}'^r$/kP	ν	M_c	χ_0	ξ	ξ_d	C_{ae}
St-Herblain	0.48	0.038	2.26	39	0.2	1.2	—	—	—	0.034
Berthierville	0.39	0.032	1.73	49	—	—	2.7	10	—	0.0137
Haney	0.315	0.048	2	340	0.2	1.28	8	11	0.3	0.012

第 9 章　流变三大特性统一性及参数确定

本章提要：软黏土的流变特性包括强度的加载速率效应、蠕变及应力松弛特性。本章首先从基于黏土速率效应的一维弹黏塑性模型出发，推导一维应力状态下的应力松弛解析解，并与应力松弛系数建立联系，进而结合次固结系数与加载速率系数的关系，确立蠕变、加载速率效应和应力松弛参数的统一性，扩展了流变关键参数的确定方法。此外，针对参数确定问题，简单讨论了基于优化的参数反演分析方法。

9.1　三大流变特性的统一性

应力松弛、蠕变、速率效应是土体的流变特性在不同应力应变状态下的反应。本书第 4.6 节从一维和三维试验现象阐述了他们之间的统一性，本节主要从理论角度来进一步验证此统一性关系。

9.1.1　应力松弛解析解

尹振宇等(2010，2012)基于黏土的加载速率效应提出了一维弹黏塑性模型。模型的表达式如式(9-1)所列。本节的目的在于推导应力松弛系数以及探寻各流变参数间关系，此处不再累述此方程的推导过程，详见本书第 8 章相关内容。

$$\dot{\varepsilon}_v = \frac{\kappa}{1+e_0}\frac{\dot{\sigma}_v'}{\sigma_v'} + \dot{\varepsilon}_v^r \frac{\lambda-\kappa}{\lambda}\left[\frac{\sigma_v'}{\sigma_{p0}'^r \exp\left(\frac{1+e_0}{\lambda-\kappa}\varepsilon_v^{vp}\right)}\right]^{\beta} \tag{9-1}$$

式中，β 是加载速率系数，其实际上等于本书第 2 章所研究加载速率参数 η_{N1} 和 ρ_{L1} 的倒数，表示为 $\lg(\sigma_{p0}') - \lg(d\varepsilon_v/dt)$ 线性关系的斜率：

$$\frac{\dot{\varepsilon}_v}{\dot{\varepsilon}_v^r} = \left(\frac{\sigma_{p0}'}{\sigma_{p0}'^r}\right)^{\beta} \tag{9-2}$$

式中，先期固结压力 σ_{p0}' 与加载速率 $\dot{\varepsilon}_v$ 对应，参考先期固结压力 $\sigma_{p0}'^r$ 与参考加载速率 $\dot{\varepsilon}_v^r$ 对应。Qu 等(2010)对软黏土的加载速率效应研究表明，β 的变化范围一般在 13～60 之间。前文 ρ_{L1} 范围为 2.3%～8.7%，根据此值计算的 β 范围为 11.5～43.5，与 Qu 等的总结结果有稍微的差别。

在一维应力松弛条件下，$\dot{\varepsilon}_v = 0$。假定 σ_{vi}' 为应力松弛开始时的竖向应力，参考先期固结压力从 $\sigma_{p0}'^r$ 演变至 $\sigma_p'^r$。在应力松弛过程中，以 $\sigma_p'^r$ 为参考先期固结压力的初始值，从而在应力松弛过程中应力与塑性体积应变关系为

$$\frac{\kappa}{1+e_0}\frac{\dot{\sigma}_v'}{\sigma_v'} + \dot{\varepsilon}_v^r \frac{\lambda-\kappa}{\lambda}\left[\frac{\sigma_v'}{\sigma_p'^r \exp\left(\frac{1+e_0}{\lambda-\kappa}\varepsilon_v^{vp}\right)}\right]^{\beta} = 0 \tag{9-3}$$

应力松弛过程中体应变为零，从而塑性体积应变速率与弹性体积应变速率大小相等，符号

相反,即

$$\dot{\varepsilon}_v^{vp} = -\frac{\kappa}{1+e_0}\frac{\dot{\sigma}_v'}{\sigma_v'} \tag{9-4}$$

在 Δt 步长内

$$\varepsilon_v^{vp} = \Delta t \cdot \dot{\varepsilon}_v^{vp} = -\frac{\kappa}{1+e_0}\int_0^{\Delta t}\frac{\dot{\sigma}_v'}{\sigma_v'}dt \tag{9-5}$$

把式(9-5)代入式(9-3)

$$\frac{\kappa}{1+e_0}\frac{\dot{\sigma}_v'}{\sigma_v'} + \dot{\varepsilon}_v^r \frac{\lambda-\kappa}{\lambda}\left(\frac{\sigma_v'}{\sigma_p'^r \exp\left(-\dfrac{\kappa}{\lambda-\kappa}\int_{t_0}^{\Delta}\dfrac{\dot{\sigma}_v'}{\sigma_v'}dt\right)}\right)^{\beta} = 0 \tag{9-6}$$

积分 $\int_0^{\Delta t}\dfrac{\dot{\sigma}_v'}{\sigma_v'}dt = \ln\sigma_v' - \ln\sigma_{vi}'$,从而式(9-6)可以进一步表示为

$$\frac{\kappa}{1+e_0}\frac{\dot{\sigma}_v'}{\sigma_v'} + \dot{\varepsilon}_v^r \frac{\lambda-\kappa}{\lambda}\left(\frac{\sigma_v'}{\sigma_p'^r\left(\dfrac{\sigma_v'}{\sigma_{vi}'}\right)^{\frac{\kappa}{\lambda-\kappa}}}\right)^{\beta} = 0 \tag{9-7}$$

整理式(9-7),从而应力松弛过程中竖向应力的一阶微分为

$$\dot{\sigma}_v' = -\dot{\varepsilon}_v^r \frac{(1+e_0)(\lambda-\kappa)}{\lambda\cdot\kappa}\left(\frac{1}{\sigma_p'^r\cdot\sigma_{vi}'^{\frac{\kappa}{\lambda-\kappa}}}\right)^{\beta}\sigma_v'^{\frac{\lambda\beta}{\lambda-\kappa}+1} \tag{9-8}$$

式(9-8)中,除竖向应力 σ_v' 外,对特定土样,其他所有参数都可以视为常数,为便于求解此一维微分方程,把式(9-8)整理为更为一般的形式

$$(\sigma_v')' = A(\sigma_v')^m;\quad A = -\dot{\varepsilon}_v^r \frac{(1+e_0)(\lambda-\kappa)}{\lambda\cdot\kappa}\left(\frac{1}{\sigma_p'^r\cdot\sigma_{vi}'^{\frac{\kappa}{\lambda-\kappa}}}\right)^{\beta},\quad m = \frac{\lambda\beta}{\lambda-\kappa}+1 \tag{9-9}$$

求解一阶微分方程,可得到解为

$$\frac{(\sigma_v')^{1-m}}{1-m} = At + C \tag{9-10}$$

式中,C 为不定积分的常数项,当 $t=0$,即应力松弛开始时,$\sigma_v' = \sigma_{vi}'$,从而

$$C = \frac{\sigma_{vi}'^{1-m}}{1-m} \tag{9-11}$$

把常数项 C 值代入方程的解,从而可以得到应力松弛过程中,竖向应力随时间演变的解析解

$$\sigma_v' = (A(1-m)t + \sigma_{vi}'^{1-m})^{\frac{1}{1-m}} \tag{9-12}$$

把常数 A 和 m 值代入,则可得到竖向应力在松弛过程中演变的完整表达式

$$\sigma_v' = -\left[-\dot{\varepsilon}_v^r \frac{1+e_0)(\lambda-\kappa)}{\lambda\cdot\kappa}\left(\frac{1}{\sigma_p'^r\cdot\sigma_{vi}'^{\frac{\kappa}{\lambda-\kappa}}}\right)^{\beta}\left(-\frac{\lambda\beta}{\lambda-\kappa}\right)t + \sigma_{vi}'^{\frac{\lambda\beta}{\lambda-\kappa}}\right]^{-\frac{\lambda-\kappa}{\lambda\beta}} \tag{9-13}$$

9.1.2 应力松弛特性预测

为验证上述推导出的应力松弛解析解式(9-13),采用表 9-1 中的模型参数,对不同加载速率的 CRS 和应力松弛相结合的试验进行了理论预测。4 个 CRS 的体积应变都加载至 5%,然后开始应力松弛。

表 9-1   应力松弛拟合土体参数

e_0	κ	λ	$\sigma'^r_{p0}/\mathrm{kPa}$	$\mathrm{d}\varepsilon_\mathrm{v}/\mathrm{d}t$	β
1.92	0.037	0.39	27	1.07×10^{-7}	16

图 9-1 为理论预测结果,高加载速率对应较大的先期固结压力。相应的,加载速率越小,先期固结压力越小。应力松弛开始后,试样的体积不再发生变化,轴向应力降低。

图 9-2(a)为轴向应力随时间的演化过程。由于应力松弛开始前加载速率的差异,应力松弛开始时的应力也是不等的,4 个应力松弛曲线随着时间发展逐渐归一化,并逐渐趋于重合一条曲线。图 9-2(b)为归一化的轴向应力随时间的变化过程,此曲线与 SFBM 黏土(Lacerda & Houston 1973)的三轴应力松弛试验曲线趋势相同,高加载速率后的轴向应力在较短时间内就开始快速松弛。

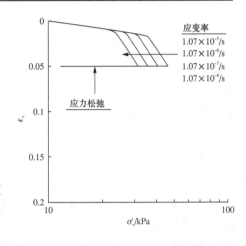

图 9-1   CRS 和应力松弛试验模拟

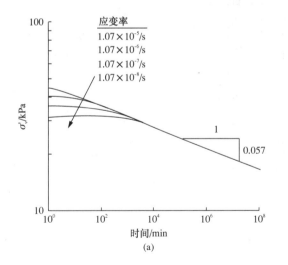

(a)

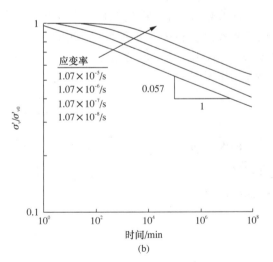

(b)

图 9-2   应力松弛模拟中

9.1.3 流变参数内在关系

应力松弛解析解式(9-13)也说明,在双对数坐标下,当应力松弛经历一段时间 t_0 后,$\ln(\sigma'_\mathrm{v})$ 才随着 $\ln(t)$ 线性发展,时间 t_0 与应力松弛前加载速率相关。应力松弛系数 R_a 也可以通过式(9-12)或式(9-13)推导得到。在应力松弛阶段,时间 $t > t_0$ 后, σ'^{1-m}_{vi} 相对于 $A(1-m)t$ 是个无限小的数。式(9-12)对数化,即

$$\ln\sigma'_v = \frac{1}{1-m}[\ln A(1-m)+\ln t] \tag{9-14}$$

简化后,可得 $\ln(\sigma'_v)$ 对 $\ln(t)$ 的微分值

$$\frac{\Delta\ln\sigma'_v}{\Delta\ln t} = \frac{1}{1-m} = -\frac{\lambda-\kappa}{\lambda\beta} \tag{9-15}$$

可以看出,应力松弛系数 R_α 可以用材料参数 λ,κ 和 β 来表示,从而

$$R_\alpha = \frac{\lambda-\kappa}{\lambda\beta} \tag{9-16}$$

上述结果可以验证图 9-2 的模拟结果,拟合出来的 $R_0=0.057$,而输入参数 $\lambda=0.39$, $\kappa=0.037$ 和 $\beta=16$,从而 $(\lambda-\kappa)/\lambda\beta=0.057$,结果完全相同。这也验证了上述应力松弛系数推导过程的正确性,也说明加载速率系数 β 同样可以通过 R_α 计算得到

$$\beta = \frac{\lambda-\kappa}{\lambda R_\alpha} \tag{9-17}$$

对于天然软黏土而言, $\lambda/\kappa(=C_c/C_s)$ 一般在 $5\sim$ 15 之间变化,根据此关系,速率效应参数 β 可以根据式(9-17)直接用 R_α 来表示。图 9-3 显示 β 和 R_α 之间关系固定在一个被 λ/κ 包围的窄条状区域,图中最大和最小的 β 值取 60 和 13。

从已有研究(详见本书第 8 章),可以确定加载速率系数 β 和次固结系数 $C_{\alpha e}$ 间的关系(Vermeer & Neher 1999, Yin et al. 2010, 2011, 2012),如式所示

$$\beta = \frac{\lambda-\kappa}{C_{\alpha e}} \quad 或 \quad C_{\alpha e} = \frac{\lambda-\kappa}{\beta} \tag{9-18}$$

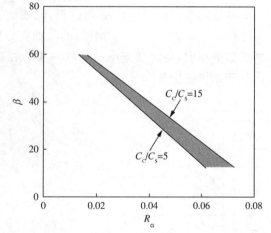

图 9-3　β 和 R_α 之间关系

根据加载速率系数 β 和次固结系数 $C_{\alpha e}$ 的关系,式(9-17)的 β 用式(9-18)来代替,继而应力松弛系数 R_α 可以用次固结系数来表示

$$R_\alpha = \frac{\lambda-\kappa}{\lambda\beta} = \frac{C_{\alpha e}}{\lambda} \tag{9-19}$$

次固结系数也可以通过 R_α 计算

$$C_{\alpha e} = R_\alpha \cdot \lambda \tag{9-20}$$

通过转换坐标系,上式也可以写为

$$R_\alpha = \frac{C_c - C_s}{C_c\beta} = \frac{C_\alpha}{C_c}, \quad C_\alpha = R_\alpha \cdot C_c \tag{9-21}$$

Mesri 和 Godlewski(1977)指出次固结系数 C_α 与压缩指数 C_c 相关,更为准确的说 C_α/C_c 是常数,并在调查了大量文献的基础上得出 C_α/C_c 大致在 $0.02\sim0.1$ 之间。对大多数无机黏土而言,C_α/C_c 等于 0.04 ± 0.01,而对于高塑性黏土,C_α/C_c 等于 0.05 ± 0.01。非常有意思的是这些分类刚好同时适用于 R_α,因此,前人对于 C_α/C_c 的研究也可以直接应用于 R_α。

此外,一些研究者针对 λ 与土体液塑限关系提出了一些拟合方程。其中使用较为广泛的是 Terzaghi 和 Peck(1968)于 1967 年提出的 $C_c = 0.009(w_L - 10)$。根据这个方程,图 9-4 示意当液限分别等于 20%,40%,60% 和 100% 时,C_α 和 R_α 之间的关系。可以看出,C_α/R_α 的比值受土体液限影响较大。

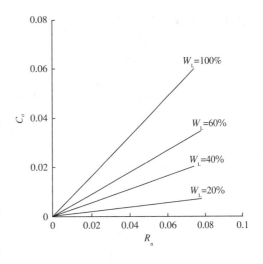

图 9-4　C_α 和 R_α 之间关系

综合上述,加载速率系数 β、次固结系数 $C_{\alpha e}$ 和应力松弛系数 R_α 间具有统一性,它们之间可以通过表达式相互表示。因此,仅仅通过加载速率效应试验、蠕变试验或者应力松弛效应试验就能得到三个流变参数。

9.2　软黏土流变参数统一性验证

为验证上述三个流变参数的统一性,此部分将以重塑伊利土和 Berthierville 黏土为研究对象,分别从加载速率试验、蠕变试验和应力松弛试验提取出相应的流变参数,然后根据上述各参数间的相互表达式,计算试验和推导的流变参数,并对比之间的互等性。

9.2.1　试验描述及参数确定

Yin 和 Graham(1989)对重塑伊利土进行了多加载速率的 CRS 试验,并在 CRS 试验之后进行了应力松弛试验。此重塑伊利土具有如下性质:含水率 $w = 51\%$,塑限 $w_P = 26\%$,液限 $w_L = 61\%$,黏粒含量 $CI = 61\%$。文献根据多加载步 CRS 试验给出了其力学参数 $\lambda/(1+e_0) = 0.10$,$\kappa/(1+e_0) = 0.025$,$C_{\alpha e}/(1+e_0) = 0.004$,$\sigma'_{p0} = 200\mathrm{kPa}$(图 9-5)。从应力松弛阶段 $\ln(\sigma'_v)$ 随 $\ln(t)$ 的关系图中,量取出重塑伊利土的 $R_\alpha = 0.042$。此外,基于土样的先期固结压力与加载速率的关系,重塑伊利土的加载速率系数 $\beta = 16.7$(图 9-6(d))。

Kim 和 Lerouil(2001)在一个 CRS 试验中的 3 个阶段进行了 3 个应力松弛试验。试验基于 Berthierville 黏土,此土样具有如下性质:初始孔隙比 $e_0 = 1.71$,含水率 $w = 80\%$,塑限 $w_P = 22\%$,液限 $w_L = 43\%$,黏粒含量 $CI = 81\%$。从 CRS 试验(图 9-6(a))可以得出,Berthierville 黏土的 $\lambda = 0.492$,$\kappa = 0.048$,以及对应于加载速率 $6.35 \times 10^{-6}\mathrm{m/s}$ 的先期固结压力 $\sigma'_{p0} = 46\mathrm{kPa}$。此外,从 3 个阶段的应力松弛试验结果可以测量出平均的应力松弛系数 $R_\alpha = 0.068$(图 9-6(b))。由于本部分研究内容不考虑土体结构性影响,图 9-6(a)所量取的 λ 值等于先期固结压力处压缩曲线的切线值,因此对应的次固结系数 $C_{\alpha e}$ 同样是对应于先期固结压力。量取了竖向压力为 $69\mathrm{kPa}$ 对应的次固结系数 $C_{\alpha e} = 0.027$(图 9-6(c))。此外,从图 9-6(d)中 CRS

加载速率试验先期固结压力与加载速率关系,可以得出 $\beta=18.7$。

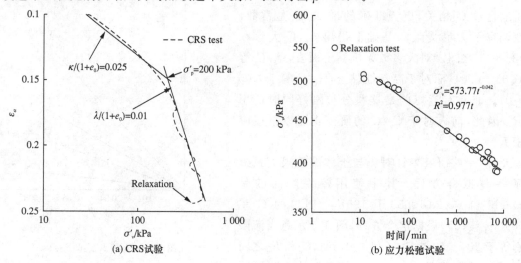

图 9-5　重塑伊利土试验

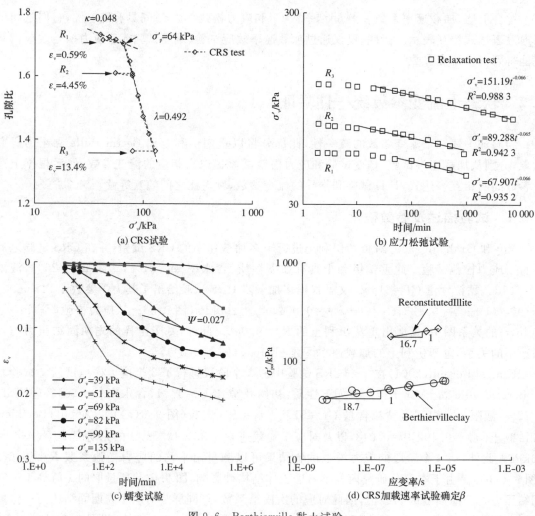

图 9-6　Berthierville 黏土试验

9.2.2　加载速率效应对比

总结前文所述,可以从以下 3 种方法得到加载速率系数 β:①从多加载速率 CRS 试验,测量先期固结压力(σ'_{p0})与对应加载速率($d\varepsilon_v/dt$),绘出 $\lg(\sigma'_{p0}) - \lg(d\varepsilon_v/dt)$ 关系图,曲线的斜率即为 β;②根据试样的一维蠕变试验结果,绘出孔隙比与时间关系(e-$\ln t$),确定次固结系数 C_{ae}(或 ψ),从而根据式(9-18)推导出 β;③根据试样的一维应力松弛试验,量测应力随时间的演变规律($\ln\sigma'_v - \ln t$),从而得到应力松弛系数 R_α,然后根据式(9-17)推导出 β。3 种方法分别用 β,C_{ae}(或 ψ)和用 R_α 来表示。从而,基于上述 3 种方法,分别得到了重塑伊利土和 Berthierville 黏土的 3 个 β 值。对重塑伊利土采用参考先期固结压力 $\sigma'^r_{p0} = 200\text{kPa}$,参考应变速率 $\dot{\varepsilon}^r_v = 3.7\times10^{-6}/s$ 和 Berthierville 黏土采用 $\sigma'^r_{p0} = 64\text{kPa}$,$\dot{\varepsilon}^r_v = 6.35\times10^{-6}/s$,绘制了不同 β 值对应的 $\lg(\sigma'_{p0}) - \lg(d\varepsilon_v/dt)$ 曲线,并与试验值进行了对比(图 9-7)。结果表明,不同 β 值得到的 $\lg(\sigma'_{p0}) - \lg(d\varepsilon_v/dt)$ 曲线间的差别很小,且拟合值与试验值吻合较好。

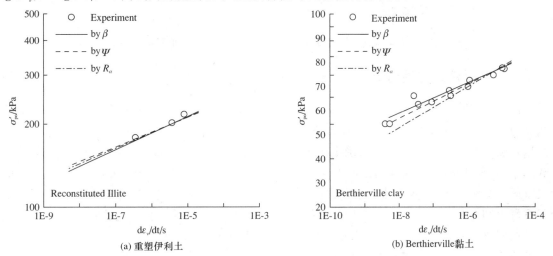

(a) 重塑伊利土　　　　　　　(b) Berthierville黏土

图 9-7　试验和推导得到的 β 值对先期固结压力和应变速率关系影响对比

9.2.3　蠕变特性对比

类似的,次固结系数 C_{ae} 也同样可以通过 3 种方式得到:①直接根据一维蠕变试验结果,绘出孔隙比与时间关系(e-$\ln t$),确定次固结系数 C_{ae}(或 ψ),此值可以视为试验值;②从多加载速率 CRS 试验,测量先期固结压力(σ'_{p0})与对应加载速率($d\varepsilon_v/dt$),绘出 $\lg(\sigma'_{p0}) - \lg(d\varepsilon_v/dt)$ 关系图,确定出 β,然后根据式(9-18)推导出 C_{ae} 值;③根据一维应力松弛试验,量测应力随时间的演变规律($\ln\sigma'_v - \ln t$),从而得到应力松弛系数 R_α,然后根据式(9-20)推导出 C_{ae} 值。从而,基于上述 3 种方法,分别得到了重塑伊利土和 Berthierville 黏土的 3 个 C_{ae} 值。3 种方法分别用直接试验、β 和 R_α 来表示。

图 9-8 对比了通过试验直接确定的 C_{ae} 值和通过 β 和 R_α 推导的 C_{ae} 值的差异性。图中重塑伊利土的次固结系数是用 $C_{ae}/(1+e_0$ 表示的,试验值 $C_{ae}/(1+e_0) = 0.004$ 由 Yin 和 Graham(1989)提供,由 R_α 推导出的 $C_{ae}/(1+e_0$ 与试验值几乎相等,而由 β 推导的 $C_{ae}/(1+e_0)$ 值稍大于试验值。对于 erthierville 黏土,由 β 推导的 C_{ae} 值稍小于试验值,而由 R_α 推导的 C_{ae} 值大于试验值。尽管有一定的偏差,但是需要提及的是,Berthierville 黏土有轻微的结构性,而本文

研究目前没有考虑结构性的影响。因此,从整体上来讲,3 种方法得到的次固结系数可以视为差别性较小,说明加载速率试验、应力松弛试验与一维蠕变试验的统一性。

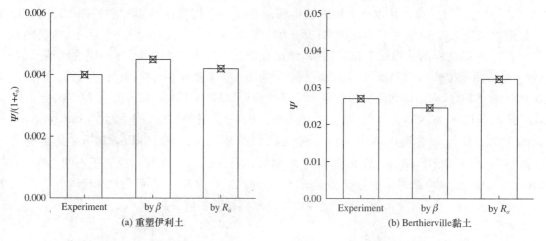

(a) 重塑伊利土   (b) Berthierville黏土

图 9-8 试验和通过 β 和 R_α 推导的 $C_{\alpha e}$(或 ψ)值对比

9.2.4 应力松弛特性对比

同样地,应力松弛系数 R_α 也可以从类似的 3 种方法中得到:①根据一维应力松弛试验,量测应力随时间的演变规律($\ln\sigma'_v - \ln t$),直接测量应力松弛系数 R_α;②根据一维蠕变试验结果,绘出孔隙比与时间关系($e - \ln t$),确定次固结系数 $C_{\alpha e}$,从而根据式(9-20)推导出 R_α;③从多加载速率 CRS 试验,测量先期固结压力(σ'_{p0})与对应加载速率($d\varepsilon_v/dt$),绘出 $\lg(\sigma'_{p0}) - \lg(d\varepsilon_v/dt)$ 关系图(图 9-7),确定出 β,然后根据式(9-19)推导出 R_α 值。从而,基于此 3 种方法,分别得到了重塑伊利土和 Berthierville 黏土的 3 个 R_α 值,然后用于模拟两种黏土的试验结果。

按照 Yin 和 Graham(1989)对重塑伊利土的试验过程,本文模拟重塑伊利土试验时,试样的初始应变为 9.42%,同时初始应力为 22.8kPa。为简化模拟过程,试样在竖向应变速率 3.7×10^{-6}/s 作用下等速率加载,当轴向应变达到 24.6% 后,停止轴向应变,开始应力松弛试验。图 9-9(a)绘出了 3 种方法预测的轴向应力随时间演变规律与试验的对比结果,结果表明,尽管通过 β 值预测的竖向应力演化高估了应力松弛的速率,然而所有的模拟结果都能很好地描述竖向应力的演化,3 种方法都能够给出相当合理的预测结果。

在对 Berthierville 黏土的拟合中,试样首先施加一个 39kPa 的初始应力,这个应力等于原位土样的竖向有效应力。然后,通过位移控制给试样施加了速率为 6.35×10^{-6}/s 的等速率应变。当体积应变分别为 0.59%、4.45% 和 13.4% 时,进行了应力松弛试验,这 3 个应力松弛阶段的持续时间分别为 1300mm、900mm 和 7300min,这里分别用 R_1,R_2 和 R_3 来表示。图 9-9(b)为 3 种方法预测的应力松弛与实测值的对比结果。3 种方法所得的拟合曲线有少许差别,但从总体上说,所有的拟合结果都与试验结果有较好的吻合。

值得一提的是,对于弱结构性天然软黏土,流变参数 $C_{\alpha e}$、β 和 R_α 均可认为是常数;而对于强结构性天然软黏土,β 和 R_α 仍然是常数,而 $C_{\alpha e}$ 则随加载造成的结构破坏而变化。此时,上述试验方法仍然可以量测 $C_{\alpha e}$ 的变化范围,如果能够同时测量得到 C_c 或 λ 的非线性变化的话。

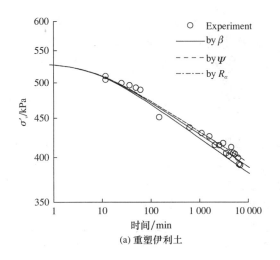 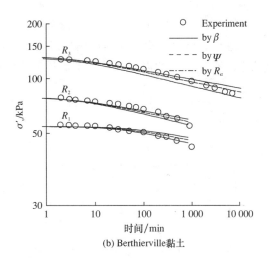

(a) 重塑伊利土　　　　　　　　　(b) Berthierville黏土

图 9-9　三种方法拟合的应力松弛曲线与试验值对比

9.3　流变参数确定方法

流变参数确定方法可分为直接测量法和优化反演分析法两种。直接测量法如本书第 9.2 节所示，测得 C_{ae}、β 和 R_a 中的任意一个参数，就可以得到其他的参数。因此，本节重点介绍优化反演分析法。

9.3.1　优化反演分析法概述

参数优化的主要思想就是选择一个合适的本构模型，这个模型可以复杂也可以简单，然后选择不同的参数组合来模拟不同应力路径下的试验结果。然后选择一个合适的优化策略来搜索最符合的模型参数。对于流变参数的优化反演分析，则需要找到一个合适的流变本构模型，如第八章所述的模型。

优化过程包含两个部分：①需要一个可以计算理论模拟和试验结果之间误差的目标函数；②选择一个高效的优化算法来搜索这个目标误差的最小值。

9.3.2　目标函数

当需要采用流变本构模型来求解流变参数时，不可避免地遇到模型的其他参数确定问题。在优化问题中，本构模型的参数可以作为优化变量。一般来说，如果优化当中的目标试验越多，得到的模型参数也就越可靠。

对于每一个目标试验，理论模拟和试验之间的误差应该是一个归一化的值。这样可以克服结果中含有不同变量、不同数量级之间的差别。每一个归一化的误差就构成了一个目标函数。这样优化问题就变成了目标函数的最值问题，

$$F(x) \to \min \tag{9-22}$$

其中，x 是包含优化变量的向量。每一个变量 x_i 都存在边界值问题，

$$\chi_l \leqslant x \leqslant x_u \tag{9-23}$$

其中，x_u，x_l 分别是 x 的上下边界。

构造目标函数的第一步,首先要建立一个独立的归一化的误差表达式。这个归一化的表达式要基于离散试验点和理论模拟点之间的欧拉距离来建立,其中包含归一化的 3 个主应力误差、3 个主应变的误差以及孔隙水压力之间的误差,这是一个七维的计算空间,如下式所示

$$d = \left[\frac{1}{\sigma_0^2} \sum_{i=1}^{3} (\sigma_i^{exp} - \sigma_i^{theor})^2 + \frac{1}{\varepsilon_0^2} \sum_{i=1}^{3} (\varepsilon_i^{exp} - \varepsilon_i^{theor})^2 + \frac{1}{u_0^2} (u_i^{exp} - u_i^{theor})^2 \right] \tag{9-24}$$

式中,σ_0、ε_0、u_0 分别是标量,用来归一化应力、应变和孔压,它们的值一般为每次计算过程中应力、应变以及孔压各自的绝对值的最大值。

优化的关键就是寻找每个试验点和对应的理论模拟点之间的最小欧拉距离 d_{min}。其中一个比较好的计算方法就是在每个方向上搜索式(9-24)中的每个分量中每个计算点的最近欧拉距离,如图 9-10(a)所示。这个搜索过程为直至找到最近距离搜索的位置才结束,即 $d_{k,i} <$ $d_{k,i-1}$ 和 $d_{k,i} < d_{k,i+1}$。然后这个最近距离 d_{min} 就可以利用三角关系得到,如图 9-10(b)所示。

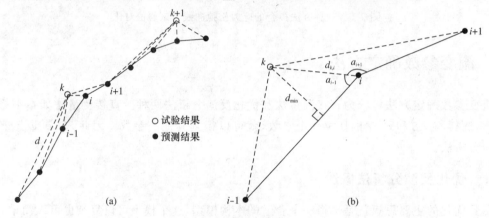

图 9-10 最近欧拉距离的搜索算法

当所有计算点的最小距离都被计算得到之后,就可以按照式(9-24)得到一个标准归一化的误差形式,

$$E_{abs} = w \frac{1}{(n+1)} \left[\sum_{j=1}^{n} d_{min}^j + d_t \right] \tag{9-25}$$

式中,w 是目标函数中每个误差分量的权重;n 是计算点的个数;d_{min}^j 是第 j 个计算点所对应的最小误差距离。d_t 是结束点所对应欧拉距离。

构造目标函数的第二步,就是基于第一步得到的分量的误差表达式构造一个最终的归一化函数关系式。目前有两种形式的归一化函数关系式可以使用,都可以选择为目标函数的形式。一种是最大值形式,一种是混合形式,

$$F_{max} = \max_{1 \leqslant i \leqslant m} E^i \text{ 和 } E_{comb} = m \cdot F_{max} + \sum_{i=1}^{m} E^i \tag{9-26}$$

式中,m 为优化过程中所参与的试验个数;E^i 是第 i 个试验的归一化的误差值。

9.3.3　搜索策略和优化算法

优化问题的解是一个向量 x_0,对于任意 x 都要满足以下条件,才是全局最小值。

$$F(x_0) \leqslant F(x) \qquad (9\text{-}27)$$

过去比较常用的有两种算法,一是 Rosenbrock (1960)所提出的算法;另一是 Nelder 和 Mead (1965)所提出的 Simplex 算法,这两者都属于直接搜索方法。

然而,大部分的优化算法都只能搜索到局部最小值。对于上述的两种直接搜索算法亦是如此。对一般问题而言,无法验证是局部最小解还是全局最小解。一个可能的方法是在选择不同的初始位置进行多次优化,如果多次得到的局部最小解是一样的,那这个局部最小解就可以被当作是全局最小解。

为了避开局部最小解问题,最近几十年研究者们致力于一些更高级的优化算法。比较常见的有:① 进化策略算法(Vardakoset al. 2012;Moreira et al. 2013);②遗传算法 (Pal et al. 1996;Javadi et al. 2006;Levasseur et al. 2008;Rokonuzzaman et al. 2010;Papon et al. 2012,Jin et al. 2016a,2016b);③神经网络算法 (Ghaboussi and Sidarta, 1998;Obrzud et al. 2009);④ 粒子群优化算法(如 Knabe et al. 2013;Zhang et al. 2013)。本书对参数优化反演分析仅作此简单介绍。

第 10 章 基于流变模型的 PLAXIS 二次开发及验证

本章提要：若要将特定的本构模型应用到有限元中，最简单的办法是在现有有限元软件的基础上进行二次开发。针对软土工程难以用现有商业/非商业软件准确模拟的现状，以全面考虑流变、各向异性、结构及其破坏的 ANICREEP 模型和大型岩土工程有限元计算软件 PLAXIS 为例，详细介绍了如何进行自定义本构模型在有限元软件中的二次开发。然后，以常见的试验类型为例，详述了基于试验模拟的二次开发验证。

10.1 PLAXIS 二次开发简介

10.1.1 PLAXIS 简介

PLAXIS 软件是由荷兰公共事业与水利管理委员会提议，于 1987 年在代尔夫特技术大学开始研发的。从那以后，PLAXIS 逐渐扩展成为适用于大多数岩土工程领域的软件。PLAXIS 是一个专门用于岩土工程变形和稳定性分析的有限元计算程序。相对于现有商用软件，PLAXIS 可通过简单的输入过程生成复杂的有限元模型，而强大的输出功能可以提供详尽的计算结果。PLAXIS 的计算过程以稳定、高效的数值方法为基础，并提供了很多自动化的默认设置，以方便工程师们的应用。

PLAXIS 具有用户自定义模型模块。它允许用户在 PLAXIS 中实现自定义的土体本构模型（如应力-应变-时间关系的弹黏塑性模型）。这些模型必须用 FORTRAN 语言编写，然后编译成一个动态链接库文件（ *.dll），并添加到 PLAXIS 程序安装目录中。大体原则是，PLAXIS 提供上一步的应力和状态变量信息以及应变和时间增量，通过用户自定义模型计算来更新应力和状态变量信息，再传回给 PLAXIS 主程序。在 PLAXIS 调用用户自定义模型时，需要的模型参数可以在 PLAXIS 材料输入界面集中输入。

本书以 PLAXIS 2D v8.2 为例详述二次开发及验证。

10.1.2 用户自定义模型简介

PLAXIS 用户界面上有四大部分，分别是输入前处理、计算程序、输出数据后处理、曲线程序（图 10-1）。下面分别对其进行简略的介绍。①使用 PLAXIS 进行有限元分析时，需要建立一个有限元模型。为此应首先建立几何模型；其次根据几何模型生成有限元网格、确定单元水平的材料性质和边界条件；最后设置初始状态。该步骤在输入前处理程序中完成。若要使用不同于标准 PLAXIS 模型的其他本构模型，可使用用户自定义模型。其详细介绍可参阅下文。②计算程序包括所有定义和执行有限元计算的工具。计算设置中包括设置工序、计算类型、加载步骤、计算迭代参数等。③有限元计算主要的输出数据是任意计算工序结果中节点上的位移和应力点上的应力。此外，如果有限元模型用到了结构单元，那么也输出这些单元上的力。该步骤在输出数据后处理程序中完成。④对于几何图形里预先选定的点，其上的荷载——

位移曲线或时间－位移曲线、应力－应变曲线以及应力路径或应变路径,是通过曲线程序来绘制的。

实现用户自定义模型(UDM)时需遵循 PLAXIS 程序相关的准则。用户自定义模型需要用 FORTRAN 编写,然后作为一个动态链接库(* . dll)来编译,添加到 PLAXIS 程序目录中。动态链接库(* . dll)的结构示意图如图 10-2 所示。首先,用户需要利用 USRMOD. FOR 文件中"User_Mod"子程序作为用户自定义的本构模型和 PLAXIS 间的接口;其次,USR_ADD. FOR 文件中包含多个子程序,这些子程序提供 UDM 传递给 PLAXIS 的额外信息;最后,程序库 HANDYLIB. FOR 包含了 PLAXIS 中所有子程序和函数,用户自定义模型可调用这些子程序和函数。

USRMOD. FOR 文件的结构示意图如图 10-3 所示。文件中"User_Mod"子程序调用 MY_CLAY. FOR 文件中"My_clay"子程序。"My_clay"子程序为应力应变计算的主要子程序。其包括 6 个主要任务,依据 IDTask 的取值,执行 UDM 中相对应的部分:

IDTask=1　状态变量初始化

IDTask=2　应力应变计算

IDTask=3　计算刚度矩阵

IDTask=4　返回状态变量个数

IDTask=5　查询矩阵性质

IDTask=6　计算弹性刚度矩阵

其中,IDTask=2 时即为应用调用 USR_DEF. FOR 文件中用户自定义本构的程序以此进行应力积分点的计算。USR_ADD. FOR 文件中包含多个子程序(见图 10-4),这些子程序分别为:GetModelCount 子程序定义调用模型数量;GetModelName 子程序定义模型名字;GetParamCount 子程序定义各个用户定义模型参数数量;GetParamAndUnit 子程序定义参数的名称及单位;GetParamName 子程序定义参数名字赋给主程序;GetParamUnit 子程序定义参数单位赋给主程序;GetStateVarCount 子程序定义模型变量数量;GetStateVarName 子程序定义模型变量名字;String2ByteArray 子程序将字符串转化为字节数组,即位元阵列。

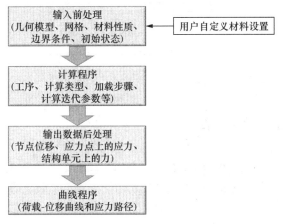

图 10-1　PLAXIS 工作流程

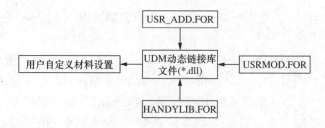

图 10-2　动态链接库的结构示意图

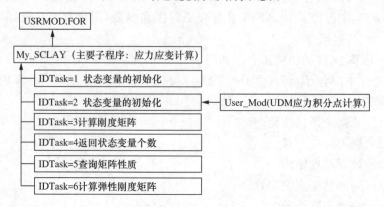

图 10-3　USRMOD. FOR 文件的结构示意图

图 10-4　USR_ADD. FOR 文件中所需的子程序

10.2　用户自定义流变模型

　　为了实现用户自定义的本构模型,子程序"My_clay"中定义了 6 个主要任务。PLAXIS 向子程序的各个任务提供一组特定的变量。对于所有任务而言,变量的布局是一致的。这组变量包含读入和输出变量。当子程序结束时,该组变量传递回 PLAXIS 的计算程序。部分变量在子程序的不同任务中将产生变化。全部的变量及相关的解释如下所列:

　　IDTask,iMod,IsUndr,iStep,iTer,iEl,Int,X,Y,Z,Time0,dTime,Props,Sig0,Swp0,StVar0,dEps,D,BulkW,Sig,Swp,StVar,ipl,nStat,NonSym,iStrsDep,iTimeDep,iTang,iPrjDir,iPrjLen,iAbort

名称	输入/输出(I/O)	类型(I:整型,R:双精度,():矩阵)	
IDTask	I	I	Task number(任务编号)
iMod	I	I	Model number(模型编号(1…10))
IsUndr	I	I	1 for undrained, 0 otherwise(1 当不排水;0 其他)
iStep	I	I	Global step number(全局步数)
iter	I	I	Global iteration number(全局迭代次数)
iel	I	I	Global element number(全局单元编号)
Int	I	I	Local integration point number in iel(iel 中局部积分点编号)
X	I	R	x-Position of integration point(积分点的 x 轴坐标)
Y	I	R	y-Position of integration point(积分点的 y 轴坐标)
Z	I	R	z-Position of integration point(积分点的 z 轴坐标)
Time0	I	R	Time at start of step(计算步起始时间)
dTime	I	R	Time increment(时间增量)
Props	I	R()	Array with model parameters(模型参数数组)
Sig0	I	R(6)	Stress state at start of step(计算步起始应力状态)
Swp0	I	R	Excess pore pressure start of step(计算步起始超孔隙压力)
StVar0	I	R()	State variables at start of step(计算步起始状态变量)
dEps	I	R(6)	Strain increment(应变增量)
D	I/O	R(6,6)	Material stiffness matrix(刚度矩阵)
BulkW	I/O	R	Bulk modulus for water (undrained only)(水体积模量-不排水)
Sig	O	R()	Resulting stress state(计算的应力状态)
Swp	O	R	Resulting excess pore pressure(计算的超孔隙水压力)
StVar	O	R()	Resulting values state variables(计算的状态变量)
ipl	O	I	Plasticity indicator(塑性指标)
nStat	O	I	Number of state variables(状态变量个数)
NonSym	O	I	Non-Symmetric D-matrix (刚度矩阵是否非对称?)
iStrsDep	O	I	1 for stress dependent D-matrix(1 当刚度矩阵为应力相关)
iTimeDep	O	I	1 for time dependent D-matrix(1 当刚度矩阵为时间相关)
iPrjDir	I	I	Project directory (ASCII numbers)(项目目录(ASCⅡ数据))
iPrjLen	I	I	Length of project directory name(项目目录名称长度)
iAbort	O	I	1 to force stopping of calculation (值为 1 时强制停止计算)

　　下面将详细地解释"My_clay"子程序中 6 个主要任务用户自定义部分。此外,关于该组变量的传入与传出、如何实现不同的任务以及 UDM 的推荐结构等其他信息可参阅 PLAXIS 材料模型手册(PLAXIS 2D V8 - Material Models Manual,2006)。

10.2.1　材料输入参数界面自定义

　　通过 USR_ADD.FOR 文件可自定义模型输入参数的人机交互界面。其文件中 GetParamAndUnit 子程序定义模型参数的名称和单位。例如,定义弹黏塑性模型中的参数及其单位的部分程序代码为:

...
CASE (1)
    PARAMNAME='@n#'   ! 泊松比 ν。符号@??? ♯代表相应的希腊字母。
    UNITS   ='—'
CASE (2)
    PARAMNAME='@k#'   ! 弹性常数 κ
    UNITS   ='—'
CASE (3)
    PARAMNAME='@l#_i#'   ! 塑性常数 λ_i
    UNITS   ='—'
CASE (4)
    PARAMNAME='e_0#'   ! 初始孔隙比 e_0。符号_??? ♯代表对应字符的下标形式
    UNITS   ='—'
CASE (5)
    PARAMNAME='M_c#'   ! 临界状态线在(p,q)坐标系中的斜率 M_C
    UNITS   ='—'
CASE (6)
    PARAMNAME='OCR'   ! 超固结比 OCR
    UNITS   ='—'
CASE (7)
    PARAMNAME='POP'   ! 控制参考压缩面的初始位置
    UNITS   =F/L^2#'   ! KN/M²。字符 F 与 L 分别代表 PLAXIS 中定义的力与长度单位。符号 ^??? ♯
                            ! 代表对应字符的上标形式
CASE (8)
    PARAMNAME='C_@a#e#'   ! C_{ae} 为次固结系数
    UNITS   ='—'
CASE (9)
    PARAMNAME='t_0#'   ! T_0 为参考时间
    UNITS   =T#'   ! 字符 T 分别代表 PLAXIS 中定义的时间单位
CASE (10)
    PARAMNAME='@a#_0#'   ! α_0 为定义(p,q)坐标系中椭圆屈服面的倾斜角度的初值
    UNITS   ='—'
CASE (11)
    PARAMNAME='@w#'   ! ω 为控制偏结构张量的变化率
    UNITS   ='—'
CASE (12)
    PARAMNAME='@w#_d#'   ! ω_d 为控制偏应变张量对偏结构张量变化的相对影响程度
    UNITS   ='—'
CASE (13)
    PARAMNAME='@c#_0#'   ! χ_0 为结构性比值的初值
    UNITS   ='—'
CASE (14)
    PARAMNAME='@x#'   ! ξ 为控制去结构性的变化率

```
    UNITS      ='—'
CASE（15）
    PARAMNAME='@x#_d#'      ! ξ_d 为控制去结构性的变化中剪应变与体应变影响的比重
    UNITS      ='—'
CASE（16）
    PARAMNAME='M_ratio#'    ! M_ratio 为与罗德角相关的参数
    UNITS      ='—'
CASE（17）
    PARAMNAME=' THET'       ! THET,THET=1 时为后退欧拉算法
    UNITS      ='—'
CASE（18）
    PARAMNAME='STEPSIZE'    ! STEPSIZE 为子计算步个数
    UNITS      ='—'
...
```

PLAXIS 中对应的人机交互界面示意图如图 10-5 所示。

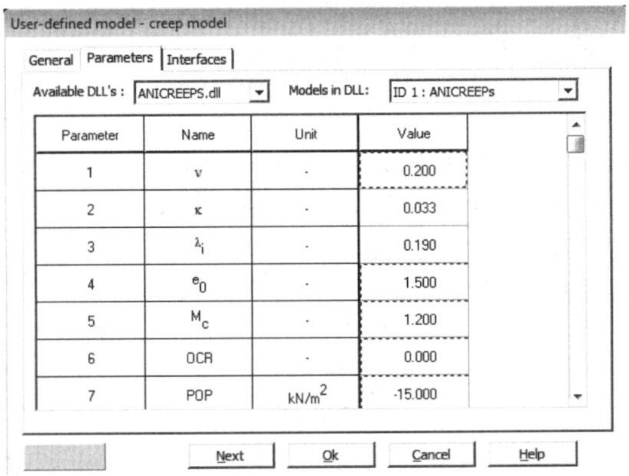

图 10-5　人机交互界面示意图

10.2.2　状态变量初始化（IDTask＝1）

本构模型中通常使用多个状态变量。比如用状态变量来确定屈服面的当前位置、当前孔隙比等。此外,一个初始化索引变量(以示初始化开始或结束)亦被定义为状态变量。

通常,本构计算过程中状态变量基于其初值以及应变增量进行新的状态更新。因此,需要知道状态变量的初值,即计算步起始时状态变量的值。在连续的计算阶段中,前一步计算的状态变量 StVar 传递至当前步状态变量的初值 StVar0。

当 IDTask＝1 时,为了得到屈服面的大小,需要修正地应力平衡生成的 Sig0(σ_9),并采用修正后的 Sig0_mod(σ_{p0})计算当前加载面大小 p_m^c 的初值。需要指出的是,这里的应力修正仅限于计算屈服面大小。可通过两种修正方法,即 POP($=\sigma_{p0}-\sigma'_{p0}$)或 OCR($=\sigma'_{v0}/\sigma_{p0}$)修正 Sig0,如图 10-6 所示。

```
IF （（OCR＝＝0.）.AND.（POP＝＝0.））THEN（当 OCR 与 POP 均等于 0 时）
    SIG0_MOD(1)=SIG0(2) * K0NC
    SIG0_MOD(2)=SIG0(2)
```

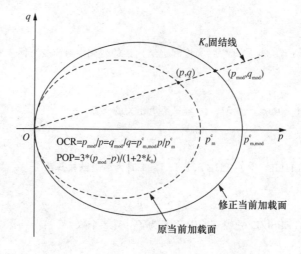

图 10-6　POP 或 OCR 修正应力示意图

SIG0_MOD(3)＝SIG0(2)＊K0NC

SIG0_MOD(4)＝0.

SIG0_MOD(5)＝0.

SIG0_MOD(6)＝0.

ENDIF

IF（POP . NE. 0.）THEN（当 POP 不等于 0 时）

SIG0_MOD(1)＝(SIG0(2)＋POP)＊K0NC

SIG0_MOD(2)＝(SIG0(2)＋POP)

SIG0_MOD(3)＝(SIG0(2)＋POP)＊K0NC

SIG0_MOD(4)＝0.

SIG0_MOD(5)＝0.

SIG0_MOD(6)＝0.

ENDIF

IF（OCR . NE. 0.）THEN（当 OCR 不等于 0 时）

SIG0_MOD(1)＝(SIG0(2)＊OCR)＊K0NC

SIG0_MOD(2)＝(SIG0(2)＊OCR)

SIG0_MOD(3)＝(SIG0(2)＊OCR)＊K0NC

SIG0_MOD(4)＝0.

SIG0_MOD(5)＝0.

SIG0_MOD(6)＝0.

ENDIF

其中,Sig(2)在 PLAXIS 中被默认为是竖向应力。此外,按照本构关系可计算 $K_{0nc}=$ 1.-sin(phi) 以及 phi=asin(3. ＊M_c/(6.＋M_c))。

IDTask＝1 的主要目标是状态变量的初始化。在弹黏塑性模型中包含 12 个状态变量,其组成向量 StVar0(1：12)。StVar0 的初始化如下：

α_x	STVAR0(1)	＝－(ALPHA0/3.)＋1.	! ALPHA_X
α_y	STVAR0(2)	＝(2.＊ALPHA0/3.)＋1.	! ALPHA_Y
α_z	STVAR0(3)	＝－(ALPHA0/3.)＋1.	! ALPHA_Z
α_{xy}	STVAR0(4)	＝0.	! ALPHA_XY

α_{yz}	STVAR0(5)	=0.	! ALPHA_YZ
α_{zx}	STVAR0(6)	=0.	! ALPHA_ZX
α_0	STVAR0(7)	=ALPHA0	! ALPHA_SCALAR
p_m^{rci}	STVAR0(8)	$=p_m^{rc}/(1+\chi_0)$	
χ_0	STVAR0(9)		
p_m^{rc}	STVAR0(10)		
e_0	STVAR0(11)		! CURRENT VOID RATIO
$INIT$	STVAR0(13)	=123.	! INITIALIZATION IS DONE

StVar0(13)取为 123 确保初始化仅执行一次。选取 init＝123 表征初始化,用于判断,其取值并没有实际意义。

10.2.3　流变本构模型计算(IDTask＝2)

该任务是用户自定义模型中的主要部分。其包括基于给定应变增量和时间增量计算本构应力的程序。此处,应用 Katona(1984)提出的逐步时间积分方法以及 Newton-Raphson 迭代程序建立弹黏塑性模型的数值求解算法(在本书 7.3.4 节有过简单介绍)。

1. 模型介绍(以 Anicreeps 为例)

研究者建立了弹黏塑性模型(本书第 8 章有过介绍)。该模型考虑了土体的多种特征,例如各向异性、结构性及黏性。

模型中假设总应变率 $\dot{\varepsilon}_{ij}$ 可分解为:

$$\dot{\varepsilon}_{ij}=\dot{\varepsilon}_{ij}^e+\dot{\varepsilon}_{ij}^{vp} \tag{10-1}$$

式中,$\dot{\varepsilon}_{ij}^e$ 和 $\dot{\varepsilon}_{ij}^{vp}$ 分别为弹性以及黏塑性应变率。

黏塑性应变率 $\dot{\varepsilon}_{ij}^{vp}$ 定义为:

$$\dot{\varepsilon}_{ij}^{vp}=\mu\langle\Phi\rangle\frac{\partial f_c}{\partial_{ij}'} \tag{10-2}$$

式中,μ 为黏性参数;Φ 为尺度函数;σ_{ij}' 为有效应力张量,$\sigma_{ij}'=\sigma_{ij}-u_w\delta_{ij}$;$\sigma_{ij}$ 为总应力张量;u_w 为孔隙水压力;δ_{ij} 为二阶单位张量。由于该本构方程是在有效应力原理的基础上推导的,为了简化下文忽略有效应力的单引号上标。Φ 定义为:

$$\Phi=\left(\frac{p_m^c}{p_m^{rc}}\right)^n \tag{10-3}$$

式中,p_m^{rc} 代表参考压缩面的尺寸;n 为应变率参数。

模型中采用倾斜的椭圆面形式反映当前加载面和参考面的形状,如图 10-7 所示。其中,当前加载面的函数可表示为:

$$f_c=\frac{3}{2}\frac{[s_{ij}-p'\alpha_d]:[s_{ij}-p'\alpha_d]}{(M^2-\alpha_s^2)p'}+p'-(1+\chi)p_m^{ci}=0 \tag{10-4}$$

式中,s_{ij} 为偏应力;p' 为平均有效应力;α_d 为偏结构张量,并且 $\alpha_s=\sqrt{3/2\alpha_d:\alpha_d}$;$p_m^c$ 代表本质当前加载面的尺寸;χ 为结构性参数,并且定义为 $\chi=p_m^c/p_m^{ci}-1$。

模型中的硬化参数分别为 χ、p_s、α_d、p_m^{rci}。其中,p_m^{rci} 代表本质参考压缩面的尺寸,其定义为 $p_m^{rc}=p_m^{rc}/(1+\chi)$。硬化准则分别定义如下:

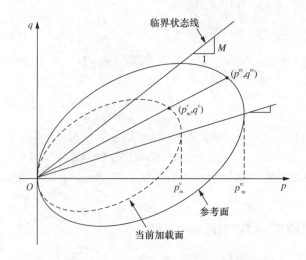

图 10-7　当前加载面与参考面示意图

$$d\chi = \chi[-\xi(|\Delta\varepsilon_v^{vp}| + \xi_d\Delta\varepsilon_s^{vp})] \tag{10-5}$$

$$dp_s = p_s(-\rho_d\Delta\varepsilon^{vp_s}) \tag{10-6}$$

$$d\alpha_d = \omega[(\chi_v\eta - \alpha_d)\langle d\varepsilon_v^{vp}\rangle + \omega_d(\chi_d\eta - \alpha_d)|d\varepsilon_s^{vp}|] \tag{10-7}$$

$$dp_m^{rci} = \frac{p_m^{rci}(1+e_0)}{\lambda_i - \kappa}d\varepsilon_v^{vp} \tag{10-8}$$

式中，λ_i 为正常固结线的斜率；κ 为回弹线的斜率；e_0 为初始孔隙比；ξ 和 ξ_d 为与结构性相关的土体参数，前者控制土体结构性衰减的变化率，后者控制体应变与剪应变对其影响的比重；ρ 为与粘聚力相关的土体参数，其控制土体粘聚力随年塑性剪应变的变化率；ω 和 ω_d 为与屈服面倾斜程度相关的土体参数，前者控制 α_d 变化率，后者控制体应变与剪应变对其影响的比重；通常，土体参数 χ_v 和 χ_d 可分别取 3/4 和 1/3。

2. 应力积分算法

应用 Katona(1984)提出的逐步时间积分方法以及 Newton-Raphson 迭代程序，研究者给出弹黏塑性模型的数值求解方法。在当前例子中，假设 t_n 时应力张量、状态变量以及应变和时间增量为已知量。其目标为确定对应的应力路径。

对于一个时间增量步，即时间从 t_n 增加至 t_{n+1}，本构增量关系可表示为：

$$\Delta\boldsymbol{\sigma} = \boldsymbol{D}^e : \Delta\boldsymbol{\varepsilon}^e = \boldsymbol{D}^e : (\Delta\boldsymbol{\varepsilon} - \Delta\boldsymbol{\varepsilon}^{vp}) \tag{10-9}$$

基于欧拉时间积分方法，黏塑性应变增量可近似地表示为：

$$\Delta\boldsymbol{\varepsilon}^{vp} = \Delta t[(1-\theta)\dot{\boldsymbol{\varepsilon}}_n^{vp} + \theta\dot{\boldsymbol{\varepsilon}}_{n+1}^{vp}] \tag{10-10}$$

式中，θ 为可调整的积分参数，其取值范围为 $0 \leqslant \theta \leqslant 1$。当 $\theta = 0$ 时，应变率增量完全由 t_n 时的条件确定，即代表全显式（或向前微分方法）。当 $\theta > 0$ 时，应变率增量与未知量 $\dot{\boldsymbol{\varepsilon}}_{n+1}^{vp}$ 相关，即代表隐式。其中，当 $\theta = 1$ 时代表全隐式。此外，$\theta = 0.5$ 时即为所谓的隐式梯形方法，亦或称为求解线性方程组的 Crank-Nicolson 准则。对于 $\theta \geqslant 0.5$ 时，隐式算法无条件的稳定。Hinchberger(1996)指出研究者调查 θ 不同取值时数值解的准确性。研究表明对于使用 Perzyna 类型的弹黏塑性本构关系的连续体问题而言，$\theta = 0.5$ 为最有效的求解方案。

将式(10-10)代入式(10-9)并整理为：

$$\boldsymbol{D}^{-1} : \boldsymbol{\sigma}_{n+1} + \Delta t \cdot \theta \cdot \dot{\boldsymbol{\varepsilon}}_{n+1}^{\mathrm{vp}} = \Delta \boldsymbol{\varepsilon} - \Delta t \cdot (1-\theta) \dot{\boldsymbol{\varepsilon}}_n^{\mathrm{vp}} + \boldsymbol{D}^{-1} \boldsymbol{\sigma}_n \tag{10-11}$$

式中，等号右侧的已知量在时间增量步中亦为常量，然而等号左侧的未知量需要求解。

利用 Newton-Raphson 方法求解该方程，对变量 $\boldsymbol{\sigma}_{n+1}$ 和 $\dot{\boldsymbol{\varepsilon}}_{n+1}^{\mathrm{vp}}$ 进行泰勒级数展开，有：

$$\begin{cases} \boldsymbol{\sigma}_{n+1} + \boldsymbol{\sigma}^i + \mathrm{d}\boldsymbol{\sigma}^i \\ \dot{\boldsymbol{\varepsilon}}_{n+1}^{\mathrm{vp}} = \dot{\boldsymbol{\varepsilon}}^{\mathrm{vp},i} + \dfrac{\partial \dot{\boldsymbol{\varepsilon}}^{\mathrm{vp},i}}{\partial \boldsymbol{\sigma}} : \mathrm{d}\boldsymbol{\sigma}^i \end{cases} \tag{10-12}$$

将式(10-12)代入式(10-11)，并整理为：

$$\boldsymbol{D}^{-1}(\boldsymbol{\sigma}^i + \mathrm{d}\boldsymbol{\sigma}^i) + \Delta t \theta \left(\dot{\boldsymbol{\varepsilon}}^{\mathrm{vp},i} + \frac{\partial \dot{\boldsymbol{\varepsilon}}^{\mathrm{vp},i}}{\partial \boldsymbol{\sigma}} \mathrm{d}\boldsymbol{\sigma}^i \right) = \Delta \boldsymbol{\varepsilon} - \Delta t (1-\theta) \dot{\boldsymbol{\varepsilon}}_n^{\mathrm{vp}} + \boldsymbol{D}^{-1} \boldsymbol{\sigma}_n$$

$$\Rightarrow \mathrm{d}\boldsymbol{\sigma}^i = \left[\boldsymbol{D}^{-1} + \Delta t \theta \frac{\partial \dot{\boldsymbol{\varepsilon}}^{\mathrm{vp},i}}{\partial \boldsymbol{\sigma}} \right]^{-1} : \left[(\Delta \boldsymbol{\varepsilon} - \Delta t (1-\theta) \dot{\boldsymbol{\varepsilon}}_n^{\mathrm{vp}} + \boldsymbol{D}^{-1} \boldsymbol{\sigma}_n) - (\boldsymbol{D}^{-1} \boldsymbol{\sigma}^i + \Delta t \theta \dot{\boldsymbol{\varepsilon}}^{\mathrm{vp},i}) \right]$$

$$\tag{10-13}$$

$$\Rightarrow \mathrm{d}\boldsymbol{\sigma}^i = \left[\frac{\partial \boldsymbol{G}}{\partial \boldsymbol{\sigma}} \right]^{-1} : \left[\boldsymbol{Q}_n - \boldsymbol{G}^i \right]$$

式中，

$$\begin{cases} \boldsymbol{Q}_n = \Delta \boldsymbol{\varepsilon} - \Delta t (1-\theta) \dot{\boldsymbol{\varepsilon}}_n^{\mathrm{vp}} + \boldsymbol{D}^{-1} \boldsymbol{\sigma}_n \\ \boldsymbol{G}^i = \boldsymbol{D}^{-1} \boldsymbol{\sigma}^i + \Delta t \theta \dot{\boldsymbol{\varepsilon}}^{\mathrm{vp},i} \end{cases} \tag{10-14}$$

迭代求解的流程参如图 10-8 所示。

此外，程序中提供了减小总应变增量和时间增量的方法，即子增量步。当参数 StepSize 取

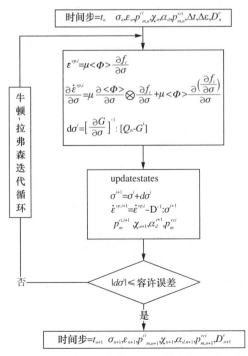

图 10-8　黏弹塑性本构模型的数值解的流程图

大于 1 的整数时,总应变增量和时间增量减小相应的倍数,并逐一施加。该子增量步的流程参见图 10-9。

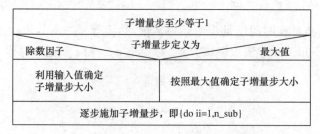

图 10-9　子增量步的流程图

当求解满足收敛条件后,计算的应力张量和状态变量传递回 PLAXIS。

10.2.4　创建材料刚度矩阵(IDTask＝3&6)

在 IDTask＝3&6 中,定义材料刚度矩阵 **D**。当采用隐式积分算法时,材料刚度矩阵 **D** 定义为弹性刚度矩阵。如果采用切线刚度的方法,IDTask＝3 中的材料刚度矩阵 **D** 需定义为全弹塑性刚度矩阵 **D**^{ep};IDTask＝6 中的材料刚度矩阵 **D** 需定义为弹性矩阵。在该例子的 ID-Task＝3&6 中,我们使用了隐式积分算法,所以均采用弹性刚度矩阵。在 PLAXIS 中,我们采用工程剪应变(如 $\gamma_{xy} = \varepsilon_{xy} + \varepsilon_{yz} = \partial u_x / \partial y + \partial u_y / \partial x$)。用于增量计算的弹性刚度矩阵定义如下:

$$
\begin{Bmatrix} \dot{\sigma}'_{xx} \\ \dot{\sigma}'_{yy} \\ \dot{\sigma}'_{zz} \\ \dot{\sigma}'_{xy} \\ \dot{\sigma}'_{yz} \\ \dot{\sigma}'_{zx} \end{Bmatrix} = \frac{E'}{(1-2\nu')(1+\nu')} \begin{bmatrix} 1-\nu' & \nu' & \nu' & 0 & 0 & 0 \\ \nu' & 1-\nu' & \nu' & 0 & 0 & 0 \\ \nu' & \nu' & 1-\nu' & 0 & 0 & 0 \\ 0 & 0 & 0 & 0.5-\nu' & 0 & 0 \\ 0 & 0 & 0 & 0 & 0.5-\nu' & 0 \\ 0 & 0 & 0 & 0 & 0 & 0.5-\nu' \end{bmatrix} \begin{Bmatrix} \dot{\varepsilon}_{xx} \\ \dot{\varepsilon}_{yy} \\ \dot{\varepsilon}_{zz} \\ \dot{\gamma}_{xy} \\ \dot{\gamma}_{yz} \\ \dot{\gamma}_{zx} \end{Bmatrix}
$$

$$(10\text{-}15)$$

这一部分的程序可编制如下:

```
IF ( IDTASK . EQ. 3 . OR. IDTASK . EQ. 6 ) THEN
    ! GET NY VALUE
    XNU=NY  ! POISSON'S RATIO
    ! DETERMINE SHEAR MODULUS FROM YOUNGS MODULUS
    PDASH=( SIG0(1) + SIG0(2) + SIG0(3) ) /3   ! GLOBAL MEAN STRESS
    IF ((PDASH. GT. -1.). AND. (PDASH. LE. 0.)) PDASH=-1.
    IF ((PDASH. LT. 1.). AND. (PDASH. GT. 0.)) PDASH=1.
    EE=STVAR0(11)    ! GET CURRENT VOID RATIO FOR LARGE DEFORMATION ANALYSIS
    KDASH=(1. +EE) * ABS(PDASH)/KAPPA    ! ...COMPRESSION MODULUS
    E=3. * (1. -(2. * XNU)) * KDASH    ! E (YOUNGS) FROM KAPPA
    G=0.5 * E/(1. +XNU)
    ! COMPOSE LINER ELASTIC MATERIAL STIFFNESS MATRIX
    F1  =2. * G * (1.-XNU)/(1.-2. * XNU)
```

```
F2  =2. * G * ( XNU )/(1.-2. * XNU)
D=0.
DO I=1,3
  DO J=1,3
    D(I,J)=F2
  END DO
  D(I,I)=F1
  D(I+3,I+3)=G
END DO
! CALCULATE BULK MODULUS OF WATER
BULKW=0
IF (ISUNDR. EQ. 1) THEN    ! UNDRAINED CONDITION
  XNU_U=0. 495D0
  FAC=(1+XNU_U)/(1-2 * XNU_U)-(1+XNU)/(1-2 * XNU)
  FAC=2D0 * G/3D0  * FAC
  BULKW=FAC
END IF
  END IF  ! IDTASK=3, 6
```

10. 2. 5　计算结构及调试

通常,用户自定义模型的子程序中需创建 usrdbg(user deburg)调试文件。其中,对输入变量进行交叉检查并且对状态变量进行初始化。如:

```
! CREATE FILE NAME FOR DEBUGGING(创建调试文件名称)
    FNAME=''
DO I=1,IPRJLEN
    FNAME(I:I)=CHAR( IPRJDIR(I) )
END DO
    FNAME=FNAME(:IPRJLEN)//'\USRDBG. ZYIN'
! OPEN DEBUGGING FILE(打开调试文件)
INQUIRE(UNIT=1, OPENED=ISOPEN)
IF (. NOT. ISOPEN) THEN
    OPEN(UNIT=1, FILE=FNAME, POSITION='APPEND')
    WRITE(1, * )'STARTING NEXT PHASE'
END IF
! CREATE DEBUGGING FILE(创建调试文件)
IF (IEL==1. AND. INTE==1) THEN
    CLOSE(UNIT=1, STATUS='DELETE')
    OPEN(UNIT=1,FILE=FNAME)
    WRITE(1, * )'INITIALIZATION'
    CALL WRIVEC(1,' PROPS. . .',PROPS,12)
    END IF
! CHECKING INPUT VARIABLES(创建输入变量)
IF ((OCR. NE. 0.). AND. (POP. NE. 0.)) THEN      ! POP 与 OCR 不能同时使用
```

```
    WRITE(1, * )'ERROR：USING POP AND OCR TOGETHER IS NOT POSSIBLE'
    STOP
END IF
IF（POP. GT. 0.）THEN    ! POP HAS TO BE NEGATIVE（COMPRESSION＝NEGATIVE）POP 的取值
                        应为负（定义以压为负）
    WRITE(1, * )'ERROR：POP HAS TO BE NEGATIVE（COMPRESSION＝NEGATIVE）'
    STOP
END IF
IF（OCR. LT. 0.）THEN    ! NEGATIVE OCR VALUES ARE NOT POSSIBLEOCR 的取值应为正
    WRITE(1, * )'ERROR：NEGATIVE OCR VALUES ARE NOT POSSIBLE'
    STOP
END IF
IF（LAMBDA＝＝KAPPA）THEN    ! DPMIDEPSV NOT CALCULABLE,否则不能计算 DPMI 对于
                            DEPSV 的导数
    WRITE(1, * )'ERROR：DPMIDEPSV NOT CALCULABLE - DIVISION BY ZERO'
    STOP
END IF
```

交叉检查的内容也可以按照用户需要增加。usrdbg 文件可以在创建的计算项目目录下找到。需要打印的内容可以按需要增加,如:

```
! WRITE TO FILE（在文件中打印）
IF（IEL＝＝1. AND. INTE＝＝1）THEN
    CALL WRIVEC(1,' SIG0_MOD',SIG0_MOD,6)
    WRITE(1, * )' K0NC POP OCR'
    WRITE(1,'(3(F8.3,X))') K0NC, POP, OCR
END IF
```

一旦程序调试正确,建议关闭交叉检查的内容打印,以节省计算时间。

10.3 常规试验模拟测试

本文作者针对上海软黏土进行了一维固结、一维变应变速率和三轴变应变速率不排水剪切试验。试验所用上海黏土取自于上海市闵行区虹梅南路与剑川路交叉口某基坑开挖工地,取土深度为 12m,此深度土为典型的上海第四层淤泥质黏土层。黏土物理特性为:液限 $w_L=42.5\%$,塑限 $w_P=22.5\%$,天然含水量 $w=37\%$,饱和重度 $\gamma=17.7$ kN/m^3,黏粒(粒径$<2\mu m$)含量为 26%。

10.3.1 一维固结试验模拟

采用上述用户自定义弹黏塑性模型,来模拟上海重塑黏土的常规一维固结试验,模型特性和模拟结果如下:

1. 模型介绍

(1)物理模型及网格划分:试验室一维固结试验所用环刀尺寸为直径 61.8mm、高度为 20mm。本文模拟采用轴对称建立与试样相同尺寸的模型(即高度相等,宽度取一半,见图 10-10),采用 15-节点三角形单元,单元数为 106,节点数为 909,高斯积分点数为 1272。初始孔

隙水压力零,饱和度始终为100%。

(2)边界条件及初始条件:试样上下表面为透水边界;底部和试样周围边界径向位移固定;底部节点竖向位移固定,其它节点竖向位移不受限制;相较于上表面的荷载,土样自重引起的土体应力分布可忽略不计,从而这里没有设置初始地应力平衡,而是通过初始应力命令分配所有单元同样的初始应力5kPa。

(3)荷载条件:室内常规固结压缩试验,荷载步为 12.5kPa,25kPa,50kPa,100kPa,200kPa,400kPa,800kPa 和 1600kPa。每级荷载持续时间为 1 天。

(4)土体参数:对于重塑土样,不需要考虑土体结构性相关的参数,这里设置 $\chi_0 = \xi = \xi_d = 0$。从一维固结试验和三轴试验确定了模拟所需的参数,见表 10-1。

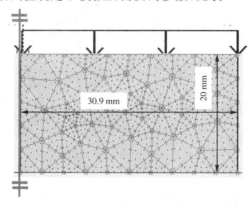

图 10-10　一维固结试验计算模型

表 10-1　　　　　　　　　　　　上海第四层黏土重塑土样参数

ν	λ	κ	e_0	M	C_{ae}	$k_v/(\mathrm{m \cdot h^{-1}})$	c_k	σ'_{p0}
0.3	0.133	0.021	1.06	1.1	0.003	3.2×10^{-6}	0.4	50

2. 结果分析

图 10-11 对比了常规固结试验孔隙比-时间曲线的模拟和试验结果,图中模拟结果取自模型顶部节点,孔隙比通过节点竖向应变和初始孔隙比换算得到。可以看出,模拟结果很好地与试验结果吻合,从而说明了本模型导入的正确性。

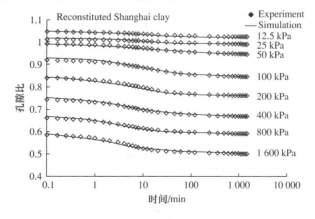

图 10-11　上海黏土重塑土样常规固结试验模拟

3. 上海黏土一维 CRS 试验模拟

不同于一维固结试验,CRS 试验采用竖向位移控制,即同样采用图 10-10 的模型,但竖向应力控制改成竖向位移。根据前文描述,上海黏土为弱结构性土,$\chi_0 = 0.5$。另外,根据式 (6-22)和(6-23)得到模型参数 ξ 和 χ_d 分别为 9 和 0.2,再加上表 10-1 列出的上海黏土的模型参数,采用非线性流变模型模拟了上海黏土 CRS 试验。图 10-12 为上海黏土 CRS 试验的模拟结果,结果表明,本文流变模型可以很好地模拟上海黏土的加载速率效应特性。

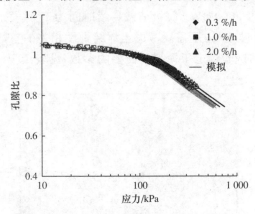

图 10-12　上海黏土原状土样 CRS 试验模拟

10.3.2　三轴剪切试验模拟

这一部分模拟了上述上海黏土原状土样的 CSR 三轴不排水剪切试验。土样在 K_0 条件下固结到 $\sigma'_v = 75\text{kPa}$、$\sigma'_h = 39\text{kPa}$,然后分别开始三轴压缩和伸长条件下的不排水剪切,试验包括加载、卸载、重加载等阶段,而且轴向应变速率在 0.2%/h 到 20%/h 之间变化。

由于假设三轴试验中应力-应变场均匀,暂不考虑试样的剪切带产生。为简化计算,通常采用 1×1 单元代替试验室的柱状试样,建立了图 10-13 所示的计算模型。模型单元数可以很少。试验过程中上下边界侧向位移自由变化,上边界作用竖向位移,下边界竖向位移固定,左侧边界水平位移固定、竖向位移自由变化,同时在上边界和右侧施加应力。本模拟考虑整个试验过程,包括固结阶段(假设整个固结阶段的时间为 1 周)。首先施加 10kPa 的围压和轴压,然后两天的时间内,在 K_0 条件下固结试样到 75kPa,随后在此条件下固结 5 天。固结完成后开始压缩和伸长剪切。

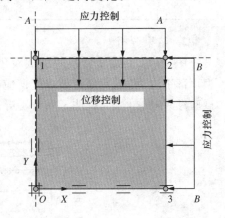

图 10-13　三轴剪切试验计算模型

采用上述上海黏土参数,模拟了上海黏土三轴变速率不排水压缩和伸长试验。图 10-14 对比了实测和模拟的应力应变和超孔隙水压力关系。结果表明,流变模型不仅可以很好地拟合应力应变关系,而且对孔隙水压力的预测也与实测值接近。

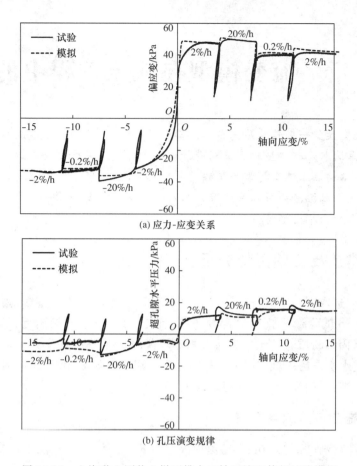

(a) 应力-应变关系

(b) 孔压演变规律

图 10-14　上海黏土原状土样不排水三轴压缩和伸长试验模拟

第 11 章   流变模型在软土工程中的应用

本章提要:流变模型一旦作为用户自定义模型成功导入有限元程序,便可应用于软土工程的计算分析。本章选取几个典型软土工程进行说明。首先是有详细地基土工试验和实测资料的路堤修建,说明结构性土流变模型的工程适用性。其次,应用流变模型进行了基于 PLAXIS 自带例子修改的浅基础沉降分析以及隧道施工及沉降分析。针对每一类软土工程,讨论了施工过程的影响及工后长期变形特性。

11.1   路堤建造及长期沉降分析

这一部分我们选取有一个有详细土工试验资料和现场实测资料的试验路堤(Murro embankment)。Murro 试验路堤于 1993 年建于芬兰西部的 Seinäjoki 镇附近,场地沉积软黏土层厚 23m,属于正常固结粉质软黏土。表层有相对较薄的干泥壳覆盖着。软黏土层下面是一层冰碛石,可认为透水层。历史沉积研究表明该地区土层相对比较年轻,具有典型的正常固结特性和结构性。试验路堤的标高在平均海平面上 37.5m。

11.1.1   路堤施工与监测点布置

Murro 试验路堤高 2m,长 30m。路堤顶部宽 10m,坡度为 1:2(图 11-1)。路堤材料是粒

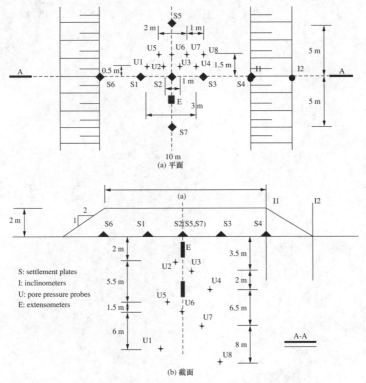

图 11-1   Murro 路堤尺寸与监测点布置

径为 0～65mm 的碎石(黑云母片麻岩)。路堤施工为两天,模拟中将采用同样的时间。Murro 试验路堤的测量传感器包括沉降板(S1～S7),测斜仪(I1,I2),伸长仪(E)和多个孔压传感仪(U1～U10)。路堤从 1993 年开始监测,最近一次是在 2007 年。图 11-1 给出了传感器的分布,在纵剖面上,传感器集中在路堤中心的 10m 范围内,沉降板 S2,S5,S7 在路堤中心线的正下面,其它的沉降板则对称分布在横断面上。拉伸仪可以测量 1.0～8.4m 深度的沉降值。

11.1.2　土工试验资料

Karstunen 等(2005)、Karstunen & Yin(2010)给出了详细的 Murro 路堤现场黏土的物理特性。黏土为含有 2‰～3‰有机质的粉质黏土,土体含水量在 65% 和 100% 之间变化,灵敏度(S_t)介于 2 和 14 之间,为中等敏感性。23m 厚的黏土层可以粗略的分为两层:1.6m 厚的超固结干泥壳和下覆厚层的接近于正常固结的软黏土。下覆软黏土层可以进一步细分为 5 个亚层。最大压缩层位于深度 1.6～6.7m 之间,地下水位位于地表下 0.8m 处。表 11-1 为路堤现场的 Murro 黏土部分物理特性平均值。

此外,在路堤建造处取了大量的地基土进行室内试验,主要有一维固结试验(重塑土及原状土)和三轴剪切试验。量取的力学参数见表 11-2(详细资料见文献:Karstunen & Yin 2010)。

表 11-1　　　　　　　　　　　　Murro 地基土物理特性平均值

深度/m	$w/\%$	I_p	$\gamma/(kN \cdot m^{-3})$	e_0	S_t
0.0～1.6	56.8	38	16.1	1.57	3.5
1.6～3.0	64.1	48	15.7	1.81	7
3.0～6.7	91.6	66	14.4	2.45	7
6.7～10.0	79.5	51	15.2	2.16	7
10.0～15.0	67.6	49	15.7	1.76	5
15.0～23.0	58.3	31	16.2	1.53	7

表 11-2　　　　　　　　　　　　Murro 地基土力学特性平均值

深度/m	M_c	K_0	κ	λ_i	ν	POP/kPa
0.0～1.6	1.7	1.25	0.01	0.18	0.3	100
1.6～3.0	1.7	0.34	0.024	0.18	0.3	22
3.0～6.7	1.65	0.35	0.041	0.25	0.3	22
6.7～10.0	1.5	0.4	0.024	0.21	0.3	22
10.0～15.0	1.45	0.42	0.024	0.21	0.3	35
15.0～23.0	1.4	0.43	0.02	0.15	0.3	40
深度/m	χ_0	ξ	ξ_d	$k/(m \cdot h^{-1})$	c_k	C_{ae}
0.0～1.6	2.5	5	0.2	6.5×10^{-4}	0.43	0.0087
1.6～3.0	6	12	0.2	2.0×10^{-5}	0.65	0.0097
3.0～6.7	6	9	0.2	1.6×10^{-5}	0.69	0.0121
6.7～10.0	6	10	0.2	1.0×10^{-5}	0.49	0.011
10.0～15.0	4	5	0.2	5.4×10^{-6}	0.44	0.0095
15.0～23.0	6	8	0.2	2.2×10^{-6}	0.45	0.0086

11.1.3 有限元模型及材料参数

有限元建模采用平面应变。考虑到路堤的对称性，本案主要分析的区域为从对称轴线向外水平方向 36m，竖向方向 23m，如图 11-2 所示。在侧向边界上限制水平方向的移动，在底边界限制水平和竖向两个方向。固结边界为：侧向不排水，上下排水。有限元网格由 6 节点三角形单元组成：单元数为 1456 个，节点数为 3019 个。路堤填料用简单的理想线弹塑性摩尔—库伦模型。根据 Karstunen 等(2005)的建议，取杨氏模量 $E = 40\,000\text{kN/m}^2$，泊松比 $\nu = 0.35$，临界状态摩擦角 $\varphi = 40°$，剪胀角等于 $0°$，重度 $\gamma = 19.6\ \text{kN/m}^3$。为了使数值模拟收敛性更好，取黏聚力 $c = 2\text{kN/m}^3$。路堤在两天时间内施工完毕。路基黏土的 Anicreep 模型参数见表 11-1—表 11-2(分别考虑固定蠕变参数和非线性蠕变参数做两次计算，进行比较)。

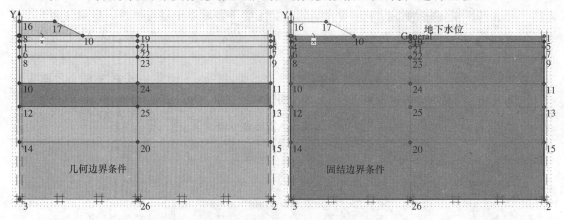

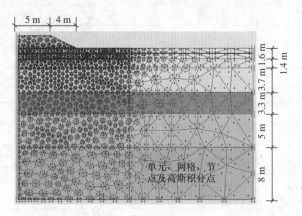

图 11-2　Murro 路堤有限元模型

11.1.4 计算结果及分析

为调查非线性流变的影响，使用改进的非线性流变模型(即在结构性软土流变模型 ANICREEP 的基础上添加公式：$C_{\alpha e} = C_{\alpha ef}(e/e_f)^n$，用 EVP-Nonlinear 表示，$n = 1$)模拟 Murro 路堤长期变形特性的同时，使用模型 ANICREEP 对比了模拟结果。下节中对比了两个模型的模拟结果。

1. 竖向沉降

图 11-3(a)对比了 Murro 路堤之下不同位置处沉降板 S1-S7 竖向沉降实测与预测结果。

可以看出,模型 ANICREEP 和改进的 EVP-Nonlinear 都较好的预测了路堤基础土体沉降趋势。在施工结束后较短时间内,两个模型预测值几乎没有差别。在施工结束 2 000 天以后,差别开始显现。EVP-Nonlinear 模型的预测沉降值随时间发展更为平缓。尽管实测数据时间长度为 4 000 天左右,为更清晰地分析路堤基础土体的长期沉降特性,特将数值模拟的时间延长到 5 万天。采用对数坐标形式,如图 11-3(b)所示沉降在固结初期速度较快,而在超孔隙水压力消散后沉降速度放缓。模型预测路堤下黏土完全固结结束需要大约 50 年。固结结束后为纯次固结阶段,在此阶段,EVP-Nonlinear 模型预测的沉降值发展慢于 ANICREEP 模型,因为 EVP-Nonlinear 模型的次固结系数变得更小。

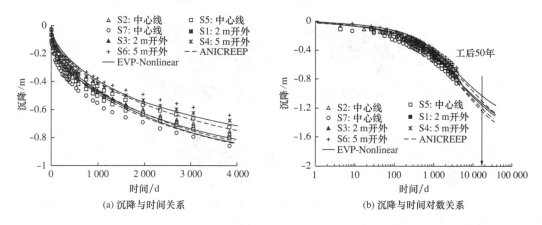

(a) 沉降与时间关系

(b) 沉降与时间对数关系

图 11-3 S1-S7 沉降板实测与预测沉降对比

图 11-4 展示了路堤施工结束时和工后固结过程中地表沉降槽的发展。两个模型都很好地描述了固结过程中测得的地表沉降值,且拟合结果与地表沉降趋势一致。需要说明的是,路堤两侧地表沉降差值在相同的数量级,这个差值同样在模型预测和实测值之差范围内。考虑到天然黏土的非均质性,图 11-4 中的偏差是可以接受的。

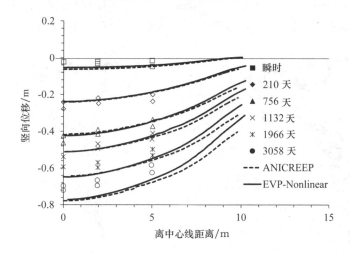

图 11-4 实测与预测表面沉降对比

图 11-5 展示了工后 4 000 天时,EVP-Nonlinear 模型预测的竖向沉降云图,以及与竖向沉降相关的竖向应变云图及体应变云图。

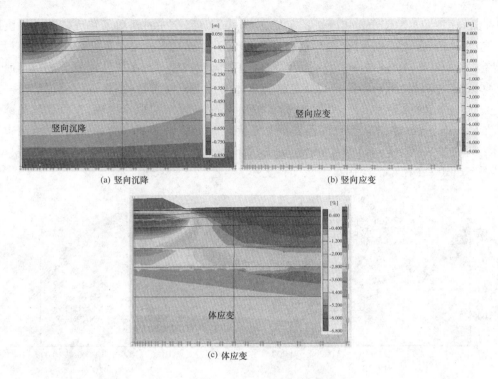

(a) 竖向沉降

(b) 竖向应变

(c) 体应变

图 11-5　数值计算云图

2. 水平位移

图 11-6 对比了测斜管 I1 和 I2(具体位置见图 11-1)处实测水平位移与两个模型的预测结果。从图 11-6(a)中实测值可以看出,测斜管 I1 处水平位移在地表为负值,然后随着竖向深度增加,水平位移急剧增大,在 7m 深处达到峰值,然后急速降低,地表深度 15m 之下的土体水平位移较小。两个模型预测的土体最大水平位移结果类似,位移值偏低。I1 处顶部出现负的水平位移,根据 Karstunen 等(2005)及 Karstunen & Yin (2010)的研究,这是由于巨大的竖向位移拖拽地表土造成的。图 11-6(b)测斜管 I2 看出,不论是最大水平位移值还是最大水平位移

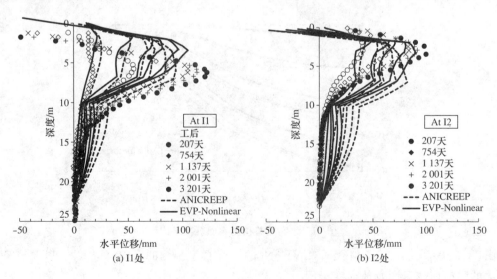

(a) I1处

(b) I2处

图 11-6　实测与预测水平位移对比

所处的土层深度,EVP-Nonlinear 模型都给出了更为合理的预测结果。需要指出的是,两个模型都较大地预测了较深位置处土体的侧向位移,这可能与实际土体的泊松比小于模型计算所用的 0.3 或者在小应变阶段土体刚度较大相关,而这需要更多的工程验证。

图 11-7 展示了工后 4000 天时,EVP- Nonlinear 模型预测的水平位移云图,以及与水平位移相关的水平应变云图及剪应变云图。

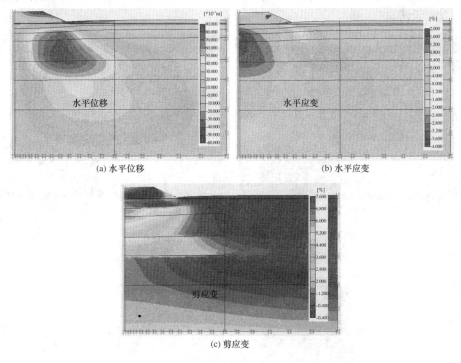

(a) 水平位移

(b) 水平应变

(c) 剪应变

图 11-7　数值计算云图

3. 超孔隙水压力

图 11-8 给出了路堤地基多个位置处超孔隙水压力随时间的演变过程。超孔隙水压力是通过气压式气压计监测的。由于此种压力计在结构性土体中测试的稳定性有待验证,因此不应该采用单一种类压力计来监测孔压的发展。从 Murro 路堤的例子可以看出,由于较难解释的地下水暗流的存在,所测孔压的稳定性不足。图 11-8 同样给出了两个模型的预测和实测超

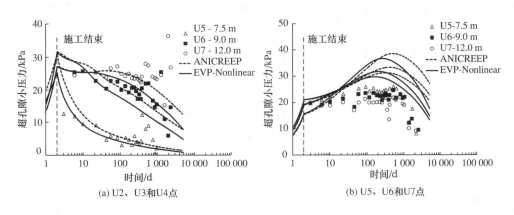

(a) U2、U3和U4点

(b) U5、U6和U7点

图 11-8　实测与预测超孔隙水压力对比

孔隙水压力的演变过程。测试点的分布见图 11-1。可以看出,地表及深度 15m 范围内的其他监测点处的超孔隙水压力预测值与实测值吻合度都较好。同时可以看出,ANICREEP 和 EVP-Nonlinear 对超孔隙水压力的影响不大。这主要是因为超孔隙水压力主要与土体渗透系数和荷载大小直接相关。

图 11-9 展示了施工结束,工后 730 天以及工后 4000 天时,EVP-Nonlinear 模型预测的超孔隙水压力的云图。

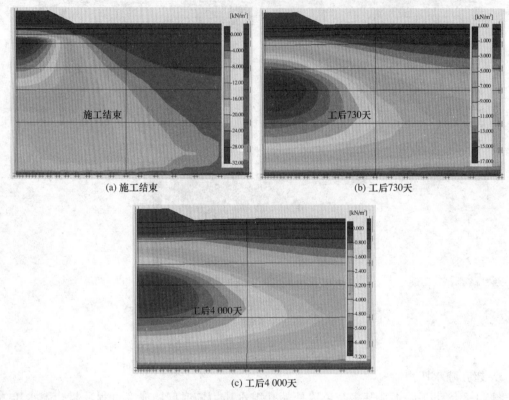

(a) 施工结束

(b) 工后730天

(c) 工后4000天

图 11-9　数值计算超孔隙水压力云图

4. 应力重分布

为了查看路堤修建引起的应力重分布情况,图 11-10 分别展示了施工前、施工结束时,以及工后 4000 天时,EVP-Nonlinear 模型预测的平均有效应力、相对剪应力、主应力方向云图。

11.2　浅基础沉降分析

浅基础案例是在 Plaxis 用户手册(PLAXIS 2D V8 - Tutorial Manual,2006)提供的浅基础例子上做的修改。一直径为 2m 的圆形基础放置在 10m 厚的软土层上。假设软土层下是深厚的坚硬岩石层。这一案例旨在计算土体在上部荷载作用下产生的位移以及超孔隙水压力、应变和应力分布等。由于岩石层的变形可以忽略不计,模型内不包含岩石层,即在软土层下应用零位移边界条件(位移固定)来考虑。为了避免边界的影响,适当反映软土层的各种变形机理,地基模型在水平方向上两侧均扩展到 5m 范围(图 11-11)。

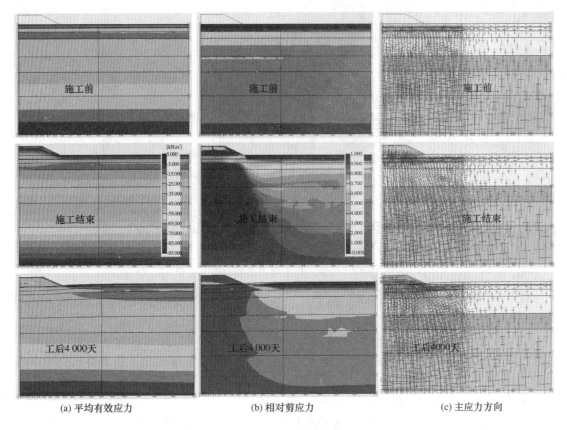

(a) 平均有效应力	(b) 相对剪应力	(c) 主应力方向

图 11-10　数值计算云图

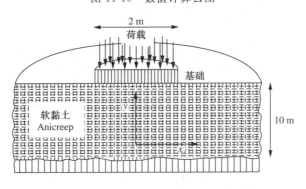

图 11-11　软黏土层上圆形基础案例

11.2.1　计算模型

由于案例涉及一个圆形基础,因此选择二维轴对称模型类型。地基模型的长宽为 $10m\times 5m$,基础长度为 1m,直接采用应力控制,如图 11-12 所示。

在整个土层模型上施加标准固定边界,即在模型底部施加完全固定约束($u_x=u_y=0$),在两侧竖直的边界施加滑动约束($u_x=0;u_y$ 自由)。

在案例中,基础的荷载施加通过在一定范围内施加均布荷载(应力控制)来模拟。

应用 PLAXIS 的全自动网格生成功能来生成有限元网格(采用 6 节点三角形单元,单元数 536 个,节点数 1133 个,高斯积分点 1608 个),然后选取用户自定义流变模型,建立上海土

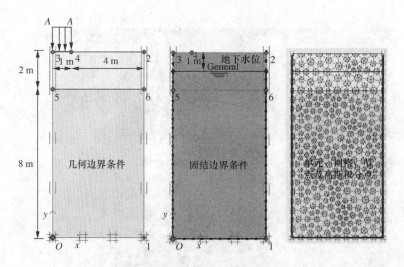

图 11-12　软黏土层上圆形基础有限元建模

参数材料(第 10 章),并赋予土层(地表下 2m 范围为硬壳层,设 POP＝－70kPa;其余设POP＝－10kPa)。

　　然后开始设定初始条件。一般来说,初始条件包括地下水位、几何构造和初始应力状态。本项目的软土层为饱和土体,所以设置地表以下 1 米处为初始地下水位。初始有效应力在 K_0 条件下生成。

　　由此,有限元模型建立完毕。

　　在建立计算步(或施工步)之前,建议检查初始应力场、孔隙水压力等。

11.2.2　计算步骤

　　本案例计算工序(或施工步)比较简单,采用分步加载:25、50、75、100kPa,每级荷载加载过程需要 15 分钟,荷载放置 7 天,然后再加下一级荷载。选择计算类型为固结(consolidation)。

11.2.3　计算结果及分析

　　为了说明蠕变的重要性,增加一个计算案例:即在加载到 75kPa 时,荷载停留 30 天。如图 11-3(a)所示,计算结果(图 11-12 中点 3)显示基础沉降有非常明显的蠕变现象。

　　为了对比不同施工时间对基础沉降的影响,又增加两个计算案例:每级荷载停留时间分别为 1 天和 30 天,如图 11-13(a)所示。计算结果显示,分步加载时间越长,沉降越大。如果把每级加载结束时的沉降与加载压力连起来,便可以画出 $p\text{-}s$ 曲线,而且分步加载时间越长,$p\text{-}s$

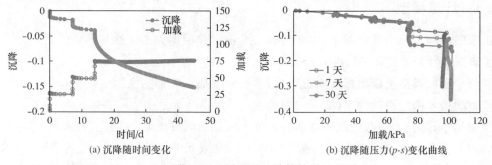

(a) 沉降随时间变化　　　　　　　　　(b) 沉降随压力($p\text{-}s$)变化曲线

图 11-13　圆形基础计算结果

曲线拐点越早出现,这与大量的实测结果相吻合。

此外,为了分析基础沉降机理,我们还可以画出应力应变场、超孔隙水压力等分布云图,还可以针对本构模型自定义的变量(如颗粒胶结大小、屈服面各向异性角度等)画出分布云图来进行分析,见图 11-14—图 11-16。

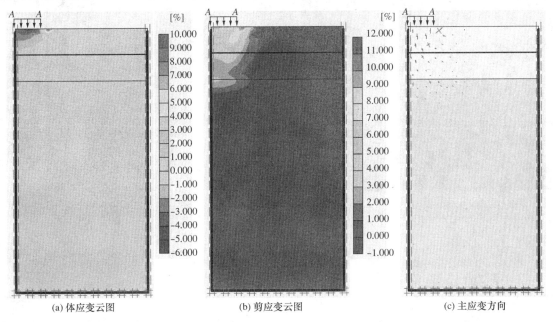

图 11-14　圆形基础计算结果

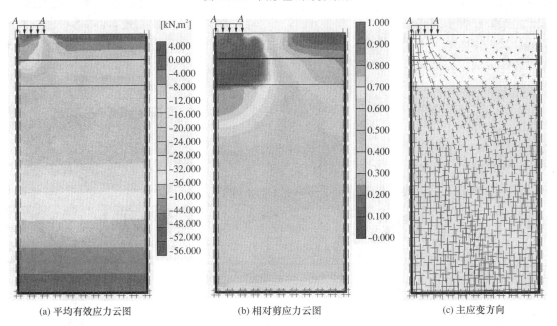

图 11-15　圆形基础计算结果

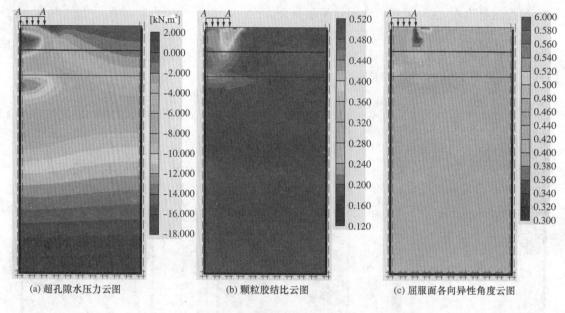

(a) 超孔隙水压力云图　　　　(b) 颗粒胶结比云图　　　　(c) 屈服面各向异性角度云图

图 11-16　圆形基础计算结果

11.3　隧道施工及工后沉降分析

隧道案例是在 PLAXIS 用户手册提供的例子上做的修改。本案例将考虑在软土地层中进行盾构隧道施工以及它对现有桩基的影响。盾构隧道施工通过掘进机在前面开挖土体，在其后面安装衬砌来完成。在施工过程中，土体开挖存在着一定程度的超挖，即隧道衬砌横截面小于开挖土体区域。尽管一般会采取措施(如壁后注浆)去填充这一空隙，但还是会不可能避免地诱发地层应力重分布和土体变形。

如图 11-17 所示，本案例考虑的隧道直径为 5m，埋深为 20m。地基分层包括四个不同土层：上部 13m 为软黏土。在这一黏土层下，有一 2m 厚的细砂层。它被选为支撑传统砖砌房屋的旧木桩的持力层。因为桩的位移可能导致建筑的破坏，所以要模拟隧道附近的建筑桩基。砂土层下是一5m 厚的黏土层。这是在其中进行隧道施工的土层之一。隧道的另一部分在位于深处的砂土层中，这一土层由密砂和砾石组成，强度很大。因此，只有 5m 深被包括在有限元模型中，而更深部分则被看作完全坚硬、采用固定位移边界条件加以模拟。

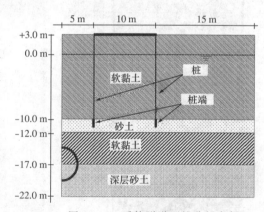

图 11-17　盾构隧道开挖分析案例

土中孔隙水压力分布是静态水压。水位位于地表$(y=0)$3m 之下。因为研究对象基本上是对称的，所以采用平面应变模型并只考虑其中一半。模型从隧道中间水平拓展 30m。

11.3.1　计算模型

在 PLAXIS 中，土层基本几何模型(不包括隧道和基础单元)可以使用几何直线选项来画。如图 11-18 所示,因为地表面位于参考水位 3m 之上,可以设置顶部标高为＋3m,底部标高为－22m。隧道建模采用隧道设计器来生成。这里考虑的隧道是圆形隧道的右半边,由四部分组成。建筑下的木桩是端承桩,总承载力中只有一小部分源于侧摩阻力。为了正确模拟该行为,使用板和点到点锚杆的组合来模拟桩。建筑本身将由支撑于点到点锚杆的刚性板来代表。然后整体几何模型施加标准固定边界。除了正常位移约束外,在隧道衬砌的上下节点还引入了转动约束。

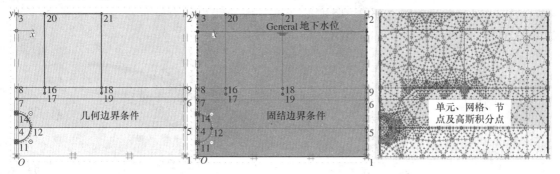

图 11-18　盾构隧道开挖有限元建模

本例使用 15 节点单元为基本单元类型。全局疏密度参数保持为其默认值(粗网格)。可以预料在隧道和桩脚周围将出现应力集中,因此在这些区域进行网格加密,即选中隧道内的两块土体,并且在网格菜单中选择加密土块选项。选中代表桩脚的两个板,并且在网格菜单中选择加密线选项。

本案例的初始条件为:生成超静孔隙水压力,冻结建筑物、桩、桩脚和隧道衬砌,然后并且生成初始应力。

11.3.2　材料设置及参数

黏土层材料采用用户自定义模型 Anicreep,并且材料类型设置为排水,其参数取值与例 1 中的一致(POP＝－10kPa)。对于其他土层,其参数取值见 PLAXIS 用户手册"Settlements due to Tunnel Construction (Lesson 6)"。

11.3.3　计算步骤

模拟隧道施工需要使用分步施工计算。我们首先需要激活隧道衬砌,但要使隧道内土体处于冻结状态。这种冻结状态会影响土的刚度、强度和有效应力;如果没有其他的设置,孔隙水压力会被保留。为了取消隧道内的孔隙水压力,隧道内的两个土块在水力条件模式下必须设置为"干"的状态。然后,重新生成孔隙水压力。进行这些设定要遵循以下几个步骤:①激活建筑物,即采用分步施工,选择塑性计算;在分步施工模式内,激活桩脚,锚杆和基础板,整个过程给 1 天的时间。②在参数切换界面上选中重置位移为零复选框,并激活隧道衬砌但要使隧道内两个土块处于冻结状态,整个过程给 1 天的时间。③切换至孔隙水压力模式,同时选择隧道内的两个土块,设置为"干"。④生成孔隙水压力。

除了隧道衬砌的安装、隧道的开挖和隧道的降水之外,地层损失可通过应用隧道衬砌的收缩来模拟:即选择分步施工、塑性计算;设置 2％的隧道收缩率,整个过程给 1 天的时间。

然后为绘制荷载-位移曲线选择一些特征节点(例如隧道中心正上方地表面的一些节点和

建筑角节点等);然后就可以开始计算。

11.3.4 计算结果及分析

为了说明蠕变的重要性,增加一个计算工序:即基于之前的设置,仅给出时间 80 天来模拟工后沉降。如图 11-19,计算结果(图 11-18 中点 3)显示隧道开挖诱发工后沉降有非常明显的蠕变现象。

此外,为了分析盾构隧道开挖沉降机理,我们还可以画出应力应变场、超孔隙水压力等分布云图,见图 11-20—图 11-21。

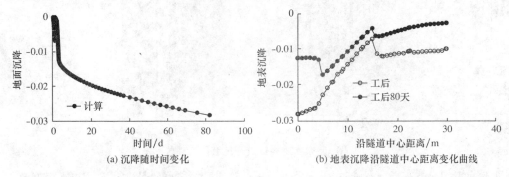

(a) 沉降随时间变化　　　　　(b) 地表沉降沿隧道中心距离变化曲线

图 11-19　盾构隧道开挖计算结果

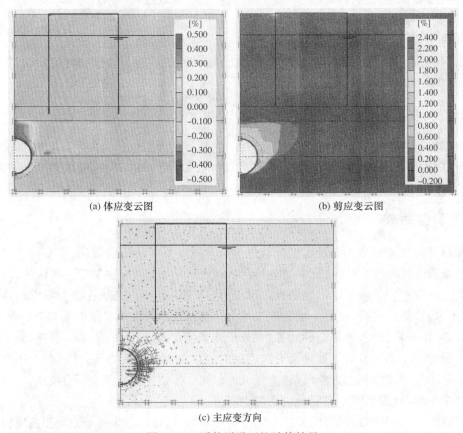

(a) 体应变云图　　　　　(b) 剪应变云图

(c) 主应变方向

图 11-20　盾构隧道开挖计算结果

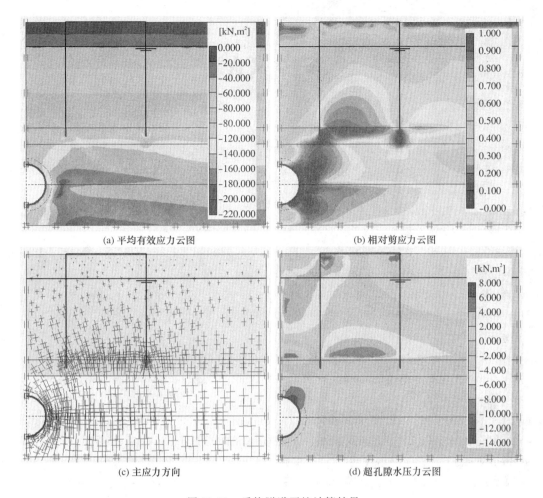

(a) 平均有效应力云图　　　　　　　　(b) 相对剪应力云图

(c) 主应力方向　　　　　　　　　　(d) 超孔隙水压力云图

图 11-21　盾构隧道开挖计算结果

参考文献

Adachi T, Oka F. 1982. Constitutive equations for normally consolidated clay based on elasto-viscoplasticity[J]. Soils and Foundations,22(4):57-70.

Akai K, Adachi T, Ando,N. 1975. Existence of a unique stress-strain-time relation of clays [J]. Soils and Foundations,15 (1):1-16.

Augustesen A, Liingaard M, Lade P. V. 2004. Evaluation of time-dependent behavior of soils[J]. International Journal of Geomechanics,4(3):137-156.

Bai J, Morgenstern N, Chan D. 2008. Three-dimensional Creep Analyses of the Leaning Tower of Pisa[J]. Soils and foundations,48 (2):195-205.

Bishop A W, Lovenbury H T. 1969. Creep characteristics of two undisturbed clays[C]. In: Proceedings of 7th International Conference of Soil Mechanics and Foundation Engineering:29-37.

Buisman A. 1936. Results of long duration settlement tests[C]. Proceedings 1st International Conference on Soil Mechanics and Foundation Engineering, Cambridge, Mass, 1: 103-107.

Cheng C-M, Yin J H. 2005. Strain-Rate Dependent Stress-Strain Behavior of Undisturbed Hong Kong Marine Deposits under Oedometric and Triaxial Stress States[J]. Marine Georesources and Geotechnology,23(1-2):61-92.

Conte E, Silvestri F, Troncone A. 2010. Stability analysis of slopes in soils with strain-softening behaviour[J]. Computers and Geotechnics,37(5):710-722.

Dafalias Y, Popov E. 1975. A model of nonlinearly hardening materials for complex loading [J]. Acta Mechanica,21(3):173-192.

Dafalias Y F. 1987. Anisotropic critical state clay plasticity model[C] Proceedings of the 2nd International Conference on Constitutive Laws for Engineering Materials. Tucson, Ariz. Elsevier, N. Y. 1:513 521.

Desai B C S, Samtani N C, Member A, Vulliet L. 1995. Constitutive modeling and analysis of creeping slopes[J]. Journal of Geotechnical Engineering,121(1):43-56.

Desai C, Zhang D. 1987. Viscoplastic model for geologic materials with generalized flow rule [J]. International Journal for Numerical and Analytical Methods in Geomechanics,11(6): 603-620.

Dìaz-Rodrìguez J A, Martìnez-Vasquez J J, Santamarina J C. 2009. Strain-rate effects in Mexico City soil[J]. Journal of geotechnical and geoenvironmental engineering,135(2): 300-305.

Fernández-Merodo J, Garc a-Davalillo J, Herrera G, Mira P, Pastor M. 2014. 2D viscoplastic finite element modelling of slow landslides: the Portalet case study (Spain)[J]. Landslides,11(1):29-42.

Fodil A, Aloulou W, Hicher P Y. 1997. Viscoplastic behaviour of soft clay[J]. Geotechique,47(3):581-591.

Forlati F, Gioda G, Scavia C. 2001. Finite element analysis of a deep-seated slope deformation[J]. Rock Mechanics and Rock Engineering,34(2):135-159.

Freitas T M B, Potts D M, Zdravkovic L. 2012. The effect of creep on the short-term bearing capacity of pre-loaded footings[J]. Computers and Geotechnics,42:99-108.

Fuschi P, Perič D, Owen D. 1992. Studies on generalized midpoint integration in rate-independent plasticity with reference to plane stress J 2-flow theory[J]. Computers & Structures,43(6):1117-1133.

Gens A, Nova R. 1993. Conceptual bases for a constitutive model for bonded soils and weak rocks[J]. Geotechnical engineering of hard soils-soft rocks,1(1):485-494.

Ghaboussi J, Sidarta D. 1998. New nested adaptive neural networks (NANN) for constitutive modeling[J]. Computers and Geotechnics,22(1):29-52.

Giannopoulos K P, Zdravkovic L, Potts D M. 2010. A numerical study on the effects of time on the axial load capacity of piles in soft clays[C]. in Numerical Methods in Geotechnical Engineering (NUMGE 2010):595-600.

Gioda G, Borgonovo G. 2004. Finite element modeling of the time-dependent deformation of a slope bounding a hydroelectric reservoir[J]. International Journal of Geomechanics ,4 (4):229-239.

Gnanendran C, Manivannan G, Lo S-C. 2006. Influence of using a creep, rate, or an elastoplastic model for predicting the behaviour of embankments on soft soils[J]. Canadian Geotechnical Journal,43(2):134-154.

Graham J, Crooks J, Bell A L. 1983. Time effects on the stress-strain behaviour of natural soft clays[J]. G otechnique,33(3):327-340.

Grimstad G, Degago S A, Nordal S, Karstunen M. 2010. Modeling creep and rate effects in structured anisotropic soft clays[J]. Acta Geotechnica,5(1):69-81.

Hattab M, Hicher P Y. 2004. Dilating behaviour of overconsolidated clay[J]. Soils and Foundations,44(4):27-40.

Hicher P Y, Wahyudi H, Tessier D. 2000. Microstructural analysis of inherent and induced anisotropy in clay[J]. Mechanics of Cohesive - frictional Materials,5(5):341-371.

Hicher P Y. 1985. Mechanical behavior of saturated clays on various paths monotonic and cyclic loads. Application modeling elastoplastic and viscoplastic[D]. Paris, University of Paris VI.

Hinchberger S D. 1996. The Behaviour of Reinforced and Unreinforced Embankments on Rate-sensitive Clayey Foundations[D]. Thesis at University of Western Ontario, Canada.

Hinchberger S D, Qu G. 2009. Viscoplastic constitutive approach for rate-sensitive structured clays[J]. Canadian Geotechnical Journal,46(6):609-626.

Hinchberger S D, Rowe R K. 1998. Modelling the rate-sensitive characteristics of the Gloucester foundation soil[J]. Canadian Geotechnical Journal,35(5):769-789.

Hinchberger S D, Rowe R K. 2005. Evaluation of the predictive ability of two elastic-viscoplastic constitutive models[J]. Canadian Geotechnical Journal,42(6):1675-1694.

Hughes T J, Taylor R L. 1978. Unconditionally stable algorithms for quasi-static elasto/visco-plastic finite element analysis[J]. Computers & Structures,8(2):169-173.

Ishii Y, Ota K, Kuraoka S, Tsunaki R. 2012. Evaluation of slope stability by finite element method using observed displacement of landslide[J]. Landslides,9(3):335-348.

Javadi A A, Rezania M, Nezhad M M. 2006. Evaluation of liquefaction induced lateral displacements using genetic programming[J]. Computers and Geotechnics,33(4):222-233.

Jin Y F, Yin Z Y, Shen S L, Hicher P Y. 2016a Selection of sand models and identification of parameters using an enhanced genetic algorithm[J]. International Journal for Numerical and Analytical Methods in Geomechanics, DOI:10.1002/nag.2487.

Jin Y F, Yin Z Y, Shen S L, Hicher P Y. 2016b Investigation into MOGA for identifying parameters of a critical state based sand model and parameters correlation by factor analysis. Acta Geotechnica, DOI:10.1007/s11440-015-0425-5.

Kabbaj M, Tavenas F, Leroueil S. 1988. In situ and laboratory stress strain relationships [J]. Geotechnique,38(1):83-100.

Kaliakin V N, Dafalias Y F. 1990. Theoretical aspects of the elastoplastic-viscoplastic bounding surface model for cohesive soils[J]. Soils and Foundations,30(3):11-24.

Karim M, Gnanendran C, Lo S-C, Mak J. 2010. Predicting the long-term performance of a wide embankment on soft soil using an elastic-viscoplastic model[J]. Canadian Geotechnical Journal,47(2):244-257.

Karstunen M, Krenn H, Wheeler S J, et al. 2005. Effect of anisotropy and destructuration on the behavior of Murro test embankment[J]. International Journal of Geomechanics,5 (2):87-97.

Karstunen M, Yin Z Y. 2010. Modelling time-dependent behaviour of Murro test embankment[J]. G otechnique,60(10):735-749.

Katona M G. 1984. Evaluation of viscoplastic cap model[J]. Journal of Geotechnical Engineering,110(8):1106-1125.

Kelln C, Sharma J, Hughes D, Graham J. 2008. An improved elastic-viscoplastic soil model [J]. Canadian Geotechnical Journal,45(10):1356-1376.

Kelln C, Sharma J, Hughes D, Graham J. 2009. Finite element analysis of an embankment on a soft estuarine deposit using an elastic-viscoplastic soil model[J]. Canadian Geotechnical Journal,46(3):357-368.

Kim Y-T. 2012. Strain Rate-Dependent Consolidation Behaviors of Embankment With or Without Vertical Drains[J]. Marine Georesources & Geotechnology,30(4):274-290.

Kim Y T, Leroueil S. 2001. Modeling the viscoplastic behaviour of clays during consolidation: application to Berthierville clay in both laboratory and field conditions[J]. Canadian Geotechnical Journal,38(3):484-497.

Kimoto S, Oka F. 2005. An elasto-viscoplastic model for clay considering destructuralization and consolidation analysis of unstable behavior[J]. Soils and Foundations,45(2):29-42.

Knabe T, Datcheva M, Lahmer T, Cotecchia F, Schanz T. 2013. Identification of constitutive parameters of soil using an optimization strategy and statistical analysis[J]. Computers and Geotechnics,49:143-157.

Kutter B, Sathialingam N. 1992. Elastic-viscoplastic modelling of the rate-dependent behaviour of clays[J]. G otechnique,42(3):427-441.

Lacerda W, Houston W. 1973. Stress relaxation in soils[C]. In: Proceedings of the 8th International Conference on Soil Mechanics and Foundation Engineering(SMFE), Moscow, Russia,221-227.

Lafleur J, Silvestri V, Asselin R, Soulié M. 1988. Behaviour of a test excavation in soft Champlain Sea clay[J]. Canadian Geotechnical Journal,25(4):705-715.

Leoni M, Karstunen M, Vermeer P. 2008. Anisotropic creep model for soft soils[J]. G otechnique,58(3):215-226.

Leoni M, Karstunen M, Vermeer P. 2009. Anisotropic creep model for soft soils [J]. Geotechnique,58(3):215-266.

Leroueil S, Kabbaj M, Tavenas F. 1988. Study of the validity of a. SIGMA. ′v-. EPSILON. v-. EPSILON. v model in in situ conditions[J]. Soils and Foundations,28(3):13-25.

Leroueil S, Kabbaj M, Tavenas F, Bouchard R. 1985. Stress strain strain rate relation for the compressibility of sensitive natural clays[J]. Géotechnique,35(2):159-180.

Leroueil S, Tavenas F, Samson L, Morin P. 1983. Preconsolidation pressure of Champlain clays. Part II. Laboratory determination [J]. Canadian Geotechnical Journal, 20 (4): 803-816.

Levasseur S, Mal cot Y, Boulon M, Flavigny E. 2008. Soil parameter identification using a genetic algorithm[J]. International Journal for Numerical and Analytical Methods in Geomechanics,32(2):189-213.

Liingaard M, Augustesen A, Lade P V. 2004. Characterization of models for time-dependent behavior of soils[J]. International Journal of Geomechanics,4(3):157-177.

Liu G, Ng C W, Wang Z. 2005. Observed performance of a deep multistrutted excavation in Shanghai soft clays[J]. Journal of Geotechnical and Geoenvironmental Engineering,131 (8):1004-1013.

Liu X F. 2010. Transfert des solutions metalliques dans les argiles saturees et impact sur leur microstructure[D]. French: Ecole Centrale de Nantes.

Lo K. 1961. Secondary compression of clays[J]. Journal of the Soil Mechanics and Foundations Division, ASCE,87(4):61-87.

Matsui T, Abe N. 1985. Undrained creep characteristics of normally consolidated clay based on the flow surface model[C]. In: Proc. , 11th ICSMFE,140-143.

Mesri G, Choi Y. 1985. Settlement analysis of embankments on soft clays[J]. Journal of Geotechnical Engineering,111(4):441-464.

Mesri G, Godlewski P M. 1977. Time and stress-compressibility interrelationship[J]. Journal of the Geotechnical Engineering Division,103(5):417-430.

Mirjalili M, Kimoto S, Oka F, Hattori T. 2012. Long-term consolidation analysis of a large-scale embankment construction on soft clay deposits using an elasto-viscoplastic model[J].

Soils and Foundations,52(1):18-37.

Mitchell J. 2005. SOGAK. Fundamentals of soil behavior[B]. New York: John Wiley & Sons.

Moreira N, Miranda T, Pinheiro M, et al. 2013. Back analysis of geomechanical parameters in underground works using an Evolution Strategy algorithm[J]. Tunnelling and Underground Space Technology,33:143-158.

Murayama S, Sekiguchi H, Ueda T. 1974. A study of the stress-strain-time behavior of saturated clays based on a theory of nonlinear viscoelasticity[J]. Soils and Foundations,14(2):19-33.

Nagahara H, Fujiyama T, Ishiguro T, Ohta H. 2004. FEM analysis of high airport embankment with horizontal drains[J]. Geotextiles and Geomembranes,22(1):49-62.

Naghdi P M, Murch S. 1963. On the mechanical behavior of viscoelastic/plastic solids[J]. Journal of Applied Mechanics,30(3):321-328.

Nakai T, Shahin H M, Kikumoto M, et al. 2011. A simple and unified one-dimensional model to describe various characteristics of soils[J]. Soils and foundations,51(6):1129-1148.

Nakase A, Kamei T. 1986. Influence of strain rate on undrained shear characteristics of K0-consolidated cohesive soils. Soils and Foundations,26(1):85-95.

Nash D, Sills G, Davison L. 1992. One-dimensional consolidation testing of soft clay from Bothkennar[J]. Geotechnique,42(2):241-256.

Nelder J A, Mead R. 1965. A simplex method for function minimization[J]. The computer journal,7(4):308-313.

Nova R. 1982. A viscoplastic constitutive model for normally consolidated clay[C]. in IUTAM conference on deformation and failure of granular materials. The Netherlands.

Obrzud R F, Vulliet L, Truty A. 2009. Optimization framework for calibration of constitutive models enhanced by neural networks[J]. International journal for numerical and analytical methods in geomechanics,33(1):71-94.

Oda Y, Mitachi T. 1988. Stress relaxation characteristics of saturated clays[J]. Soils and Foundations,28(4):69-80.

Oka F, Kimoto S, Nakano M, et al. 2008. Elasto-viscoplastic numerical analysis of a deep excavation in an Osaka soft clay deposit using the open-cut method[C]. In: Proceedings of the 12th International Conference of IACMAG. 4709-4715.

Oka F, Kodaka T, Kim Y S. 2004. A cyclic viscoelastic viscoplastic constitutive model for clay and liquefaction analysis of multi - layered ground[J]. International journal for numerical and analytical methods in geomechanics,28(2):131-179.

Olszak W, Perzyna P. 1966. The constitutive equations of the flow theory for a non-stationary yield condition[C]. In: Applied Mechanics. Springer. 545-553.

Olszak W, Perzyna P. 1970. Stationary and nonstationary viscoplasticity[J]. Inelastic Behaviour of Solids, 53-75.

O'Reilly M, Mair R, Alderman G. 1991. Long-term settlements over tunnels: an eleven

Year study at Grimsby[C]. In: Proceedings of Tunnelling 91: 6th International Symposium, Elsevier,55-64.

Ortiz M, Martin J B. 1989. Symmetry - preserving return mapping algorithms and incrementally extremal paths: A unification of concepts[J]. International Journal for Numerical Methods in Engineering,28(8):1839-1853.

Ortiz M, Popov E P. 1985. Accuracy and stability of integration algorithms for elastoplastic constitutive relations[J]. International Journal for Numerical Methods in Engineering,21(9):1561-1576.

Ortiz M, Simo J. 1986. An analysis of a new class of integration algorithms for elastoplastic constitutive relations[J]. International Journal for Numerical Methods in Engineering,23(3):353-366.

Pal S, Wathugala G W, Kundu S. 1996. Calibration of a constitutive model using genetic algorithms[J]. Computers and Geotechnics,19(4):325-348.

Papon A, Riou Y, Dano C, Hicher P Y. 2012. Single - and multi - objective genetic algorithm optimization for identifying soil parameters[J]. International Journal for Numerical and Analytical Methods in Geomechanics,36(5):597-618.

Peirce D, Shih C F, Needleman A. 1984. A tangent modulus method for rate dependent solids[J]. Computers & Structures,18(5):875-887.

Perić D. 1993. On a class of constitutive equations in viscoplasticity: formulation and computational issues[J]. International journal for numerical methods in engineering,36(8):1365-1393.

Perzyna P. 1966. Flmdamental Problems in Viseoplasticity[J]. Advances in applied mechanics,9,243.

Perzyna P. 1971. Thermodynamic theory of viscoplasticity[J]. Advances in applied mechanics,11(1):313-354.

Perzyna P. 1963. The constitutive equations for rate sensitive plastic materials[J]. Q. Appl. Math,20(4):321-332.

Perzyna P. 1963. The constitutive equations for work-hardening and rate sensitive plastic materials in Proceedings of Vibration Problems.

Plaxis B. 2006. PLAXIS Version 8, Material Models Manual[J]. Plaxis bv, Delft.

Prapaharan S, Chameau J, Holtz, R. 1989. Effect of strain rate on undrained strength derived from pressuremeter tests[J]. Geotechnique,39(4):615-624.

Prevost J-H. 1976. Undrained stress-strain-time behavior of clays [J]. Journal of the Geotechnical Engineering Division,102(12):1245-1259.

Qu G, Hinchberger S, Lo K. 2010. Evaluation of the viscous behaviour of clay using generalised overstress viscoplastic theory[J]. Geotechnique,60(10):777-789.

Rangeard D, Y Hicher P, Zentar R. 2003. Determining soil permeability from pressuremeter tests[J]. International journal for numerical and analytical methods in geomechanics,27(1):1-24.

Rocchi G, Fontana M, Da Prat M. 2003. Modelling of natural soft clay destruction processes using viscoplasticity theory[J]. G otechnique,53(8):729-745.

Rokonuzzaman M, Sakai T. 2010. Calibration of the parameters for a hardening softening constitutive model using genetic algorithms[J]. Computers and Geotechnics, 37 (4): 573-579.

Roscoe K, Schofield A, Thurairajah A. 1963. Yielding of clays in states wetter than critical [J]. Geotechnique,13(3):211-240.

Roscoe K H, Burland J. 1968. On the generalized stress-strain behaviour of wet clay[J]. Engineering Plasticity,535-609.

Rosenbrock H. 1960. An automatic method for finding the greatest or least value of a function[J]. The Computer Journal,3(3):175-184.

Rowe P W. 1962. The stress-dilatancy relation for static equilibrium of an assembly of particles in contact[C]. In: Proceedings of the Royal Society of London A: Mathematical, Physical and Engineering Sciences. The Royal Society,500-527.

Rowe R K, Hinchberger S D. 1998. The significance of rate effects in modelling the Sackville test embankment[J]. Canadian Geotechnical Journal,35(3):500-516.

Schofield A N, Wroth P. 1968. Critical state soil mechanics[M]. London:McGraw-Hill.

Sekiguchi H. 1977. Induced anisotoropy and time dependency in clay[C]. 9th ICSMFE, Tokyo, Proc Speciality session 9.

Shahrour I, Meimon Y. 1995. Calculation of marine foundations subjected to repeated loads by means of the homogenization method[J]. Computers and Geotechnics,17(1):93-106.

Sheahan L, Ladd C C, Germaine J T, Sheahan T C. 1994. Time-dependent triaxial relaxation behavior of a resedimented clay[C]. Geotechnical Testing Journal, vol 17. vol 4. ASTM International,444-452.

Sheahan T C, Ladd C C, Germaine J T. 1996. Rate-dependent undrained shear behavior of saturated clay[J]. Journal of Geotechnical Engineering,122(2):99-108.

Sheng D, Sloan S, Yu H. 2000. Aspects of finite element implementation of critical state models[J]. Computational mechanics,26(2):185-196.

Shirlaw J. 1995. Observed and calculated pore pressures and deformations induced by an earth balance shield: Discussion[J]. Canadian Geotechnical Journal,32(1):181-189.

Silvestri V. 2006. Strain-rate effects in self-boring pressuremeter tests in clay[J]. Canadian geotechnical journal,43(9):915-927.

Silvestri V, Soulie M, Touchan Z, Fay B. 1988. Triaxial relaxation tests on a soft clay[J]. Advanced triaxial testing of soil and rock ASTM STP,977:321-337.

Simo J. 1991. Nonlinear stability of the time-discrete variational problem of evolution in nonlinear heat conduction, plasticity and viscoplasticity[J]. Computer Methods in Applied Mechanics and Engineering,88(1):111-131.

Simo J, Govindjee S. 1991. Non - linear B - stability and symmetry preserving return mapping algorithms for plasticity and viscoplasticity[J]. International Journal for Numerical Methods in Engineering,31(1):151-176.

Simo J C, Taylor R L. 1985. Consistent tangent operators for rate-independent elastoplasticity[J]. Computer methods in applied mechanics and engineering,48(1):101-118.

Singh A, Mitchell J K. 1968. General stress-strain-time function for soils[J]. Journal of the Soil Mechanics and Foundations Division,94(1):21-46.

Stapelfeldt T, Vepsalainen P, Yin Z. 2008. Numerical modelling of a test embankment on soft clay improved with vertical drains[C]. In: Proc., 2nd Int. Workshop on Geotechnics of Soft Soils: Focus on Ground Improvement. Taylor & Francis, London,173-179.

Stolle D, Vermeer P, Bonnier P. 1999. Time integration of a constitutive law for soft clays [J]. Communications in Numerical Methods in Engineering,15(8):603-609.

Šuklje L. 1957. The analysis of the consolidation process by the isotache method[C]. In: Proceedings of the 4th International Conference on Soil Mechanics and Foundation Engineering, London,200-206.

Suneel M, Park L K, Im J C. 2008. Compressibility characteristics of Korean marine clay [J]. Marine Georesources and Geotechnology,26(2):111-127.

Taechakumthorn C, Rowe R. 2012. Choice of allowable long-term strains for reinforced embankments on a rate-sensitive foundation[J]. Geosynthetics International,19(1):1-10.

Tavenas F, Leroueil S, Rochelle P L, Roy M. 1978. Creep behaviour of an undisturbed lightly overconsolidated clay[J]. Canadian Geotechnical Journal,15(3):402-423.

Terzaghi K, Peck R B. 1968. Soil Mechanics in Engineering Practice: 2d Ed[M]. New York: John Wiley&Sons.

Thomas J. 1984. An improved accelerated initial stress procedure for elasto - plastic finite element analysis[J]. International Journal for Numerical and Analytical Methods in Geomechanics,8(4):359-379.

Tian W-M, Silva A, Veyera G, Sadd M. 1994. Drained creep of undisturbed cohesive marine sediments[J]. Canadian geotechnical journal,31(6):841-855.

Tong X, Tuan C Y. 2007. Viscoplastic cap model for soils under high strain rate loading[J]. Journal of geotechnical and geoenvironmental engineering,133(2):206-214.

Troncone A. 2005. Numerical analysis of a landslide in soils with strain-softening behaviour [J]. Geotechnique,55(8):585-596.

Vaid Y, Robertson P, Campanella R. 1979. Strain rate behaviour of Saint-Jean-Vianney clay [J]. Canadian Geotechnical Journal,16(1):34-42.

Vaid Y P, Campanella R G. 1977. Time-dependent behavior of undisturbed clay[J]. Journal of the Geotechnical Engineering Division,103(7):693-709.

Vardakos S, Gutierrez M, Xia C. 2012. Parameter identification in numerical modeling of tunneling using the Differential Evolution Genetic Algorithm(DEGA)[J]. Tunnelling and underground space technology,28:109-123.

Vermeer P, Neher H. 1999. A soft soil model that accounts for creep[C]. In: Proceedings of the International Symposium "Beyond 2000 in Computational Geotechnics,249-261.

Wang W, Sluys L, De Borst R. 1997. Viscoplasticity for instabilities due to strain softening and strain-rate softening[J]. International Journal for Numerical Methods in Engineering, 40(20):3839-3864.

Wehnert H R. 2001. An evaluation of soft soil models based on trial embankments[C]. In: Computer Methods and Advances in Geomechanics: Proceedings of the 10th International Conference on Computer Methods and Advances in Geomechanics, Tucson, Arizona, USA. CRC Press,373.

Wheeler S J, Näätänen A, Karstunen M, Lojander M. 2003. An anisotropic elastoplastic model for soft clays[J]. Canadian Geotechnical Journal,40(2):403-418.

Yao Y, Kong L, Hu J. 2013. An elastic-viscous-plastic model for overconsolidated clays[J]. Science China Technological Sciences,56(2):441-457.

Yin J H. 1999. Non-linear creep of soils in oedometer tests[J]. Geotechnique,49(5): 699-707.

Yin J H, Cheng C M. 2006. Comparison of Strain-rate Dependent Stress-Strain Behavior from K o-consolidated Compression and Extension Tests on Natural Hong Kong Marine Deposits[J]. Marine Georesources and Geotechnology,24(2):119-147.

Yin J H, Zhu J G, Graham J. 2002. A new elastic viscoplastic model for time-dependent behaviour of normally and overconsolidated clays: theory and verification[J]. Canadian Geotechnical Journal,39(1):157-173.

Yin Z Y, Zhang D M, Hicher P Y. 2008. Modeling of the time-dependent behavior of soft soils using a simple elasto-viscoplastic model[J]. Chinese Journal of Geotechnical Engineering,30(6):880-888.

Yin Z Y. 2006. Mod lisation viscoplastique des argiles naturelles et application au calcul de remblais sur sols compressibles [D]. Ecole Centrale de Nantes.

Yin Z Y, Hicher P Y. 2008. Identifying parameters controlling soil delayed behaviour from laboratory and in situ pressuremeter testing[J]. International Journal for Numerical and Analytical Methods in Geomechanics,32(12):1515-1535.

Yin Z Y, Chang C S, Karstunen M, Hicher P Y. 2010. An anisotropic elastic viscoplastic model for soft clays[J]. International Journal of Solids and Structures,47(5):665-677.

Yin Z Y, Huang H W, Stefano U, Pierre Yves H. 2009. Modeling rate-dependent behaviors of soft subsoil under embankment loads[J]. Chinese Journal of Geotechnical Engineering, 31(1):109-117.

Yin Z Y, Karstunen M. 2011. Modelling strain-rate-dependency of natural soft clays combined with anisotropy and destructuration[J]. Acta Mechanica Solida Sinica,24(3): 216-230.

Yin Z Y, Karstunen M, Chang C S, Koskinen M, Lojander M. 2011. Modeling time-dependent behavior of soft sensitive clay[J]. Journal of geotechnical and geoenvironmental engineering,137(11):1103-1113.

Yin Z Y, Karstunen M, Hicher P Y. 2010. Evaluation of the influence of elasto-viscoplastic scaling functions on modelling time-dependent behaviour of natural clays[J]. Soils and foundations,50(2):203-214.

Yin Z Y, Karstunen M, Wang J-H, Yu C. 2011. Influence of Features of Natural Soft Clay on Behavior of Embankment[J]. Journal of Central South University of Technology,18

(5):351-360.

Yin Z Y, Wang J. 2012. A one-dimensional strain-rate based model for soft structured clays [J]. Science China Technological Sciences,55(1):90-100.

Yin Z Y, Xu Q, Yu C. 2012. Elastic-Viscoplastic Modeling for Natural Soft Clays Considering Nonlinear Creep[J]. International Journal of Geomechanics. doi:10.1061/(ASCE) GM.1943-5622.0000284.

Yoshikuni H, Nishiumi H, Ikegami S, Seto K. 1994. The creep and effective stress relaxation behavior on onedimensional consolidation[C]. In: Proceedings of the 29th Japan National Conference on Soil Mechanics and Foundation Engineering,269-270.

Zhang Y, Gallipoli D, Augarde C. 2013. Parameter identification for elasto-plastic modelling of unsaturated soils from pressuremeter tests by parallel modified particle swarm optimization[J]. Computers and Geotechnics,48:293-303.

Zhou C, Yin J H, Zhu J G, Cheng C M. 2005. Elastic anisotropic viscoplastic modeling of the strain-rate-dependent stress strain behavior of K 0-consolidated natural marine clays in triaxial shear tests[J]. International Journal of Geomechanics,5(3):218-232.

Zhu J G. 2007. Rheological behaviour and elastic viscoplastic modelling of soil[M]. Beijing, Science Press.

Zhu J G, Yin J H. 2000. Strain-rate-dependent stress-strain behavior of overconsolidated Hong Kong marine clay[J]. Canadian Geotechnical Journal,37(6):1272-1282.

Zhu J G, Yin J H. 2001. Deformation and pore-water pressure responses of elastic viscoplastic soil[J]. Journal of engineering mechanics,127(9):899-908.

Zhu J G, Yin J H. 2004. Elastic viscoplastic modelling of consolidation behaviour of a test embankment treated with PVD[C]. In: Proceedings of the 3rd Asian Regional Conference on Geosynthetics, Seoul, Korea,298-305.

Zhu J G, Yin J H, Luk S T. 1999. Time-dependent stress-strain behavior of soft Hong Kong marine deposits[J]. ASTM geotechnical testing journal,22(2):118-126.

Zienkiewicz O, Cormeau I. 1974. Visco-plasticity-plasticity and creep in elastic solids—a unified numerical solution approach[J]. International Journal for Numerical Methods in Engineering,8(4):821-845.

陈铁林,李国英,沈珠江.2003.结构性土的流变模型[J].水利水运工程学报,(2):7-11.

陈晓平,白世伟.2001.软粘土地基粘弹塑性比奥固结的数值分析[J].岩土工程学报,23(4): 481-484.

陈晓平,曾玲玲,吕晶,等.2008.结构性软土力学特性试验研究[J].岩土力学,29(12): 3223-3228.

陈晓平,杨春和,白世伟.2001.软基上吹填边坡蠕变特性有限元分析[J].岩石力学与工程学报,20(4):514-518.

陈晓平,周秋娟,朱鸿鹄,等.2007.软土蠕变固结特性研究[J].岩土力学,2007(S1):1-10.

陈宗基.1958.固结及次时间效应的单向问题[J].土木工程学报,5(1):1-10.

但汉波,王立忠.2008.K0固结软黏土的应变率效应研究[J].岩土工程学报,30(5):718-725.

但汉波,王立忠.2010.基于弹黏塑性本构模型的旋转硬化规律[J].岩石力学与工程学报,29(1):184-192.

孔令伟,张先伟,郭爱国,等.2011.湛江强结构性黏土的三轴排水蠕变特征[J].岩石力学与工程学报,30(2):365-372.

雷华阳,肖树芳.2002.天津软土的次固结变形特性研究[J].工程地质学报,10(4):385-389.

李军世,林咏梅.2000.上海淤泥质粉质粘土的 Singh—Mitchell 蠕变模型[J].岩土力学,21(4):363-366.

李兴照,黄茂松,王录民.2007.流变性软黏土的弹黏塑性边界面本构模型[J].岩石力学与工程学报,26(7):1393-1401.

刘国彬,贾付波.2007.基坑回弹时间效应的试验研究[J].岩石力学与工程学报,2007,26(1):3040-3044.

罗玉龙,彭华.2008.淋溪河水电站大野坪滑坡体渗流应力耦合分析[J].岩土力学,29(12):3443-3450.

齐剑锋,栾茂田,聂影.2008.饱和黏土剪切变形与强度特性试验研究[J].大连理工大学学报,48(4):551-556.

齐添.2008.软土一维非线性固结理论与试验对比研究 [D].杭州:浙江大学.

吴其晔,巫静安.2002.高分子材料流变学[M].北京:高等教育出版社.

孙钧.1999.岩土材料流变及其工程应用[M].北京:中国建筑工业出版社.

王常明,王清,张淑华.2004.滨海软土蠕变特性及蠕变模型[J].岩石力学与工程学报,23(2):227-230.

王琛,张永丽,刘浩吾.2005.三峡泄滩滑坡滑动带土的改进 Singh-Mitchell 蠕变方程[J].岩土力学,26(3):415-418.

王小平,封金财.2011.基于非局部化方法的边坡稳定性分析[J].岩土力学,2011,32(S1):247-252.

王元战,王婷婷,王军.2009.滨海软土非线性流变模型及其工程应用研究[J].岩土力学,39(9):2679-2683.

王志俭,殷坤龙,简文星.2007.万州区红层软弱夹层蠕变试验研究[J].岩土力学,28.

徐珊,陈有亮,赵重兴.2008.单向压缩状态下上海地区软土的蠕变变形与次固结特性研究[J].工程地质学报,16(4):495-501.

杨超,汪稔,孟庆山.2012.软土三轴剪切蠕变试验研究及模型分析[J].岩土力学,2012,33(S1):105-111.

殷德顺,任俊娟,和成亮,等.2007.一种新的岩土流变模型元件[J].岩石力学与工程学报,26(9):1899-1903.

殷宗泽,张海波,朱俊高,等.2003.软土的次固结[J].岩土工程学报,25(5):521-526.

尹振宇.2011.天然软黏土的弹黏塑性本构模型:进展及发展[J].岩土工程学报,33(9):1357-1369.

余湘娟,殷宗泽,董卫军.2007.荷载对软土次固结影响的试验研究[J].岩土工程学报,29(6):913-916.

曾玲玲,洪振舜,刘松玉,等.2012.重塑黏土次固结性状的变化规律与定量评价[J].岩土工程学报,34(8):1496-1500.

詹美礼,钱家欢,陈绪禄.1993.软土流变特性试验及流变模型[J].岩土工程学报,15(3):54-62.

张冬梅,黄宏伟,王箭明.2008.软土隧道地表长期沉降的粘弹性流变与固结耦合分析[J].岩石力学与工程学报(z1):2359-2362.

张俊峰,王建华,温锁林.2012.软土基坑引起下卧隧道隆起的非线性流变[J].土木建筑与环境工程,34(3):10-15.

郑榕明,陆浩亮.1996.软土工程中的非线性流变分析[J].岩土工程学报,18(5):1-13.

朱鸿鹄,陈晓平,程小俊,等.2006.考虑排水条件的软土蠕变特性及模型研究[J].岩土力学,27(5):694-698.

朱启银,尹振宇,王建华,等.2012.考虑结构状态扰动的天然黏土一维压缩模型[J].土木建筑与环境工程,34(3):28-33.

附录一：ANICREEP 模型源程序

```
C========================================================
      SUBROUTINE EVPSCLAY1S  (DTIME, PROPS, SIG0, STVAR0,DEPS,
     &             D, SIG, STVAR, NSTAT)
C========================================================
! 'ANICREEP:USER-DEFINED SOIL MODEL FOR PLAXIS, AS A TEST FOR THE ANISCCREEP MODEL
!              BY ZHEN-YU YIN INITIALLY AT STRATH-UNIV ON 20TH MAY 2008

! USER-DEFINED SOIL MODEL：EVP-MCC(IMOD=1)
!
!  DEPENDING ON IDTASK,1：INITIALIZE STATE VARIABLES
!                      2：CALCULATE STRESSES
!                      3：CALCULATE MATERIAL STIFFNESS MATRIX
!                      4：RETURN NUMBER OF STATE VARIABLES
!                      5：INQUIRE MATRIX PROPERTIES
!                      6：CALCULATE ELASTIC MATERIAL STIFFNESS MATRIX
!
!  ARGUMENT  I/O TYPE
!  --------  --- ----
!  IDTASK    I   I    ：SEE ABOVE
!  IMOD      I   I    ：MODEL NUMBER(1..10)
!  ISUNDR    I   I    ：=1 FOR UNDRAINED, 0 OTHERWISE
!  ISTEP     I   I    ：GLOBAL STEP NUMBER
!  ITER      I   I    ：GLOBAL ITERATION NUMBER
!  IEL       I   I    ：GLOBAL ELEMENT NUMBER
!  INTE      I   I    ：GLOBAL INTEGRATION POINT NUMBER
!  X         I   R    ：X-POSITION OF INTEGRATION POINT
!  Y         I   R    ：Y-POSITION OF INTEGRATION POINT
!  Z         I   R    ：Z-POSITION OF INTEGRATION POINT
!  TIME0     I   R    ：TIME AT START OF STEP
!  DTIME     I   R    ：TIME INCREMENT
!  PROPS     I   R()  ：LIST WITH MODEL PARAMETERS
!  SIG0      I   R()  ：STRESSES AT START OF STEP
!  SWP0      I   R    ：EXCESS PORE PRESSURE START OF STEP
!  STVAR0    I   R()  ：STATE VARIABLE AT START OF STEP
!  DEPS      I   R()  ：STRAIN INCREMENT
!  D         I/O R(,) ：MATERIAL STIFFNESS MATRIX
!  BULKW     I/O R    ：BULKMODULUS FOR WATER(UNDRAINED ONLY)
!  SIG       O   R()  ：RESULTING STRESSES
```

```
!  SWP       O   R    : RESULTING EXCESS PORE PRESSURE
!  STVAR     O   R()  : RESULTING VALUES STATE VARIABLES
!  IPL       O   I    : PLASTICITY INDICATOR
!  NSTAT     O   I    : NUMBER OF STATE VARIABLES
!  NONSYM    O   I    : NON-SYMMETRIC D-MATRIX ?
!  ISTRSDEP  O   I    :=1 FOR STRESS DEPENDENT D-MATRIX
!  ITIMEDEP  O   I    :=1 FOR TIME DEPENDENT D-MATRIX
!  IPRJDIR   I   I    : PROJECT DIRECTORY(ASCII NUMBERS)
!  IPRJLEN   I   I    : LENGTH OF PROJECT DIRECTORY NAME
!  IABORT    O   I    :=1 TO FORCE STOPPING OF CALCULATION
! -----------------------------------
      IMPLICIT DOUBLE PRECISION(A-H, O-Z)

      DOUBLE PRECISION    STVAR0(NSTAT), STVAR(NSTAT)
      DOUBLE PRECISION    SIG0(6), DSIG(6), SIG(6), SIG_D(6)
      DOUBLE PRECISION    DEPS(6), DEPS_VP(6), DEPS_EL(6)
      DOUBLE PRECISION    D(6,6)
      DOUBLE PRECISION    PROPS(50)
      DOUBLE PRECISION    HH(6,6),HH1(6,6),HH2(6,6),HH3(6,6),HH4(6,6),
     &                    HH5(6,6),HH6(6,6),HH7(6),HH8(6,6),HTTE(6)
      DOUBLE PRECISION    DF_DSIG(6),MII(6,6),VID(6),DGDSIG(6,6)
      DOUBLE PRECISION    HT(6,6),HD(6,6),HT1(6),HT2(6),HDD(6,6),HT3(6)
      DOUBLE PRECISION    DEPS0_TRIAL(6),DEPS0_VP(6),SIG_DE(6)
      DOUBLE PRECISION    SIG_TRIALE(6),SIG0_TRIAL(6),GG(6),QQ(6)
      DOUBLE PRECISION    DDDSIG_TRIAL(6)

      DOUBLE PRECISION    NN      ! VISCOSITY INDEX
      DOUBLE PRECISION    GAMMA   ! VISCOSITY COEFFICIENT
      DOUBLE PRECISION    PCD     ! SIZE OF DYNAMIC YIELD SURFACE
      DOUBLE PRECISION    PCS     ! SIZE OF STATIC YIELD SURFACE
      DOUBLE PRECISION    THET    ! CALCULATION INDEX 0:EXPLICIT,1:IMPLICIT,0.5:
                                    DEMI-IMPLICIT

      DATA VID/1.D0, 1.D0, 1.D0, 0.D0, 0.D0, 0.D0/
      DATA MII/1.D0, 0.D0, 0.D0, 0.D0, 0.D0, 0.D0,
     &         0.D0, 1.D0, 0.D0, 0.D0, 0.D0, 0.D0,
     &         0.D0, 0.D0, 1.D0, 0.D0, 0.D0, 0.D0,
     &         0.D0, 0.D0, 0.D0, 1.D0, 0.D0, 0.D0,
     &         0.D0, 0.D0, 0.D0, 0.D0, 1.D0, 0.D0,
     &         0.D0, 0.D0, 0.D0, 0.D0, 0.D0, 1.D0 /


! -----------------------------------

! EXPECTED CONTENTS OF PROPS(1..50)
!   1:KAPPA       SLOPE OF POST YIELD COMPRESSION LINE FROM E-LN_P-DIAGRAM
```

```
!   2：NY          POISSON'S RATIO
!   3：LAMBDA      SLOPE OF SWELLING LINE FROM E-LN_P-DIAGRAM
!   4：M           CRITICAL STATE M VALUE(IN TRIAXIAL COMPRESSION)
!   5：MY          ABSOLUTE EFFECTIVENESS OF ROTATIONAL HARDENING
!   6：BETA        RELATIVE EFFECTIVENESS OF ROTATIONAL HARDENING
!   7：A           ABSOLUTE EFFECTIVENESS OF DESTRUCTURATIONAL HARDENING
!   8：B           RELATIVE EFFECTIVENESS OF DESTRUCTURATIONAL HARDENING
!   9：OCR         OVERCONSOLIDATION RATIO
!  10：POP         PRE-OVERBURDEN PRESSURE LIKE IN PLAXIS
!  11：E0          INITIAL VOIL RATIO
!  12：ALPHA0      INITIAL INCLINATION OF THE YIELD SURFACE
!  13：X0          INITIAL BONDING EFFECT
!  14：STEPSIZE    FOR CONTROLLING THE INCREMENT SIZE
! --------------------------------
      DOUBLE PRECISION      KAPPA
      DOUBLE PRECISION      NY
      DOUBLE PRECISION      LAMBDA
      DOUBLE PRECISION      MC
      DOUBLE PRECISION      MY
      DOUBLE PRECISION      BETA
      DOUBLE PRECISION      A
      DOUBLE PRECISION      B
      DOUBLE PRECISION      OCR
      DOUBLE PRECISION      POP
      DOUBLE PRECISION      E0
      DOUBLE PRECISION      ALPHA0
      DOUBLE PRECISION      X0
      DOUBLE PRECISION      STEPSIZE

      DOUBLE PRECISION      K0NC           ! K0 VALUE CALCULATED FROM M
      DOUBLE PRECISION      PHI            ! PHI CALCULATED FROM M
      DOUBLE PRECISION      PM             ! PM=(1+X) * PMI
      DOUBLE PRECISION      PMI            ! PMI=PM /(1+X)
      DOUBLE PRECISION      KDASH          ! COMPRESSION MODULUS
      DOUBLE PRECISION      PDASH          ! MEAN EFFECTIVE STRESS
      DOUBLE PRECISION      Q              ! DEVIATORIC STRESS
      DOUBLE PRECISION      ALPHA_SCALAR   ! CURRENT ALPHA
      DOUBLE PRECISION      ALPHA(6)       ! CURRENT ALPHA
      DOUBLE PRECISION      ALPHA_D(6)     ! DEVIATORIC FABRIC TENSOR
      DOUBLE PRECISION      TERM(6)        ! AUXILARY VECTOR FOR EVALUATION
C     DOUBLE PRECISION      DGDSIG(6)      ! AUXILARY VECTOR OF DERIVATIVES
      DOUBLE PRECISION      DSIGDLAM(6)    ! AUXILARY VECTOR OF DERIVATIVES
      DOUBLE PRECISION      DFDAD(6)       ! AUXILARY VECTOR OF DERIVATIVES
      DOUBLE PRECISION      DADDEPSV(6)    ! AUXILARY VECTOR OF DERIVATIVES
```

```
DOUBLE PRECISION    DADDEPSD(6)      ! AUXILARY VECTOR OF DERIVATIVES
DOUBLE PRECISION    DGDSIGD(6)       ! AUXILARY VECTOR OF DERIVATIVES
DOUBLE PRECISION    XX               ! CURRENT X
DOUBLE PRECISION    EE               ! CURRENT VOID RATIO
DOUBLE PRECISION    ALPHA_K0         ! ALPHA CALCULATED FROM K0 AND M
DOUBLE PRECISION    ETA_K0           ! STRESS RATIO FOR OEDOMETRIC CONDITIONS

DOUBLE PRECISION    SIG0_MOD(6)      ! MODIFIED INITIAL STRESS STATE DUE TO POP/OCR
DOUBLE PRECISION    SIG_TRIAL(6)     ! TRIAL STRESS STATE
DOUBLE PRECISION    DSIG_TRIAL(6)    ! TRIAL STRESS INCREMENT

DOUBLE PRECISION    DEPS_TRIAL(6)    ! TARGET STRAIN INCREMENT
DOUBLE PRECISION    DEPSVOL          ! PLASTIC VOLUMETRIC STRAIN INCREMENT
DOUBLE PRECISION    DEPSDEV(6)       ! PLASTIC DEVIATORIC STRAIN
                                       INCREMENT VECTOR

DOUBLE PRECISION    DPMI             ! CHANGE OF PMI
DOUBLE PRECISION    DAD(6)           ! CHANGE OF ALPHA_D
DOUBLE PRECISION    DXX              ! CHANGE OF XX

INTEGER             N_SUB            ! NUMBER OF SUBINCREMENTS
DOUBLE PRECISION    DEPS_SUB(6)      ! STRAIN INCREMENT FOR SUBINCREMENTING
DOUBLE PRECISION    DEPS_NORM        ! NORM OF DEPS FOR SUBINCEMENTING
DOUBLE PRECISION    SIG0_SUB(6)      ! STRESS STATE AT START OF RESPECTIVE SUBINCR.

LOGICAL             CONVERGED        ! CONVERGENCE FOR ITERATION
INTEGER             IPL              ! STATE OF PLASTICITY

CHARACTER           FNAME * 255      ! FILE NAME FOR DEBUGGING
LOGICAL             ISOPEN           ! FILE STATUS

DOUBLE PRECISION J2, J3, M_RATIO, G_THETA, M   ! FOR LODE ANGLE
DOUBLE PRECISION ISCALING      ! FOR DIFFERENT SCALING FUNCTION
DOUBLE PRECISION SIG0_SUB_D(6),ALPHA_D1(6)

NY       = PROPS(1)
KAPPA    = PROPS(2)
LAMBDA   = PROPS(3)
E0       = PROPS(4)
MC       = PROPS(5)
OCR      = PROPS(6)
POP      = PROPS(7)
CAE      = PROPS(8)
TAU_IN   = PROPS(9)
```

```
    ST        =PROPS(10)
    A         =PROPS(11)
    B         =PROPS(12)
    STEPSIZE  =PROPS(13)
    THET      =PROPS(14)


ETA_K0=3.*MC/(6.-MC)
ALPHA0=ETA_K0-(MC**2-ETA_K0**2)/3.
BETA=3.*(4.*MC**2-4.*ETA_K0**2-3.*ETA_K0)/
&      (8.*(ETA_K0**2+2.*ETA_K0-MC**2))
MY=(1.+E0)/(LAMBDA-KAPPA)*LOG((10.*MC**2-2.*ALPHA0*BETA)/
&              (MC**2-2.*ALPHA0*BETA))
  X0=ST-1.
NN=(LAMBDA-KAPPA)/CAE
GAMMA=CAE*(MC**2-ALPHA0**2)/(TAU_IN*(1.+E0)*(MC**2-ETA_K0**2))
M_RATIO=3./(3.+MC)
POWER=0.
E_PARA=1.
E_RATIO=1.


    ! INITIALIZE STVAR FOR NON CHANGING VALUES(OTHERS HAVE TO BE OVERWRITTEN)
    CALL COPYRVEC( STVAR0, STVAR, NSTAT )
    IPL=0          ! RESET PLASTICITY INDICATOR
    ! COMPRESSION POSITIVE
        SIG0=-1.*SIG0
        DEPS=-1.*DEPS


    ! SUBINCREMENTING
    DEPS_NORM=SQRT(DEPS(1)**2+DEPS(2)**2+DEPS(3)**2+DEPS(4)**2
&        +DEPS(5)**2+DEPS(6)**2)
    N_SUB=1 ! AT LEAST ONE SUBINCREMENT
    IF(STEPSIZE.LT.0.) N_SUB=CEILING(DEPS_NORM/ABS(STEPSIZE/10000.)) ! NUMBER OF
SUBINC.
    IF(STEPSIZE.GT.0.) N_SUB=STEPSIZE ! NUMBER OF SUBINCREMENTS BY DIRECT INPUT

        DEPS_SUB=DEPS/N_SUB ! SUBINCREMENT
        SIG0_SUB=SIG0 ! STRESS STATE AT START OF SUBINCREMENTING
        DTIME_SUB=DTIME/N_SUB
C-----------------------------------------------------------------
C-------------- START STRAIN INCREAMENT---------------
    DO II=1,N_SUB

        ! FIRST TRIAL FOR EACH SUBINCREMENT(ELASTIC)
        DEPS_TRIAL=DEPS_SUB
```

```
! RESET
DEPS_VP=0.      ! RESET PLASTIC STRAIN INCREMENT

! LOOP UNTIL CONVERGENCE IS REACHED
! NEW TRIAL STRAIN INCREMENT
! RESET

  DSIG_TRIAL=0.
   ! GET STATE VARIABLES
     ALPHA_SCALAR   =STVAR(7)
     XX             =STVAR(9)
   EE               =STVAR0(12)
    PMI             =STVAR(8)
    ALPHA(1:6)      =STVAR(1:6)
    PM=(1.+XX) * PMI


! CALCULATE GENERALIZED ALPHA
    ALPHA_D(1)=   ALPHA(1) - 1.
    ALPHA_D(2)=   ALPHA(2) - 1.
    ALPHA_D(3)=   ALPHA(3) - 1.
    ALPHA_D(4)=   ALPHA(4) * SQRT(2.)
    ALPHA_D(5)=   ALPHA(5) * SQRT(2.)
    ALPHA_D(6)=   ALPHA(6) * SQRT(2.)
C-------------------------------------------------------------------------
C------------CHECK YIELD CRITERION------------
   ! CALCULATE NEW TRIAL STRESS INCREMENT DSIG_TRIAL=DEPS_TRIAL * D
   CALL MATVEC( D, 6, DEPS_TRIAL, 6, DSIG_TRIAL)
   ! GET NEW TRIAL STRESS STATE
   ! CHECK YIELD CRITERION

PDASH0   =( SIG0_SUB(1) + SIG0_SUB(2) + SIG0_SUB(3) ) /3.
   SIG0_SUB_D(1)=   SIG0_SUB(1) - PDASH0
   SIG0_SUB_D(2)=   SIG0_SUB(2) - PDASH0
   SIG0_SUB_D(3)=   SIG0_SUB(3) - PDASH0
   SIG0_SUB_D(4)=   SQRT(2.) * SIG0_SUB(4)
   SIG0_SUB_D(5)=   SQRT(2.) * SIG0_SUB(5)
   SIG0_SUB_D(6)=   SQRT(2.) * SIG0_SUB(6)
TERM=SIG0_SUB_D - PDASH0 * ALPHA_D ! CALCULATING AUXILARY VECTOR
! LODE ANGLE
   CALL LODE_ANGLE(TERM,M_RATIO,G_THETA)
!  CALL LODE_ANGLE(SIG0_SUB,M_RATIO,G_THETA)   ! LODE ANGLE
M=MC * G_THETA
SIG_TRIALE=SIG0_SUB+DSIG_TRIAL
! CALCULATE STRESS INVARIANTS
```

```
        PPDASH  =( SIG_TRIALE(1) + SIG_TRIALE(2) + SIG_TRIALE(3) ) /3.


     ! CALCULATE GENERALIZED DEVIATORIC STRESS VECTOR SIG_D
        SIG_DE(1)=   SIG_TRIALE(1) - PPDASH
        SIG_DE(2)=   SIG_TRIALE(2) - PPDASH
        SIG_DE(3)=   SIG_TRIALE(3) - PPDASH
        SIG_DE(4)=   SQRT(2.) * SIG_TRIALE(4)
        SIG_DE(5)=   SQRT(2.) * SIG_TRIALE(5)
        SIG_DE(6)=   SQRT(2.) * SIG_TRIALE(6)


     ! CHECK YIELD CRITERION
        TERM=SIG_DE - PPDASH * ALPHA_D ! CALCULATING AUXILARY VECTOR


   IF(ABS(PPDASH).LT. 5.) THEN     ! WE ASSUME CREEP OCCURS ONLY WHEN P>5 KPA
   SIG_TRIAL=SIG_TRIALE
   END IF
   IF(ABS(PPDASH).GE. 5.) THEN ! VISCOPLASTIC STRESS CORRECTION: ASSOCIATED FLOW


   ! INITIAL CONDITIONS
   SIG_TRIAL=SIG0_SUB
   SIG0_TRIAL=SIG0_SUB
   DEPS0_TRIAL=DEPS_TRIAL
   DSIG_TRIAL=0.
   DEPS_VP=0.
   PM0=PM
   ALPHA_SCALAR0=ALPHA_SCALAR
   PMI0=PMI
   XX0=XX


   ! SET NEWTON-RAPHSON ITERATION NUMBER
   INMAX=1000
   INEWT=0
C------------ NEWTON-RAPHSON ITERATION---------------
   ! START ITERATION
10  CONTINUE
    INEWT=INEWT+1
    WRITE( * , * )'NUMBER OF ITERATION',INEWT
    ! CALCULATE STRESS INVARIANTS FOR TIME=T_INEWT
    PDASH  =( SIG_TRIAL(1) + SIG_TRIAL(2) + SIG_TRIAL(3) ) /3.
    ! CALCULATE GENERALIZED DEVIATORIC STRESS VECTOR SIG_D
       SIG_D(1)=   SIG_TRIAL(1) - PDASH
       SIG_D(2)=   SIG_TRIAL(2) - PDASH
       SIG_D(3)=   SIG_TRIAL(3) - PDASH
       SIG_D(4)=   SQRT(2.) * SIG_TRIAL(4)
```

```
       SIG_D(5)=  SQRT(2.) * SIG_TRIAL(5)
       SIG_D(6)=  SQRT(2.) * SIG_TRIAL(6)
       TERM=SIG_D - PDASH * ALPHA_D ! CALCULATING AUXILARY VECTOR
C-------------EVALUATION OF MATRIX H-------------
     ! INITIAL MATRIX
       HH  =0.
       HH1=0.
       HH2=0.
       HH3=0.
       HH4=0.
       HH5=0.
       HH6=0.
       HH7=0.
       HH8=0.
     ! DS(IJ)/DSIG(KL) NAMED AS HH1
       HH1(1,1)=2./3.
       HH1(1,2)=-1./3.
       HH1(1,3)=-1./3.
       HH1(2,1)=-1./3.
       HH1(2,2)=2./3.
       HH1(2,3)=-1./3.
       HH1(3,1)=-1./3.
       HH1(3,2)=-1./3.
       HH1(3,3)=2./3.
       HH1(4,4)=SQRT(2.)
       HH1(5,5)=SQRT(2.)
       HH1(6,6)=SQRT(2.)
     ! DELTA(IJ) * DELTA(KL)
       DO I=1,3
          DO J=1,3
          HH2(I,J)=1.
       END DO
          END DO
     ! S(IJ) * DELTA(KL)+S(KL) * DELTA(IJ)
       HH3(1,1)=2. * SIG_D(1)
       HH3(1,2)=SIG_D(1)+SIG_D(2)
       HH3(1,3)=SIG_D(1)+SIG_D(3)
       HH3(1,4)=SIG_D(4)
       HH3(1,5)=SIG_D(5)
       HH3(1,6)=SIG_D(6)
       HH3(2,1)=HH3(1,2)
       HH3(2,2)=2. * SIG_D(2)
       HH3(2,3)=SIG_D(2)+SIG_D(3)
       HH3(2,4)=SIG_D(4)
```

```
    HH3(2,5)=SIG_D(5)
    HH3(2,6)=SIG_D(6)
    HH3(3,1)=HH3(1,3)
    HH3(3,2)=HH3(2,3)
    HH3(3,3)=2. * SIG_D(3)
    HH3(3,4)=SIG_D(4)
    HH3(3,5)=SIG_D(5)
    HH3(3,6)=SIG_D(6)
    HH3(4,1)=HH3(1,4)
    HH3(4,2)=HH3(2,4)
    HH3(4,3)=HH3(3,4)
    HH3(5,1)=HH3(1,5)
    HH3(5,2)=HH3(2,5)
    HH3(5,3)=HH3(3,5)
    HH3(6,1)=HH3(1,6)
    HH3(6,2)=HH3(2,6)
    HH3(6,3)=HH3(3,6)
! D[DF/DSIG(IJ)]/DSIG(KL)
    HH4=1./(M**2.-ALPHA_SCALAR**2)*(3./PDASH*HH1+
&   (DINPROD(SIG_D,SIG_D,6))/3./PDASH**3*HH2-1./PDASH**2*HH3)
! DF/DSIG(IJ)
      ALPHA_D1=1.+ALPHA_D ! MISTAKE FOUND BY SIVA
    DF_DSIG=1./(M**2.-ALPHA_SCALAR**2)/PDASH*(3.*TERM-
&   ((DINPROD(TERM,ALPHA_D1,6))+1./2./PDASH*
&   (DINPROD(TERM,TERM,6)))*VID) + 1./3.*VID
! [DPHI/DSIG(KL)]*[DF/DSIG(IJ)]
PMD=3./2.*(DINPROD(TERM,TERM,6))/(M**2.-ALPHA_SCALAR**2)
&   /PDASH + PDASH
PHIF=(PMD/PM)**NN                   ! FOR NON-LINEAR CREEP
IF(PHIF .LT. 0.) PHIF=0.
IF(INEWT .EQ. 1) THEN
DEPS0_VP=DTIME_SUB*GAMMA*PHIF*DF_DSIG
    HDD=D
    CALL BRINV(HDD,6,L)
    CALL MATVEC(HDD,6,SIG0_TRIAL,6,HTTE)
QQ=DEPS0_TRIAL-(1-THET)*DEPS0_VP+HTTE
END IF


! GG-I FOR ITERATION
    CALL MATVEC(HDD,6,SIG_TRIAL,6,HTTE)
GG=HTTE+THET*DTIME_SUB*GAMMA*PHIF*DF_DSIG
! HH5
  DO I=1,6
    DO J=1,6
```

```
    HH5(I,J)＝NN/PM＊(PMD/PM)＊＊(NN-1.)＊DF_DSIG(I)＊DF_DSIG(J)
  END DO
    END DO
    HH＝GAMMA＊(HH5+PHIF＊HH4)


! DGDSIG
DGDSIG＝HDD+DTIME_SUB＊THET＊HH
CALL BRINV(DGDSIG,6,L)
GG＝QQ-GG
CALL MATVEC(DGDSIG,6,GG,6,DSIG_TRIAL)    ! DSIG
! UPDATE STRESS STRAIN
SIG_TRIAL＝SIG_TRIAL+DSIG_TRIAL
DDDSIG_TRIAL＝SIG_TRIAL-SIG0_TRIAL
CALL MATVEC(HDD,6,DDDSIG_TRIAL,6,HT3)
DEPS_VP＝DEPS_TRIAL- HT3


! CALCULATE VOLUMIC PLASTIC STRAIN AND DEVIATORIC PLASTIC STRAIN
DEPSVOL  ＝DEPS_VP(1) + DEPS_VP(2) + DEPS_VP(3)
    DEPSVOLMAC＝DEPSVOL
    IF(DEPSVOLMAC.LT.0.) DEPSVOLMAC＝0. ! MACAULEY BRACKETS

  DEPSDEV(1)＝(2.＊DEPS_VP(1) - DEPS_VP(2) - DEPS_VP(3))/3.
  DEPSDEV(2)＝(2.＊DEPS_VP(2) - DEPS_VP(1) - DEPS_VP(3))/3.
  DEPSDEV(3)＝(2.＊DEPS_VP(3) - DEPS_VP(2) - DEPS_VP(1))/3.
  DEPSDEV(4)＝SQRT(2.)＊DEPS_VP(4)
  DEPSDEV(5)＝SQRT(2.)＊DEPS_VP(5)
  DEPSDEV(6)＝SQRT(2.)＊DEPS_VP(6)
  DEPSDEVSCALAR＝SQRT(2./3.＊(DINPROD(DEPSDEV,DEPSDEV,6)))


! UPDATE STATE VARIABLES
PMI＝PMI0＊DEXP(((1.+E0)＊DEPSVOL)/(LAMBDA-KAPPA))   ! E CONSTANT AS EX-
PERIMENT TO KEEP LAMBDA LINE IN EPSV-LNP SPACE
XX＝XX0＊DEXP(-A＊(ABS(DEPSVOL) + B＊ABS(DEPSDEVSCALAR)))
PM＝PMI ＊(1.+ XX)
! SET CONVERGENCE CRITERION
VERR＝SQRT(DSIG_TRIAL(1)＊＊2+DSIG_TRIAL(2)＊＊2+DSIG_TRIAL(3)＊＊2+
&    DSIG_TRIAL(4)＊＊2+DSIG_TRIAL(5)＊＊2+DSIG_TRIAL(6)＊＊2)
IF(INEWT.EQ.INMAX) THEN
    WRITE(＊,＊)'CAN NOT CONVERGENCE'
    STOP 'CAN NOT CONVERGENCE'
ENDIF
IF(VERR.GT.1.D-4)GOTO 10   ! END OF NEWTON-RAPHSON ITERATION


! UPDATE MATRIX D AND STVAR
```

```
        CALL MATRIXDE_ANI(SIG_TRIAL,PROPS,STVAR,D)


          DAD=MY*(((3.*SIG_D)/(4.*PDASH)-ALPHA_D)*DEPSVOLMAC
     &      + BETA*(SIG_D/(3.*PDASH)-ALPHA_D)*DEPSDEVSCALAR)
        ALPHA_D=ALPHA_D+DAD
          ALPHA_SCALAR   = SQRT(3./2.*(DINPROD(ALPHA_D,ALPHA_D,6)))   ! GET
   ALPHA EXPLICITLY
        STVAR(1)  =(ALPHA_D(1)) + 1.
        STVAR(2)  =(ALPHA_D(2)) + 1.
        STVAR(3)  =(ALPHA_D(3)) + 1.
        STVAR(4)  =(ALPHA_D(4)) / SQRT(2.)
        STVAR(5)  =(ALPHA_D(5)) / SQRT(2.)
        STVAR(6)  =(ALPHA_D(6)) / SQRT(2.)
        STVAR(7)  =ALPHA_SCALAR
        STVAR(8)  =PMI
        STVAR(9)  =XX
     STVAR(10)  =PM
        STVAR(11)  =PMD


        ENDIF                 ! END OF VISCOPLASTICITY


        ! CALCULATE NEW GLOBAL STRESS STATE
        SIG0_SUB=SIG_TRIAL


   END DO ! SUBINCREMENTING

        ! SET PLASTICITY INDICATOR
        IF(IPL.GT.0) IPL=3


        ! RE-CHANGE SIGN DUE TO SCLAY FORMULATION(COMPRESSION POSITIVE)
        SIG_TRIAL=(-1.)*SIG_TRIAL
        DEPS=(-1.)*DEPS
        ! CALCULATE NEW GLOBAL STRESS STATE
        SIG=SIG_TRIAL
        ! CALCULATE CHANGE OF VOLUMETRIC STRAINS
        DEPSV=DEPS(1) + DEPS(2) + DEPS(3)   ! STEPSIZE DONOT WORK BECAUSE EE DONOT
   UPDATED DURING SUBINCREMENTING
        ! UPDATE STATE VARIABLES: CURRENT VOID RATIO
        STVAR(12)=DEPSV*(1.+E0)+STVAR0(12)   ! KEEP THE SAME DEFINITION AS EXPERI-
   MENT


        RETURN
        END SUBROUTINE EVPSCLAY1S
```

```
C=============================================
      SUBROUTINE COPYRVEC(R1,R2,K)
C=============================================
C     FUNCTION: TO COPY A DOUBLE ARRAY R1 WITH DIMENSION K TO R2
C
      IMPLICIT DOUBLE PRECISION(A-H,O-Z)
      DIMENSION R1(*),R2(*)

      DO J=1,K
        R2(J)=R1(J)
      END DO
      RETURN
      END
C=============================================
      SUBROUTINE MATVEC(XMAT,IM,VEC,N,VECR)
C=============================================
C     CALCULATE VECR=XMAT*VEC
C I   XMAT  :(SQUARE) MATRIX(IM,*)
C I   VEC   : VECTOR
C I   N     : NUMBER OF ROWS/COLUMS
C O   VECR  : RESULTING VECTOR
C
      IMPLICIT DOUBLE PRECISION(A-H,O-Z)
      DIMENSION XMAT(IM,*),VEC(*),VECR(*)
      DO I=1,N
        X=0
        DO J=1,N
          X=X+XMAT(I,J)*VEC(J)
        END DO
        VECR(I)=X
      END DO
      RETURN
      END   ! SUBROUTINE MATVEC
C=============================================
      DOUBLE PRECISION FUNCTION DINPROD(A,B,N)
C=============================================
C     RETURNS THE INPRODUCT OF TWO VECTORS
C I   A,B  : TWO VECTORS
C I   N    : USED LENGTH OF VECTORS
C
      IMPLICIT DOUBLE PRECISION(A-H,O-Z)
      DIMENSION A(*),B(*)

      X=0
```

```
      DO I=1,N
         X=X + A(I) * B(I)
      END DO
      DINPROD=X
      RETURN
      END        ! FUNCTION DINPROD


C=========================================
      SUBROUTINE BRINV(A,N,L)
C=========================================
C   GAUSS-JORDAN ALGORYTHM FOR MATRIX INVERSE

      DIMENSION A(N,N),IS(N),JS(N)
      DOUBLE PRECISION A,T,D
      L=1
      DO 100 K=1,N
        D=0.0
        DO 10 I=K,N
        DO 10 J=K,N
      IF(ABS(A(I,J)).GT.D) THEN
         D=ABS(A(I,J))
         IS(K)=I
         JS(K)=J
      END IF
10      CONTINUE
        IF(D+1.0.EQ.1.0) THEN
           L=0
           WRITE( * ,20)
           RETURN
        END IF
20      FORMAT(1X,'ERR * * NOT INV')
        DO 30 J=1,N
           T=A(K,J)
           A(K,J)=A(IS(K),J)
           A(IS(K),J)=T
30      CONTINUE
        DO 40 I=1,N
           T=A(I,K)
           A(I,K)=A(I,JS(K))
           A(I,JS(K))=T
40      CONTINUE
        A(K,K)=1/A(K,K)
        DO 50 J=1,N
          IF(J.NE.K) THEN
```

```
                A(K,J)＝A(K,J)＊A(K,K)
            END IF
50      CONTINUE
        DO 70 I＝1,N
          IF(I. NE. K) THEN
            DO 60 J＝1,N
              IF(J. NE. K) THEN
                A(I,J)＝A(I,J)-A(I,K)＊A(K,J)
              END IF
60          CONTINUE
          END IF
70      CONTINUE
        DO 80 I＝1,N
          IF(I. NE. K) THEN
            A(I,K)＝-A(I,K)＊A(K,K)
          END IF
80      CONTINUE
100     CONTINUE
        DO 130 K＝N,1,－1
        DO 110 J＝1,N
          T＝A(K,J)
          A(K,J)＝A(JS(K),J)
          A(JS(K),J)＝T
110     CONTINUE
        DO 120 I＝1,N
          T＝A(I,K)
          A(I,K)＝A(I,IS(K))
          A(I,IS(K))＝T
120     CONTINUE
130     CONTINUE
        RETURN
        END
C
C＝＝＝＝＝＝＝＝＝＝＝＝＝＝＝＝＝＝＝＝＝＝＝＝＝＝＝＝＝＝＝＝＝＝＝＝＝＝＝
    SUBROUTINE MATRIXDE(SIG,PROPS,STVAR,D)
C＝＝＝＝＝＝＝＝＝＝＝＝＝＝＝＝＝＝＝＝＝＝＝＝＝＝＝＝＝＝＝＝＝＝＝＝＝＝＝
C    CALCULATION ELASTIC MATRIX D FOR SIG＝D＊EPS
    IMPLICIT DOUBLE PRECISION(A-H,O-Z)
    DIMENSION SIG(6),PROPS( ＊ ),STVAR( ＊ ),D(6,6)
    DOUBLE PRECISION KAPPA,KDASH
C
    ! GET NY VALUE
    XNU＝PROPS(1)
    KAPPA＝PROPS(2)
```

```
!      EE=STVAR(12)          ! GET CURRENT VOID RATIO
       EE= PROPS(4)          ! KEEP CONSTANT E AS THE DEFINITION OF COMPRESSION
CURVE FROM EXPERIMENT 11 MAY 2008 BY YIN

       ! DETERMINE SHEAR MODULUS FROM YOUNGS MODULUS
       PDASH=( SIG(1) + SIG(2) + SIG(3) ) /3.      ! GLOBAL MEAN STRESS
       IF((PDASH.GT.-10.).AND.(PDASH.LE.0.)) PDASH=-10.
       IF((PDASH.LT.10.).AND.(PDASH.GT.0.)) PDASH=10.

       KDASH=ABS((1.+EE)*PDASH/KAPPA)     !...COMPRESSION MODULUS
       E=3.*(1.-(2.*XNU))*KDASH      ! E(YOUNGS) FROM KAPPA
       G    =0.5*E/(1.+XNU)

       ! COMPOSE LINER ELASTIC MATERIAL STIFFNESS MATRIX
       F1   =2.*G*(1.-XNU)/(1.-2.*XNU)
       F2   =2.*G*( XNU )/(1.-2.*XNU)
       D=0.                    ! INITIAL MATRIX
C
       DO I=1,3
         DO J=1,3
           D(I,J)=F2
         END DO
         D(I,I)=F1
         D(I+3,I+3)=G
       END DO
C
       END
C
C=================================================================
       SUBROUTINE LODE_ANGLE(SIG,M_RATIO,G_THETA)
C=================================================================
C    CALCULATE THE CRRECTION OF M BY LODE ANGLE
C    [SHENG D., SLOAN S.W. AND YU H.S. 2000]
C      - ASPECTS OF FINITE ELEMENT IMPLEMENTATION OF CRITICAL STATE MODELS

       IMPLICIT DOUBLE PRECISION(A-H,O-Z)
       DIMENSION SIG(6)
       DOUBLE PRECISION J2, J3, M_RATIO, G_THETA

     ! COMPRESSION POSITIVE

       J2=((SIG(1)-SIG(2))**2+(SIG(1)-SIG(3))**2+(SIG(2)
     &     -SIG(3))**2)/6+SIG(4)**2+SIG(5)**2+SIG(6)**2
       PDASH=(SIG(1)+SIG(2)+SIG(3))/3.
```

```
S1＝    SIG(1) - PDASH
S2＝    SIG(2) - PDASH
S3＝    SIG(3) - PDASH
S4＝    SQRT(2.) * SIG(4)
S5＝    SQRT(2.) * SIG(5)
S6＝    SQRT(2.) * SIG(6)
J3＝S1 * S2 * S3＋2 * S4 * S5 * S6-S1 * S6 * * 2-S2 * S5 * * 2-S3 * S4 * * 2

IF(J2 .LT. 1.D-6) THEN
  G_THETA=(2. * M_RATIO * * 4/(1.＋M_RATIO * * 4)) * * 0.25
ELSE
  SIN3FI=-3. * 3. * * 0.5 * J3/2. /J2 * * 1.5
  G_THETA=(2. * M_RATIO * * 4/(1.＋M_RATIO * * 4+(1.-M_RATIO * * 4)
&.            * SIN3FI)) * * 0.25
END IF
END
C
```

附录二:ANICREEP 的 PLAXIS 用户自定义模型源程序

(1) USER_ADD. FOR

```
C=================================================
    SUBROUTINE GETMODELCOUNT(NMOD)
C=================================================
    ! RETURN THE MAXIMUM MODEL NUMBER(IMOD) IN THIS DLL
    !
    INTEGER(KIND=4) NMOD
  ! DEC$ ATTRIBUTES DLLEXPORT ∷ GETMODELCOUNT
  !      DLL_EXPORT GETMODELCOUNT
    NMOD=1 ! MAXIMUM MODEL NUMBER(IMOD) IN CURRENT DLL
    RETURN
    END ! GETMODELCOUNT


C=================================================
    SUBROUTINE GETMODELNAME( IMOD , MODELNAME )
C=================================================
    ! RETURN THE NAME OF THE DIFFERENT MODELS
    INTEGER  IMOD
    CHARACTER(LEN= * ) MODELNAME
    CHARACTER(LEN=255) TNAME
  ! DEC$ ATTRIBUTES DLLEXPORT ∷ GETMODELNAME
  !      DLL_EXPORT GETMODELNAME

    SELECT CASE(IMOD)
       CASE(1)
         TNAME='YINCREEP'
       CASE DEFAULT
         TNAME='NOT IN DLL'
    END SELECT
          LT=LEN_TRIM(TNAME)
    MODELNAME=CHAR(LT) // TNAME(1:LT)
          RETURN
    END ! GETMODELNAME


C=================================================
    SUBROUTINE GETPARAMCOUNT( IMOD , NPARAM )
C=================================================
```

```
! RETURN THE NUMBER OF PARAMETERS OF THE DIFFERENT MODELS
! DEC $  ATTRIBUTES DLLEXPORT :: GETPARAMCOUNT
!         DLL_EXPORT GETPARAMCOUNT

   SELECT CASE(IMOD)
    CASE(1)
      NPARAM=12
    CASE DEFAULT
      NPARAM=0
   END SELECT
      RETURN
   END ! GETPARAMCOUNT


C================================================
   SUBROUTINE GETPARAMANDUNIT( IMOD , IPARAM, PARAMNAME, UNITS )
C================================================
   ! RETURN THE PARAMETERS NAME AND UNITS OF THE DIFFERENT MODELS
   ! UNITS: USE F FOR FORCE UNIT
   !            L FOR LENGTH UNIT
   !            T FOR TIME UNIT
   CHARACTER(LEN=255) PARAMNAME, UNITS, TNAME

   SELECT CASE(IMOD)
     CASE(1)
       SELECT CASE(IPARAM)
        CASE(1)
          PARAMNAME='@N#'
          UNITS    ='-'
        CASE(2)
          PARAMNAME='@K#'
          UNITS    ='-'
        CASE(3)
          PARAMNAME='@L#_I#'
          UNITS    ='-'
        CASE(4)
          PARAMNAME='E_0#'
          UNITS    ='-'
        CASE(5)
          PARAMNAME='MC'
          UNITS    ='-'
        CASE(6)
          PARAMNAME='OCR'
          UNITS    ='-'
        CASE(7)
```

```
              PARAMNAME='POP'
              UNITS      ='F/L~2#'
          CASE(8)
              PARAMNAME='CAE'
              UNITS      ='-'
          CASE(9)
              PARAMNAME='@T#'
              UNITS      ='T#'
          CASE(10)
              PARAMNAME='S_T#'
              UNITS      ='-'
          CASE(11)
              PARAMNAME='@X#'
              UNITS      ='-'
          CASE(12)
              PARAMNAME='@X#_D#'
              UNITS      ='-'
          CASE DEFAULT
              PARAMNAME='??? '
              UNITS      ='??? '
      END SELECT
    CASE DEFAULT ! MODEL NOT IN DLL
        PARAMNAME='N/A'
        UNITS      ='N/A'
  END SELECT


  TNAME   =PARAMNAME
  LT        =LEN_TRIM(TNAME)
  PARAMNAME=CHAR(LT) // TNAME(1:LT)
  TNAME=UNITS
  LT   =LEN_TRIM(TNAME)
  UNITS=CHAR(LT) // TNAME(1:LT)


  RETURN
  END ! GETPARAMANDUNIT


C==============================================
      SUBROUTINE GETPARAMNAME( IMOD , IPARAM, PARAMNAME )
C==============================================
    ! RETURN THE PARAMETERS NAME OF THE DIFFERENT MODELS
    CHARACTER(LEN=255) PARAMNAME, UNITS
  ! DEC$ ATTRIBUTES DLLEXPORT :: GETPARAMNAME
  !        DLL_EXPORT GETPARAMNAME
      CALL GETPARAMANDUNIT(IMOD,IPARAM,PARAMNAME,UNITS)
```

```fortran
      RETURN
      END

C===============================================
      SUBROUTINE GETPARAMUNIT( IMOD , IPARAM, UNITS )
C===============================================
    ! RETURN THE UNITS OF THE DIFFERENT PARAMETERS OF THE DIFFERENT MODELS
      CHARACTER(LEN=255) PARAMNAME, UNITS
    ! DEC$ ATTRIBUTES DLLEXPORT :: GETPARAMUNIT
    !       DLL_EXPORT GETPARAMUNIT
      CALL GETPARAMANDUNIT(IMOD,IPARAM,PARAMNAME,UNITS)
      RETURN
      END

C===============================================
      SUBROUTINE GETSTATEVARCOUNT( IMOD , IPARAM )
C===============================================
    ! RETURN THE UNITS OF THE DIFFERENT STATE VARIABLES OF THE DIFFERENT MODELS
    ! DEC$ ATTRIBUTES DLLEXPORT :: GETSTATEVARCOUNT
    !       DLL_EXPORT GETSTATEVARCOUNT
      SELECT CASE(IMOD)
        CASE(1)
      NSTATV=12
      CASE DEFAULT
        NSTATV=0
      END SELECT

      RETURN
      END

C===============================================
      SUBROUTINE GETSTATEVARNAME( IMOD , IVAR, NAME )
C===============================================
    ! RETURN THE UNITS OF THE DIFFERENT STATE VARIABLES OF THE DIFFERENT MODELS
      CHARACTER(LEN=255) NAME, UNITS
    ! DEC$ ATTRIBUTES DLLEXPORT :: GETSTATEVARNAME
    !       DLL_EXPORT GETSTATEVARNAME
      SELECT CASE(IMOD)
      CASE(1)
        SELECT CASE(IVAR)
          CASE(1)
            NAME='ALPHA_X#'
          CASE(2)
            NAME='ALPHA_Y#'
```

```fortran
        CASE(3)
          NAME='ALPHA_Z#'
        CASE(4)
          NAME='ALPHA_XY#'
        CASE(5)
          NAME='ALPHA_YZ#'
        CASE(6)
          NAME='ALPHA_ZX#'
        CASE(7)
          NAME='ALPHA_SCALAR#'
        CASE(8)
          NAME='PMI'
        CASE(9)
          NAME='X'
        CASE(10)
          NAME='PM'
        CASE(11)
          NAME='E_CURRENT#'
        CASE(12)
          NAME='INIT'
        CASE DEFAULT
          NAME='N/A'
      END SELECT
    CASE DEFAULT
      NAME='N/A'
  END SELECT
    RETURN
  END


C=========================================
    SUBROUTINE STRING2BYTEARRAY(S,IB)
C=========================================
    CHARACTER(LEN=*)  S         ! INCOMING STRING 255(?) CHARACTERS
    INTEGER    (KIND=1) IB(256)  ! OUTGOING ARRAY OF BYTES(1..256)
      IB=0
    LT=LEN_TRIM(S)
    IB(1)=LT
    DO I=1,LT
      IB(I+1)=ICHAR(S(I:I))
    END DO
    RETURN
    END
```

（2）USRMOD. FOR

```
C=================================================
      SUBROUTINE USER_MOD( IDTASK, IMOD, ISUNDR,
     *              ISTEP, ITER, IEL, INTE,
     *              X, Y, Z,
     *              TIME0, DTIME,
     *              PROPS, SIG0, SWP0, STVAR0,
     *              DEPS, D, BULKW,
     *              SIG, SWP, STVAR, IPL,
     *              NSTAT, NONSYM, ISTRSDEP, ITIMEDEP, ITANG,
     *              IPRJDIR, IPRJLEN,
     *              IABORT )
C=================================================
! PURPOSE: USER SUPPLIED SOIL MODEL
!          IMOD=1:S-CLAY1S MODEL
!   DEPENDING ON IDTASK,1:INITIALIZE STATE VARIABLES
!                       2:CALCULATE STRESSES,
!                       3:CALCULATE MATERIAL STIFFNESS MATRIX
!                       4:RETURN NUMBER OF STATE VARIABLES
!                       5:INQUIRE MATRIX PROPERTIES
!                         RETURN SWITCH FOR NON-SYMMETRIC D-MATRIX
!                         STRESS/TIME DEPENDENT MATRIX
!                       6:CALCULATE ELASTIC MATERIAL STIFFNESS MATRIX
! ARGUMENTS:
!          I/O  TYPE
!   IDTASK   I   I   : SEE ABOVE
!   IMOD     I   I   : MODEL NUMBER(1..10)
!   ISUNDR   I   I   :=1 FOR UNDRAINED, 0 OTHERWISE
!   ISTEP    I   I   :GLOBAL STEP NUMBER
!   ITER     I   I   :GLOBAL ITERATION NUMBER
!   IEL      I   I   :GLOBAL ELEMENT NUMBER
!   INTE     I   I   :GLOBAL INTEGRATION POINT NUMBER
!   X        I   R   :X-POSITION OF INTEGRATION POINT
!   Y        I   R   :Y-POSITION OF INTEGRATION POINT
!   Z        I   R   :Z-POSITION OF INTEGRATION POINT
!   TIME0    I   R   :TIME AT START OF STEP
!   DTIME    I   R   :TIME INCREMENT
!   PROPS    I   R() :LIST WITH MODEL PARAMETERS
!   SIG0     I   R() :STRESSES AT START OF STEP
!   SWP0     I   R   :EXCESS PORE PRESSURE START OF STEP
!   STVAR0   I   R() :STATE VARIABLE AT START OF STEP
!   DEPS     I   R() :STRAIN INCREMENT
!   D       I/O  R(,):MATERIAL STIFFNESS MATRIX
!   BULKW   I/O  R   :BULKMODULUS FOR WATER(UNDRAINED ONLY)
```

```
!    SIG         O    R()   ;RESULTING STRESSES
!    SWP         O    R     ;RESULTING EXCESS PORE PRESSURE
!    STVAR       O    R()   ;RESULTING VALUES STATE VARIABLES
!    IPL         O    I     ;PLASTICITY INDICATOR
!    NSTAT       O    I     ;NUMBER OF STATE VARIABLES
!    NONSYM      O    I     ;NON-SYMMETRIC D-MATRIX ?
!    ISTRSDEP    O    I     ;=1 FOR STRESS DEPENDENT D-MATRIX
!    ITIMEDEP    O    I     ;=1 FOR TIME DEPENDENT D-MATRIX
!    ITANG       O    I     ;=1 FOR TANGENT MATRIX
!    IABORT      O    I     ;=1 TO FORCE STOPPING OF CALCULATION
!

     IMPLICIT DOUBLE PRECISION(A-H, O-Z)
     DIMENSION PROPS( * ), SIG0( * ), STVAR0( * ), DEPS( * ), D(6,6),
    *           SIG( * ),   STVAR( * ), IPRJDIR( * )
     CHARACTER * 255 PRJDIR
!

     SELECT CASE(IMOD)
       CASE(1)   ! EVPSCLAY1S_SF
         CALL MY_SCLAY( IDTASK, IMOD, ISUNDR, ISTEP, ITER, IEL, INTE,
    *             X, Y, Z, TIME0, DTIME,
    *             PROPS, SIG0, SWP0, STVAR0,
    *             DEPS, D, BULKW, SIG, SWP, STVAR, IPL,
    *             NSTAT, NONSYM, ISTRSDEP, ITIMEDEP, ITANG,
    *             IPRJDIR, IPRJLEN,
    *             IABORT )
       CASE DEFAULT
         STOP "ERROR - SR USER_MOD: INVALID MODEL NUMBER IMOD"
         IABORT=1
         RETURN
     END SELECT ! IMOD
!

     RETURN
     END ! USER_MOD


C=============================================
     SUBROUTINE MY_SCLAY   ( IDTASK, IMOD, ISUNDR,
    &              ISTEP, ITER, IEL, INTE,
    &              X, Y, Z,
    &              TIME0, DTIME,
    &              PROPS, SIG0, SWP0, STVAR0,
    &              DEPS, D, BULKW,
    &              SIG, SWP, STVAR, IPL,
    &              NSTAT,
    &              NONSYM, ISTRSDEP, ITIMEDEP, ITANG,
```

```
    &                IPRJDIR, IPRJLEN,
    &                IABORT )
C==============================================
! 'ANICREEPS: USER-DEFINED SOIL MODEL FOR PLAXIS, YIN ET AL(2010, 2011)


! --------------------------------------------------------
! USER-DEFINED SOIL MODEL: ANICREEPS(IMOD=1)
!
!   DEPENDING ON IDTASK, 1:INITIALIZE STATE VARIABLES
!              2:CALCULATE STRESSES
!              3:CALCULATE MATERIAL STIFFNESS MATRIX
!              4:RETURN NUMBER OF STATE VARIABLES
!              5:INQUIRE MATRIX PROPERTIES
!              6:CALCULATE ELASTIC MATERIAL STIFFNESS MATRIX
!
!   ARGUMENT   I/O TYPE
!   ---------------------------------------------------------
!   IDTASK       I    I    :SEE ABOVE
!   IMOD         I    I    :MODEL NUMBER(1..10)
!   ISUNDR       I    I    :=1 FOR UNDRAINED, 0 OTHERWISE
!   ISTEP        I    I    : GLOBAL STEP NUMBER
!   ITER         I    I    : GLOBAL ITERATION NUMBER
!   IEL          I    I    : GLOBAL ELEMENT NUMBER
!   INTE         I    I    : GLOBAL INTEGRATION POINT NUMBER
!   X            I    R    : X-POSITION OF INTEGRATION POINT
!   Y            I    R    : Y-POSITION OF INTEGRATION POINT
!   Z            I    R    : Z-POSITION OF INTEGRATION POINT
!   TIME0        I    R    : TIME AT START OF STEP
!   DTIME        I    R    : TIME INCREMENT
!   PROPS        I    R()  : LIST WITH MODEL PARAMETERS
!   SIG0         I    R()  : STRESSES AT START OF STEP
!   SWP0         I    R    : EXCESS PORE PRESSURE START OF STEP
!   STVAR0       I    R()  : STATE VARIABLE AT START OF STEP
!   DEPS         I    R()  : STRAIN INCREMENT
!   D            I/O  R(,) :MATERIAL STIFFNESS MATRIX
!   BULKW        I/O  R    : BULKMODULUS FOR WATER(UNDRAINED ONLY)
!   SIG          O    R()  : RESULTING STRESSES
!   SWP          O    R    : RESULTING EXCESS PORE PRESSURE
!   STVAR        O    R()  : RESULTING VALUES STATE VARIABLES
!   IPL          O    I    : PLASTICITY INDICATOR
!   NSTAT        O    I    : NUMBER OF STATE VARIABLES
!   NONSYM       O    I    : NON-SYMMETRIC D-MATRIX ?
!   ISTRSDEP     O    I    :=1 FOR STRESS DEPENDENT D-MATRIX
!   ITIMEDEP     O    I    :=1 FOR TIME DEPENDENT D-MATRIX
```

```
!   IPRJDIR       I    I     : PROJECT DIRECTORY(ASCII NUMBERS)
!   IPRJLEN       I    I     :LENGTH OF PROJECT DIRECTORY NAME
!   IABORT        O    I     :=1 TO FORCE STOPPING OF CALCULATION
! -----------------------------------------------------------------
    IMPLICIT DOUBLE PRECISION(A-H, O-Z)

    INTEGER              IPRJDIR(IPRJLEN)
    DOUBLE PRECISION  STVAR(NSTAT)
    DOUBLE PRECISION  SIG(6)
    DOUBLE PRECISION  SIG0(6)
    DOUBLE PRECISION  STVAR0(NSTAT)
    DOUBLE PRECISION  DEPS(6)
    DOUBLE PRECISION  D(6,6)
    DOUBLE PRECISION  PROPS(50)


! -----------------------------------------------------------------
! EXPECTED CONTENTS OF PROPS(1..50)
!
!   1:KAPPA       SLOPE OF POST YIELD COMPRESSION LINE FROM E-LN_P-DIAGRAM
!   2:NY          POISSON'S RATIO
!   3:LAMBDA      SLOPE OF SWELLING LINE FROM E-LN_P-DIAGRAM
!   4:M           CRITICAL STATE M VALUE(IN TRIAXIAL COMPRESSION)
!   5:MY          ABSOLUTE EFFECTIVENESS OF ROTATIONAL HARDENING
!   6:BETA        RELATIVE EFFECTIVENESS OF ROTATIONAL HARDENING
!   7:A           ABSOLUTE EFFECTIVENESS OF DESTRUCTURATIONAL HARDENING
!   8:B           RELATIVE EFFECTIVENESS OF DESTRUCTURATIONAL HARDENING
!   9:OCR         OVERCONSOLIDATION RATIO
!   10:POP        PRE-OVERBURDEN PRESSURE LIKE IN PLAXIS
!   11:E0         INITIAL VOIL RATIO
!   12:ALPHA0     INITIAL INCLINATION OF THE YIELD SURFACE
!   13:X0         INITIAL BONDING EFFECT
!   14:STEPSIZE   FOR CONTROLLING THE INCREMENT SIZE
! -----------------------------------------------------------------

    DOUBLE PRECISION       KAPPA
    DOUBLE PRECISION       NY
    DOUBLE PRECISION       LAMBDA
    DOUBLE PRECISION       M, MC, J2, J3, M_RATIO, G_THETA
    DOUBLE PRECISION       MY
    DOUBLE PRECISION       BETA
    DOUBLE PRECISION       A
    DOUBLE PRECISION       B
    DOUBLE PRECISION       OCR
    DOUBLE PRECISION       POP
```

```
        DOUBLE PRECISION        E0
        DOUBLE PRECISION        ALPHA0
        DOUBLE PRECISION        X0
        DOUBLE PRECISION        STEPSIZE, ISCALING

        DOUBLE PRECISION        NN        ! VISCOSITY INDEX
        DOUBLE PRECISION        GAMMA ! VISCOSITY COEFFICIENT
        DOUBLE PRECISION        PMD       ! SIZE OF DYNAMIC YIELD SURFACE
C       DOUBLE PRECISION        PM        ! SIZE OF STATIC YIELD SURFACE
        DOUBLE PRECISION        THET      ! CALCULATION INDEX 0：EXPLICIT，1：IMPLICIT，0.5：DE-
                                           MI-IMPLICIT

        DOUBLE PRECISION        K0NC              ! K0 VALUE CALCULATED FROM M
        DOUBLE PRECISION        PHI               ! PHI CALCULATED FROM M
        DOUBLE PRECISION        PM                ! PM=(1+X) * PMI
        DOUBLE PRECISION        PMI               ! PMI=PM /(1+X)
        DOUBLE PRECISION        KDASH             ! COMPRESSION MODULUS
        DOUBLE PRECISION        PDASH             ! MEAN EFFECTIVE STRESS
        DOUBLE PRECISION        Q                 ! DEVIATORIC STRESS
        DOUBLE PRECISION        ALPHA_SCALAR ! CURRENT ALPHA
        DOUBLE PRECISION        ALPHA(6)          ! CURRENT ALPHA
        DOUBLE PRECISION        ALPHA_D(6)        ! DEVIATORIC FABRIC TENSOR
        DOUBLE PRECISION        SIG_D(6)          ! DEVIATORIC STRESS VECTOR
        DOUBLE PRECISION        TERM(6)           ! AUXILARY VECTOR FOR EVALUATION
        DOUBLE PRECISION        DGDSIG(6)         ! AUXILARY VECTOR OF DERIVATIVES
        DOUBLE PRECISION        DSIGDLAM(6)       ! AUXILARY VECTOR OF DERIVATIVES
        DOUBLE PRECISION        DFDAD(6)          ! AUXILARY VECTOR OF DERIVATIVES
        DOUBLE PRECISION        DADDEPSV(6)       ! AUXILARY VECTOR OF DERIVATIVES
        DOUBLE PRECISION        DADDEPSD(6)       ! AUXILARY VECTOR OF DERIVATIVES
        DOUBLE PRECISION        DGDSIGD(6)        ! AUXILARY VECTOR OF DERIVATIVES
        DOUBLE PRECISION        XX                ! CURRENT X
        DOUBLE PRECISION        EE                ! CURRENT VOID RATIO
        DOUBLE PRECISION        ALPHA_K0          ! ALPHA CALCULATED FROM K0 AND M
        DOUBLE PRECISION        ETA_K0            ! STRESS RATIO FOR OEDOMETRIC CONDITIONS

        DOUBLE PRECISION        DSIG(6)           ! STRESS INCREMENT
        DOUBLE PRECISION        SIG0_MOD(6)       ! MODIFIED INITIAL STRESS STATE DUE TO POP/OCR
        DOUBLE PRECISION        SIG_TRIAL(6)      ! TRIAL STRESS STATE
        DOUBLE PRECISION        DSIG_TRIAL(6)     ! TRIAL STRESS INCREMENT

        DOUBLE PRECISION        DEPS_TRIAL(6)     ! TARGET STRAIN INCREMENT
        DOUBLE PRECISION        DEPS_PLASTIC(6) ! PLASTIC STRAIN INCREMENT
        DOUBLE PRECISION        DEPSVOL           ! PLASTIC VOLUMETRIC STRAIN INCREMENT
        DOUBLE PRECISION        DEPSDEV(6)        ! PLASTIC DEVIATORIC STRAIN
```

INCREMENT VECTOR

```
      DOUBLE PRECISION    DPMI              ! CHANGE OF PMI
      DOUBLE PRECISION    DAD(6)            ! CHANGE OF ALPHA_D
      DOUBLE PRECISION    DXX               ! CHANGE OF XX

      INTEGER             N_SUB             ! NUMBER OF SUBINCREMENTS
      DOUBLE PRECISION    DEPS_SUB(6)       ! STRAIN INCREMENT FOR SUBINCREMENTING
      DOUBLE PRECISION    DEPS_NORM         ! NORM OF DEPS FOR SUBINCEMENTING
      DOUBLE PRECISION    SIG0_SUB(6)       ! STRESS STATE  AT START OF RESPECTIVE SUBINCR.

      LOGICAL             CONVERGED         ! CONVERGENCE FOR ITERATION
      INTEGER             IPL               ! STATE OF PLASTICITY

      CHARACTER           FNAME * 255       ! FILE NAME FOR DEBUGGING
      LOGICAL             ISOPEN            ! FILE STATUS

DOUBLE PRECISION SIGMOD_D(6)
   NY         = PROPS(1)
   KAPPA      = PROPS(2)
   LAMBDA     = PROPS(3)
   E0         = PROPS(4)
   MC         = PROPS(5)
   OCR        = PROPS(6)
   POP        = PROPS(7)
   CAE        = PROPS(8)
   TAU_IN     = PROPS(9)
   ST         = PROPS(10)
   A          = PROPS(11)
   B          = PROPS(12)
   STEPSIZE   = PROPS(13)
   THET       = PROPS(14)

ETA_K0 = 3. * MC/(6.-MC)
ALPHA0 = ETA_K0 -(MC * * 2-ETA_K0 * * 2)/3.
BETA = 3. * (4. * MC * * 2-4. * ETA_K0 * * 2-3. * ETA_K0)/
&        ( 8. * (ETA_K0 * * 2+2. * ETA_K0-MC * * 2))
MY = (1. + E0)/(LAMBDA-KAPPA) * LOG((10. * MC * * 2-2. * ALPHA0 * BETA)/
&              (MC * * 2-2. * ALPHA0 * BETA))
   X0 = ST-1.
NN = (LAMBDA-KAPPA)/CAE
GAMMA = CAE * (MC * * 2-ALPHA0 * * 2)/( TAU_IN * (1. + E0) * (MC * * 2-ETA_K0 * * 2))
M_RATIO = 3. /(3. + MC)
POWER = 0.
```

```
      E_PARA=1.
      E_RATIO=1.
! --------------------------------------------------------------------
! INITIALIZE STATE VARIABLES
! --------------------------------------------------------------------
    IF(IDTASK . EQ. 1) THEN

      ! CREATE FILE NAME FOR DEBUGGING
        FNAME=''
    DO I=1,IPRJLEN
        FNAME(I:I)=CHAR( IPRJDIR(I) )
    END DO
        FNAME=FNAME(:IPRJLEN)//'\USRDBG. ZYIN'

      ! OPEN DEBUGGING FILE
    INQUIRE(UNIT=1, OPENED=ISOPEN)
    IF(. NOT. ISOPEN) THEN
        OPEN(UNIT=1, FILE=FNAME, POSITION='APPEND')
        WRITE(1, * )'STARTING NEXT PHASE'
    END IF

      ! DO IDTASK1 ONLY ONCE
    IF(STVAR0(12)==123. ) RETURN

      ! CREATE DEBUGGING FILE
    IF(IEL==1. AND. INTE==1) THEN
        CLOSE(UNIT=1, STATUS='DELETE')
        OPEN(UNIT=1,FILE=FNAME)
        WRITE(1, * )'INITIALIZATION'
        CALL WRIVEC(1,' PROPS...',PROPS,12)
        END IF

      ! CHECKING INPUT VARIABLES
    IF((OCR. NE. 0.). AND. (POP. NE. 0.)) THEN   ! USING POP AND OCR TOGETHER IS
NOT POSSIBLE
        WRITE(1, * )'ERROR: USING POP AND OCR TOGETHER IS NOT POSSIBLE'
        STOP
    END IF
    IF(POP. GT. 0. ) THEN ! POP HAS TO BE NEGATIVE(COMPRESSION=NEGATIVE)
        WRITE(1, * )'ERROR: POP HAS TO BE NEGATIVE(COMPRESSION=NEGATIVE)'
        STOP
    END IF
    IF(OCR. LT. 0. ) THEN ! NEGATIVE OCR VALUES ARE NOT POSSIBLE
        WRITE(1, * )'ERROR: NEGATIVE OCR VALUES ARE NOT POSSIBLE'
```

```
      STOP
END IF
IF(LAMBDA==KAPPA) THEN ! DPMIDEPSV NOT CALCULABLE
   WRITE(1,*)'ERROR: DPMIDEPSV NOT CALCULABLE - DIVISION BY ZERO'
   STOP
END IF

! GET K0NC VALUE
PHI=ASIN(3.*MC/(6.+MC))
K0NC=1.-SIN(PHI)

! PROVIDE MODIFIED SIG0(1:6) IN CASE OF NO POP AND NO OCR
SIG0_MOD(1)=SIG0(2)*K0NC
SIG0_MOD(2)=SIG0(2)
SIG0_MOD(3)=SIG0(2)*K0NC
SIG0_MOD(4)=0.
SIG0_MOD(5)=0.
SIG0_MOD(6)=0.

! WRITE TO FILE
IF(IEL==1.AND.INTE==1) THEN
   CALL WRIVEC(1,'SIG0....',SIG0_MOD,6)
END IF

! ADJUST SIG0(1:3) DUE TO POP
IF(POP.NE.0.) THEN
   SIG0_MOD(1)=(SIG0(2)+POP)*K0NC
   SIG0_MOD(2)=(SIG0(2)+POP)
   SIG0_MOD(3)=(SIG0(2)+POP)*K0NC
END IF

! ADJUST SIG0(1:3) DUE TO OCR
IF(OCR.NE.0.) THEN
   SIG0_MOD(1)=(SIG0(2)*OCR)*K0NC
   SIG0_MOD(2)=(SIG0(2)*OCR)
   SIG0_MOD(3)=(SIG0(2)*OCR)*K0NC
END IF

! CHANGE SIGN DUE TO SCLAY FORMULATION(COMPRESSION POSITIVE)
SIG0_MOD=(-1.)*SIG0_MOD

! WRITE TO FILE
IF(IEL==1.AND.INTE==1) THEN
   CALL WRIVEC(1,'SIG0_MOD',SIG0_MOD,6)
```

```
WRITE(1, * )' K0NC POP OCR'
  WRITE(1,'(3(F8.3,X))') K0NC, POP, OCR
END IF


! CALCULATE STRESS INVARIANTS
PDASH   =( SIG0_MOD(1) + SIG0_MOD(2) + SIG0_MOD(3) ) /3.
  SIGMOD_D(1)=  SIG0_MOD(1) - PDASH
  SIGMOD_D(2)=  SIG0_MOD(2) - PDASH
  SIGMOD_D(3)=  SIG0_MOD(3) - PDASH
  SIGMOD_D(4)=  SQRT(2.) * SIG0_MOD(4)
  SIGMOD_D(5)=  SQRT(2.) * SIG0_MOD(5)
  SIGMOD_D(6)=  SQRT(2.) * SIG0_MOD(6)
Q=SQRT(3./2. * ( SIGMOD_D(1) * * 2. + SIGMOD_D(2) * * 2.
&              + SIGMOD_D(3) * * 2. + SIGMOD_D(4) * * 2.
&              + SIGMOD_D(5) * * 2. + SIGMOD_D(6) * * 2. ))


! PRE-SET STATE VARIABLES
STVAR0(1)   =-(ALPHA0/3.)+1.    ! ALPHA_X
STVAR0(2)   =(2. * ALPHA0/3.)+1.    ! ALPHA_Y
STVAR0(3)   =-(ALPHA0/3.)+1.    ! ALPHA_Z
STVAR0(4)   =0.                 ! ALPHA_XY
STVAR0(5)   =0.                 ! ALPHA_YZ
STVAR0(6)   =0.                 ! ALPHA_ZX
STVAR0(7)   =ALPHA0             ! ALPHA_SCALAR


! DETERMINE SIZE OF THE INITIAL YIELD CURVE
ALPHA_D(1)=  STVAR0(1) - 1.
ALPHA_D(2)=  STVAR0(2) - 1.
ALPHA_D(3)=  STVAR0(3) - 1.
ALPHA_D(4)=  STVAR0(4) * SQRT(2.)
ALPHA_D(5)=  STVAR0(5) * SQRT(2.)
ALPHA_D(6)=  STVAR0(6) * SQRT(2.)
! DETERMINE SIZE OF THE INITIAL YIELD CURVE
TERM=SIGMOD_D-PDASH * ALPHA_D
CALL LODE_ANGLE(TERM,M_RATIO,G_THETA)
M=MC * G_THETA


! CHECKING INPUT VARIABLES
IF((PDASH==0.).OR.(M * * 2.==ALPHA0 * * 2.)) THEN   ! PM NOT CALCULABLE
  WRITE(1, * )'ERROR: PM NOT CALCULABLE - DIVISION BY ZERO'
  STOP
END IF


! DETERMINE SIZE OF THE INITIAL YIELD CURVE
```

```
      PM=((Q-ALPHA0 * PDASH) * * 2. /(PDASH * (M * * 2.-ALPHA0 * * 2.)))
 &       + PDASH

      STVAR0(8)     =PM/(1.+X0)          ! PMI
      STVAR0(9)     =X0DW! X
      STVAR0(10)    =PMDW                ! PM
      STVAR0(11)    =E0                  ! E_CURRENT(CURRENT VOID RATIO)
      STVAR0(12)    =123.                ! INITIALIZATION IS DONE

      ! CHECK ALPHA0 TOWARDS ALPHA_K0
      ETA_K0=3 * (1-K0NC)/(1+2 * K0NC)
      ALPHA_K0=(ETA_K0 * * 2+3 * ETA_K0-M * * 2)/3

      ! WRITE TO FILE
      IF(IEL==1. AND. INTE==1) THEN
        CALL WRIVEC(1,'STVAR0',STVAR0,12)
        WRITE(1, * )' PDASH Q PM'
        WRITE(1,'(2X,3(F8.3,X))') PDASH, Q, PM
        WRITE(1, * )' ALPHA0 ALPHA_K0'
        WRITE(1,'(2(F10.5,X))') ALPHA0, ALPHA_K0
      END IF

      ! OUTPUT
      IF(IEL==1. AND. INTE==1) THEN
        WRITE(1, * ) 'STARTING FIRST STEP'
      END IF

      END FILE 1
      BACKSPACE 1


      END IF   ! IDTASK=1
!-------------------------------------------------------------
! CALCULATE STRESSES
!-------------------------------------------------------------
      IF(IDTASK .EQ. 2) THEN
      CALL EVPSCLAY1S  ( ISUNDR,DTIME, PROPS, SIG0, SWP0, STVAR0,DEPS,
 &                 D, BULKW, SIG, SWP, STVAR, IPL, NSTAT )
      END IF   ! IDTASK=2
!-------------------------------------------------------------
! CALCULATE MATERIAL STIFFNESS MATRIX(D-MATRIX) ANISOTROPIC ELASTICITY.... BY
YIN 15 MAY 2008
!-------------------------------------------------------------
      IF( IDTASK .EQ. 3 .OR. IDTASK .EQ. 6 ) THEN
      CALL MATRIXDE(ISUNDR,BULKW,SIG0,PROPS,STVAR,D)
```

```
      END IF   ! IDTASK=3, 6


!-------------------------------------------------------------
! GET NUMBER OF STATE PARAMETERS
!-------------------------------------------------------------
      IF(IDTASK .EQ. 4) THEN
      NSTAT=12     ! (1)    ALPHA_X
                   ! (2)    ALPHA_Y
                   ! (3)    ALPHA_Z
                   ! (4)    ALPHA_XY
                   ! (5)    ALPHA_YZ
                   ! (6)    ALPHA_ZX
                   ! (7)    ALPHA_SCALAR
                   ! (8)    PMI
                   ! (9)    X
                   ! (10)   PM
                   ! (11)   E_CURRENT
                   ! (12)   INITIALIZATION INDEX
      END IF   ! IDTASK=4
!-------------------------------------------------------------
! GET MATRIX ATTRIBUTES
!-------------------------------------------------------------
      IF(IDTASK .EQ. 5) THEN
      NONSYM       =0  ! 1 FOR NON-SYMMETRIC D-MATRIX
      ISTRSDEP     =1  ! 1 FOR STRESS DEPENDENT D-MATRIX
      ITANG        =0  ! 1 FOR TANGENT D-MATRIX
      ITIMEDEP     =0  ! 1 FOR TIME DEPENDENT D-MATRIX
      END IF   ! IDTASK=5


      RETURN
      END SUBROUTINE MY_SCLAY
```